Introduction to College Mathematics

대학수학의 이해

| 민경진 지음 |

KM 경문사

머리말

본 교재는 이공계 학생들이 미분적분학뿐 아니라 공업수학을 시작하는 학생들이 반드시 익혀두어야 할 필수적인 내용을 담고 있으며, 문과 계열 학생들의 부족한 수학적 개념들을 충분히 다루고 있다. 우리의 경험에 따르면 많은 학생들이 대학 수학에 어려움을 호소하고 있다. 중고등학교 시절 다루었던 내용을 포함한 수학적 기초가 부족한 것도 그 이유 중 하나일 것이다. 본 교재는 학생들에게 특히 필요하다고 판단된 내용을 중심으로 기초 개념을 확실히 알게 해주려는 입장에서 구성하게 되었다.

본 개정판에서는 미분적분학에서 잘 다루지 않는 집합부분을 제외시켰으며, 삼각함수를 좀 더 비중 있게 다루기 위해 따로 분류하여 구성하였으며, 행렬과 벡터 미분적분학을 위한 도구로 벡터의 기본 개념을 추가하였다. 본 교재에서 주어진 예제와 연습문제는 본문 내용을 충분히 익힐 수 있도록 주어졌으며, 매번 연습문제를 해결하는 것만으로 충분히 미분적분학을 배우는데 충분하다고 본다.

본 교재는 모두 8개의 장으로 이루어져 있고, 주당 3시간의 13주 강의 또는 14주 강의에 적합하도록 구성하였다. 또한 미분적분학과 공학 수학에 등장하는 내용이 있을 경우 참고로 표시하여 지금 배우고 있는 일반수학의 쓰임새를 학생들이 스스로 느끼도록 배려하였다. 본 교재의 내용은 엄밀한 수학적 정의보다는 구체적인 예제를 통하여 구조와 원리를 이해하도록 하는데 중점을 두었으며, 학생들의 학업에 도움을 주고자 연습문제 해답도 첨부하였다. 또한 매 절이 끝날 때마다 수학과 관련된 재미있는 에피소드나 인물들의 이야기를 함께 싣고 있어 수학에 관심이 있는 학생이라면 누구라도 흥미를 갖고 접하리라 생각한다.

끝으로 본 교재를 통하여 학생들이 대학과정에서 수학을 좀 더 가깝게 다가가고 그 기초가 굳건히 되기를 기원한다. 그리고 본 교재가 출판 되도록 여러 가지로 애써주신 경문사 관계자 여러분께 감사드린다.

2025년 2월 겨울의 길목에서

차 례

제 1 장

수와 식

과학과 기술의 발전이 더 없이 빠르게 진행되고 있는 요즘 이 시대에 복잡화된 산업구조와 개인활동 속에서 수학적 사고는 필수적이고 강력한 도구로 널리 인식되고 있다. 이러한 수학적 사고의 가장 기초가 되는 수의 체계와 사칙연산에 대한 기본적인 성질과 지수법칙 등을 알아보고 다항식의 연산을 익힌다.

1.1 실수와 사칙연산

이 절에서는 실수의 성질을 알아보고 사칙연산과 일반 연산자에 대하여 알아보도록 한다.

가장 기본적인 수는 **자연수**(natural numbers)이다. 어떤 물체를 세어보기 시작하면서 자연적으로 발생했다고 보는 견해도 있다. 이 자연수를

$$1,\ 2,\ 3,\ 4,\ 5,\ \cdots$$

와 같이 나타내며 **양의 정수**(positive integers)라고도 한다. 문명의 발전과 더불어 등장한 음의 개념을 표현하는 방법으로 기호 "$-$"를 사용하여 나타낸 수를 **음의 정수**(negative integers)라고 한다. 인류의 가장 위대한 발명 중의 하나라는 수 0(영, zero)의 탄생은 매우 경이로운 사건일 것이다. 양의 정수, 영(0) 그리고 음의 정수를 합하여 **정수**(integers)라고 한다. 두 정수 a, b에 대하여 두 정수의 몫인

$$\frac{b}{a}\ (a \neq 0)$$

와 같이 분수꼴의 수를 **유리수**(rational numbers)라고 한다. 일반적으로 일정한 숫자의 열이 반복해서 무한히 계속되는 소수를 **순환소수**(recurring decimal)라 하고 반복되는 숫자의 열을 순환마디라 한다. 순환소수에는

$$\frac{1}{3} = 0.333\cdots$$

와 같이 순환마디만 있는 순순환소수와

$$\frac{1}{7} = 0.142857|142857|\cdots$$

와 같이 순환하지 않는 부분을 포함하는 혼순환소수가 있다. 반면에 두 정수의 몫으로 나타낼 수 없는 수, 즉 순환하지 않는 무한소수를 **무리수**(irrational numbers)라고 하며

$$\sqrt{2},\ \sqrt{3},\ \pi,\ e,\ \cdots$$

등이 대표적인 무리수이다. 이 유리수와 무리수를 합하여 **실수**(real numbers)라고 한다. 통상적으로 자연수의 집합을 $\mathbb{N}$, 정수의 집합을 $\mathbb{Z}$, 유리수의 집합을 $\mathbb{Q}$로 그리고 실수의 집합을 $\mathbb{R}$ 로 나타낸다. 특별히 **복소수**(complex numbers)는 $\vec{C}$로 나타내며, 복소수의 개념과 성질은 마지막 장에서 자세히 다룰 것이다.

실수의 분류

- 복소수
  - 실수
    - 유리수
      - 정수
        - 자연수
        - 0
        - 음의 정수
      - 분수
    - 무리수
  - 허수
    - 순허수
    - 복허수

실수의 집합 $\mathbb{R}$에 4개의 연산자, 즉 **더하기**(addition, $+$), **빼기**(subtraction, $-$), **곱하기**(multiplication, $\times$), **나누기**(division, $\div$)를 적용하면 어떤 변화가 일어나는가에 대하여 알아보도록 하자.

a, b를 수의 집합 A의 임의의 원소라 할 때

$$a+b \in A,\ a-b \in A,\ a \times b \in A,\ a \div b \in A$$

을 만족할 때 집합 A는 덧셈, 뺄셈, 곱셈, 나눗셈에 대하여 각각 닫혀 있다고 한다. 단, 나눗셈에서 0으로 나누는 것은 제외한다.

일반적으로 자연수, 정수, 유리수, 실수에 대하여 다음과 같은 닫힘성이 있다.

자연수	덧셈과 곱셈에 대하여 닫혀 있다.
정수	덧셈, 뺄셈과 곱셈에 대하여 닫혀 있다.
유리수	모든 사칙연산에 대하여 닫혀 있다.
실수	모든 사칙연산에 대하여 닫혀 있다.

무리수는 모든 사칙연산에 대하여 닫혀있지 않다. 예를 들어

- $\sqrt{2}+(-\sqrt{2}=0),\ \sqrt{2}\times\dfrac{1}{\sqrt{2}}=1$
- $\sqrt{3}-\sqrt{3}=0,\ \sqrt{2}\div\sqrt{2}=1$

이다.

예제 1.1

집합 $A = \{x|x$는 음의 정수$\}$는 덧셈에 대하여 닫혀 있다. 그러나

$$(-3)-(-5)=2 \notin A,\ (-3)\times(-5)=15 \notin A,\ (-3)-(-6)=\frac{1}{2} \notin A$$

이므로 뺄셈, 곱셈, 나눗셈에 대하여는 닫혀 있지 않다.

임의의 세 실수 a, b, c에 대하여 다음 법칙이 성립한다.

	덧셈	곱셈
닫힘성	$a+b \in \mathbb{R}$	$ab \in \mathbb{R}$
교환법칙	$a+b=b+a$	$ab=ba$
결합법칙	$(a+b)+c=a+(b+c)$	$(ab)c=a(bc)$
배분법칙	$a(b+c)=ab+ac$	

실수 전체의 집합 $\vec{R}$의 임의의 원소 a에 대하여 $a+0=0+a=a$을 만족하는 실수 0이 존재한다. 이때 0을 덧셈에 대한 **항등원**(identity)이라고 한다. 또한 $a\cdot 1=1\cdot a=a$을 만족하는 실수 1이 존재한다. 이때 1을 곱셈에 대한 항등원이라고 한다. 또, a를 실수 전체의 집합 $\vec{R}$의 원소라 할 때 $a+x=x+a=0$을 만족하는 원소 $x \in \mathbb{R}$가 존재한다. 이것을 $-a$로 나타내고 a의 덧셈에 대한 **역원**(inverse element)이라고 한다. 또, $a\cdot x=x\cdot a=1$을 만족하는 원소 $x \in \mathbb{R}$가 존재하고 이것을 $\frac{1}{a}$로 나타내며 a의 곱셈에 대한 역원이라고 한다. 단, $a \neq 0$일 때 $\frac{1}{a}=a^{-1}$와 같이 나타내기로 한다.

예제 1.2

임의의 실수 a에 대하여 $a\cdot 0=0$ 임을 증명하여라.

풀이

먼저 $a=a\cdot 1=a\cdot(1+0)=a\cdot 1+a\cdot 0=a+a\cdot 0$이 성립하므로 $a=a+a\cdot 0$이다. 양변에 a의 덧셈에 대한 역원 $-a$를 더하면

$$\begin{aligned}(-a)+a &= (-a)+(a+a\cdot 0)\\ &= \{(-a)+a\}+a\cdot\end{aligned}$$

이다. 따라서 $0=0+a\cdot 0$이다. 그러므로 $a\cdot 0=0$이 성립한다.

실수 0 에 대하여 다음과 같은 중요한 성질이 성립한다.

0의 성질

1. $\dfrac{a}{b} = 0$이면 $a = 0$이다.
2. $ab = 0$이면 $a = 0$ 또는 $b = 0$이다.

[주의]

위 성질의 1에서 $b = 0$일 때는 정의하지 않는다.

주어진 실수 a에 대하여 절댓값 $|a|$를 다음과 같이 정의한다.

정의 1.1

실수 a의 **절댓값**(absolute value)이란 a에서 **원점**(origin)까지의 거리를 말하고 $|a|$로 나타낸다. $|a|$는 다음과 같이 정의한다.

$$|a| = \begin{cases} a, & a \geq 0 \\ -a, & a < 0 \end{cases}$$

[주의]

0의 절대값은 $|0| = 0$이다.

예제 1.3

$|x-5|$의 값은 $x \geq 5$일 때는 $x-5$이고, $x < 5$일 때는 $5-x$이다.

실수 위의 두 점 사이의 거리는 다음과 같이 계산한다.

두 수 a, b 사이의 거리는 $|a-b|$이다.

예제 1.4

5와 -3 사이의 거리는 $|5-(-3)| = |5+3| = 8$이다.

임의의 실수 a, b와 양의 실수 t에 대하여 다음이 성립한다.

절댓값의 성질 1

1. $|a| \geq 0$, $|a| = 0 \Leftrightarrow a = 0$
2. $a \leq |a|$이고 $-a \leq |a|$, 즉 $-|a| \leq a \leq |a|$
3. $|a+b| \leq |a| + |b|$: **삼각부등식**(triangle inequality)

4. $|-a| = |a|$, $|ab| = |a|\ |b|$

5. $|a-b| < t \Leftrightarrow b-t < a < b+t$

예제 1.5

임의의 실수 a, b에 대하여 $|ab| = |a|\ |b|$임을 증명하여라.

풀이

1. $a \geq 0$, $b \geq 0$일 때 $ab \geq 0$이므로 $|ab| = ab$이고, 또 $|a| = a$이고 $|b| = b$여서 $|ab| = ab = |a||b|$이다.

2. $a \leq 0$, $b \leq 0$일 때 $ab \geq 0$이므로 $|ab| = ab$이고, 또 $|a| = -a$이고 $|b| = -b$여서 $|ab| = ab = (-a)(-b) = |a||b|$이다.

3. $a > 0$, $b < 0$일 때 $ab < 0$이므로 $|ab| = -ab$이고, 또 $|a| = a$이고 $|b| = -b$여서 $|ab| = -ab = a(-b) = |a||b|$이다.

4. $a < 0$, $b > 0$일 때 $ab < 0$이므로 $|ab| = -ab$이고, 또 $|a| = -a$이고 $|b| = b$여서 $|ab| = -ab = (-a)b = |a||b|$이다.

(a), (b), (c), (d)에 의하여 $|ab| = |a|\ |b|$

예제 1.6

$-1 < x < 4$일 때, $|x+1| + |x-4|$의 값을 구하여라.

풀이

$-1 < x < 4$이므로

1. $-1+1 < x+1 < 4+1$로 부터 $0 < x+1 < 5$이다. 즉 $|x+1| = x+1$.

2. $-1-4 < x-4 < 4-4$로 부터 $-5 < x-4 < 0$이다. 즉 $|x-4| = -(x-4)$.

따라서, $|x+1| + |x-4| = (x+1) - (x-4) = 5$이다.

임의의 실수 a, b에 대하여 다음이 성립한다.

절댓값의 성질 2

$$|a| - |b| \le |a \pm b| \le |a| + |b|$$

두 실수 a, b에 대하여 $a-b$가 양인 것은 a가 b 보다 크다 또는 b가 a보다 작다는 것이므로 이것을 $a > b$ 또는 $b < a$로 나타낸다. 특히, a가 양인 것을 $a > 0$으로, a가 음인 것을 $a < 0$으로 나타내며 이것은 $-a > 0$과 같은 것이며, $a > b$ 또는 $a = b$인 것을 $a \ge b$로 나타내고, $a < b$ 또는 $a = b$인 것을 $a \le b$로 나타낸다. 일반적으로 양수, 음수에 대하여 다음의 기본 성질이 성립한다.

1. $a > 0 \Rightarrow -a < 0$
2. $a < 0 \Rightarrow -a > 0$
3. $a > 0,\ b > 0 \Rightarrow a + b > 0,\ ab < 0$

예제 1.7

임의의 실수 a에 대하여 $a^2 \ge 0$임을 밝혀라.

풀이

1. $a > 0$이면 $a^2 = a \cdot a > 0$
2. $a = 0$이면 $a^2 = 0 \cdot 0 = 0$
3. $a < 0$이면 $-a > 0$이므로 $a^2 = (-a) \cdot (-a) > 0$

(a), (b), (c)에 의하여 임의의 실수 a에 대하여 $a^2 \ge 0$이 성립한다.

1.1 연습문제

1. 유리수 a에 대하여 옳은 것을 모두 조사하여라.

   (a) $a^2 = -a^2$
   (b) $-a^2 = (-a)^2$
   (c) $a^3 = (-a)^3$
   (d) $-a^3 = (-a)^3$

2. 다음 집합은 사칙연산 중 어느 것에 대하여 닫혀 있는가? (단, 0으로 나누는 것은 제외한다.)

   (a) $A = \{a|a$는 양의 유리수$\}$
   (b) $B = \{b|b$는 음의 유리수$\}$
   (c) $C = \{c|c$는 음의 실수$\}$
   (d) $D = \left\{\frac{q}{p} \middle| \frac{q}{p}\text{는 기약 분수}\right\}$

3. 다음 집합에 대하여 덧셈에 관한 역원과 곱셈에 관한 역원을 구하여라.

   (a) $\mathbb{N}$ (b) $\mathbb{Z}$ (c) $\mathbb{Q}$ (d) 무리수

4. $a > b > 0$일 때 다음 중 참인 것을 고르면?

   (a) $b - a \leq 0$ (b) $a + 1 > b + 2$ (c) $a - 3 < b$ (d) $-\frac{1}{a} > -\frac{1}{b}$

5. 세 실수 a, b, c에 대하여 $a + c = b + c$이면 $a = b$임을 보여라.

6. $|-a| = |a|$임을 밝혀라.

7. 다음 수에 대한 곱셈의 역원이 존재하지 않도록 a의 값을 결정하여라.

   (a) $a + (-1)$ (b) $3a + 1$ (c) $\frac{a}{a+2}$

《등산로》

자연수는 말 그대로 자연스러운 수, 유리수는 이치에 맞는 수, 실수는 실제로 있는 수로 간주할 수 있지만, 허수라는 것은 현실적이지 않은 느낌을 준다. 그러나 자연수, 유리수, 실수조차도 사실은 허구이다. 수란 보지도 만지지도 못하는 오직 머릿속에서만 생각할 수 있는 허구적 존재이기 때문이다. 다만 수의 표현이 일상화되었기에 현실적으로 느껴질 뿐이다. 허수는 실수에 비해 수라는 느낌이 적고, 18세기까지 허수는 계산 과정에서 어쩔 수 없이 등장한 필요악이라 여겼다. 그러다 19세기에 와서야 겨우 수학자들 사이에서 일상화하기 시작하였다.

$\sqrt{2}$가 무리수인 것은 지금으로부터 약 2천여 년 전 피타고라스에 의해 알려지기 시작했다. 또한 π가 무리수라는 것을 처음으로 증명한 사람은 스위스 수학자 **램버트**(J. H. Lambert, 1728∼1777)이다.

1.2 다항식

몇 개의 문자나 수의 곱으로 나타내어지는 식을 **단항식**(monomial)이라 하고, 단항식에서 문자의 차수를 그 단항식의 **차수**(degree), 수 부분을 **계수**(coefficient)라 한다. 또 단항식 또는 단항식들의 합의 꼴로 나타내어지는 식을 **다항식**(polynomial)이라 하고 각 단항식을 그 다항식의 **항**(term)이라 한다.

정의 1.2

$a_n \neq 0$일 때 음이 아닌 정수 n에 대하여

$$a_n x^n + a_{n-1} x^{n-1} + \cdots + a_1 x + a_0$$

형태로 표현된 식을 x에 대한 다항식이라 한다. 이때 각 $a_k x^k$를 **항**(term)이라 하고 실수 a_k를 **계수**(coefficient)라고 한다.

한편 다항식에서 각 항의 차수 중 최대인 것을 그 다항식의 **차수**(degree)라고 하며 같은 문자의 항을 **동류항**(like terms)이라고 한다. 또한 다항식에서 어느 특정한 문자에 주목할 때, 그 문자를 포함하지 않은 항을 **상수항**(constant term) 이라 하고, 다항식을 차수가 높은 항부터 낮은 항순으로 쓰는 것을 내림차순, 반대로 쓰는 것을 올림차순이라고 한다.

예제 1.8

1. 단항식(monomial) x^2: 2차 단항식
2. 이항식(binomial) $x^3 + x$: 3차 이항식
3. 삼항식(trinomial) $x^4 + x^2 - 5$: 4차 삼항식
4. $x^{-1} + 5$은 다항식이 아니다.

두 다항식의 합, 차, 곱은 모두 다항식이므로 다항식의 집합은 덧셈, 뺄셈, 곱셈에 대하여 닫혀 있다. 또, 다항식 A, B, C에 대하여 다음의 연산에 관한 성질이 성립한다.

	덧셈	곱셈
교환법칙	$A+B=B+A$	$AB=BA$
결합법칙	$(A+B)+C=A+(B+C)$	$(AB)C=A(BC)$
배분법칙	$A(B+C)=AB+AC$	

다항식의 합과 차는

1. 다항식을 한 문자에 관하여 정리한다.

2. 동류항끼리 더하고 뺀다.

를 유의하여 계산한다.

예제 1.9

1. $(3x+2)+(x^2+x-6)=x^2+4x-4$

2. $(3x+2)-(x^2+x-6)=x^2+2x+8$

단항식과 다항식의 곱은 배분법칙을 이용한다.

이항식끼리의 곱을 FOIL(First, Outer, Inner, Last)

$$A(B+C)=AB+AC$$

예제 1.10

1. $x^3(3x-4)=3x^4-4x^3$이다.

2. $(x+1)(3x-2)$을 전개하면

$$x\cdot 3x: \text{ First}=3x^2,\ x\cdot(-2): \text{ Outer}=-2x$$
$$1\cdot 3x: \text{ Inner}=3x,\ 1\cdot(-2): \text{ Last}=-2$$

가 된다. 따라서 FOIL의 방법에

$$(x+1)(3x-2)=3x^2-2x+3x-2=3x^2+x-2$$

이다.

다항식의 곱을 전개할 때, 다음 공식을 이용하면 편리하다.

특별한 경우의 다항식의 곱

1. $(x-y)(x+y)=x^2-y^2$

2. $(x+y)^2=x^2+2xy+y^2,\ (x-y)^2=x^2-2xy+y^2$

3. $(x+y)^3 = x^3 + 3x^2y + 3xy^2 + y^3$, $(x-y)^3 = x^3 - 3x^2y + 3xy^2 - y^3$

4. $(x+y)(x^2 - xy + y^2) = x^3 + y^3$, $(x-y)(x^2 + xy + y^2) = x^3 - y^3$

5. $x^2 + y^2 = (x+y)^2 - 2xy$, $x^2 + y^2 = (x-y)^2 + 2xy$

6. $x^3 + y^3 = (x+y)^3 - 3xy(x+y)$

다항식을 단항식으로 나눌 때는 다항식의 각항을 단항식으로 나누어 합한다. 또 다항식을 다항식으로 나눌 때는 각 다항식을 내림차순으로 정리하여, 정수의 나눗셈과 같은 방법으로 계산한다.

다항식의 나눗셈

일반적으로 다항식 A를 다항식 $B(\neq 0)$로 나누면 $A = BC + D$로 되는 다항식 C, D가 구해진다. 이때 C를 **몫**(quotient), D를 **나머지**(remainder)라 하고, 나머지 D의 차수는 B의 차수보다 낮다. $D = 0$일 때 A는 B로 **나누어 떨어진다**(exactly divisible)라고 한다.

예제 1.11

$(x^3 + 6x^2 - 12x) \div 3x = \dfrac{x^3}{3x} + \dfrac{6x^2}{3x} - \dfrac{12x}{3x} = \dfrac{1}{3}x^2 + 2x - 4$이다.

예제 1.12

$x^2 + x - 1$을 $x - 1$로 나누어라.

풀이

$$
\begin{array}{rr|rrrl}
 & & x & +2 & & \\
\cline{3-5}
x & -2 & x^2 & +x & -1 & \\
 & & x^2 & -x & & \cdots\cdots\cdots(x-1)\times x \\
\cline{3-5}
 & & & 2x & -1 & \\
 & & & 2x & -2 & \cdots\cdots\cdots(x-1)\times 2 \\
\cline{3-5}
 & & & & 1 &
\end{array}
$$

따라서 $\dfrac{x^2+x-1}{x-1} = x+2+\dfrac{1}{x-1}$ 이다.

다항식을 일차식으로 나누는 경우 **조립제법**(synthetic division)을 사용한다. 예를 들어 3차 다항식 $a_0x^3+a_1x^2+a_2x+a_3$를 $x-\alpha$로 나누었을 때, 몫을 $Q(x)$, 나머지를 R라 하면

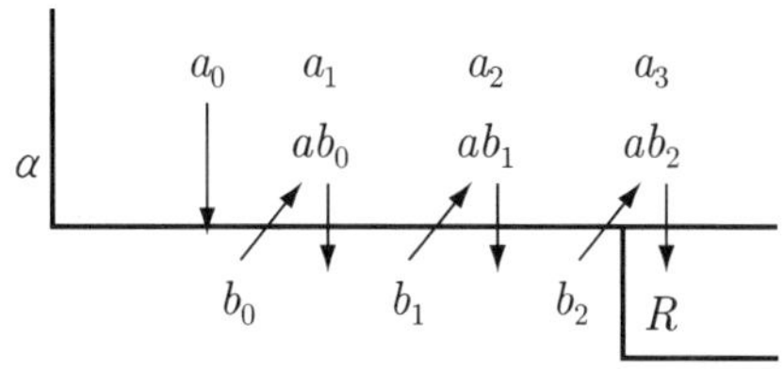

이때 $Q(x)$는 $b_0x^2+b_1x+b_2$이다.

예제 1.13

x^3-3x^2+3x-1을 $x+1$로 나눈 몫과 나머지를 구하여라.

풀이

	1	-3	3	-1
-1		-1	4	-7
	1	-4	7	-8

따라서 몫은 x^2-4x+7이고 나머지는 -8이다.

1.2 연습문제

1. 다음 계산을 하여라.

(a) $\left(3x^2 - 2xy - \frac{1}{3}y^2\right) + \left(3y^2 - \frac{1}{2}xy - x^2\right) + \left(\frac{2}{3}x^2 - xy + 4y^2\right)$

(b) $x^2y^3(-2xy^2)(6xy)^2$

(c) $(\sqrt{x}+1)(\sqrt{x}+2)$

(d) $\left(x+\frac{1}{x}\right)\left(x-\frac{1}{x}\right)$

(e) $(\sqrt{a+b}+1)(\sqrt{a+b}+2)$

(f) $(x^n - x^{-n})^2$

(g) $(x^2-y^2)(x^4+x^2y^2+y^4)$

(h) $x^3 \times x^2 \div x^3 \times x^2$

(i) $(x^3-1)\times(x^2-x)$

(j) 101×99

2. 다음 다항식의 나눗셈을 계산하여라.

(a) $(x^3+x^2+5)\div(x^2+3)$

(b) $(x^4-3x^2-2x-7)\div(x^2-5)$

3. 다음 다항식을 $x-2$로 나누었을 때 몫과 나머지를 구하여라.

(a) x^3-x^2+4x-8

(b) $3x^6+4x^3-3x-7$

4. x^3-4x+5를 $x-1$로 나누었을 때 조립제법을 이용하여 몫과 나머지를 구하여라.

《등산로》

우리가 사용하는 수식은 유럽계 언어를 충실히 따르고 있는 것으로, 우리말로는 읽기 힘든 표시방법이다. 예를 들어 수식

$$x + 3 = 7$$

의 영문은

$$x \text{ and 3 makes 7}$$

인데 수식과 잘 대응하고 있다. 이것을 우리말로 읽으면 x에 3을 더하면 7이 된다 라고 된다. 이것대로 기호를 배열하면

$$x3 + 7 =$$

로 해야 한다.

수학은 언어이고 더구나 일상적으로 쓰고 있는 언어와 수학 학습과의 사이에 밀접한 관계가 있다. 그러므로 일본의 학생들의 수학 성적이 외국의 학생들보다 좋지 못한 것이다.

- 다무라 사부로(田村三郎), 전 고베 대학교수

1.3 항등식

정의 1.3

등식에 포함된 문자에 어떠한 수를 대입하여도 항상 성립하는 등식을 **항등식**(identity)이라 한다.

[주의]

등식에 포함된 문자에 특별한 수를 대입할 때만 성립하는 식을 **방정식**(equations)이라 한다.

항등식의 성질

x에 대하여 다음이 성립한다.

1. $ax+b=0$이 항등식 $\Leftrightarrow a=0,\ b=0$
2. $ax+b=Ax+B$이 항등식 $\Leftrightarrow a=A,\ b=B$
3. $ax^2+bx+c=0$이 항등식 $\Leftrightarrow a=0, =0, =0$
4. $ax^2+bx+c=Ax^2+Bx+C$이 항등식 $\Leftrightarrow a=A,\ b=B, =C$

[주의]

위 성질은 일반적으로 x에 관한 n차식일 때도 성립한다. 항등식을 이용하여 등식의 계수를 정하는 방법을 **미정계수법**(method of indeterminate coefficients)이라 한다. 미정계수를 다룰 때에는 다음과 같은 두 가지 방법을 검토한 후 간편한 쪽을 택하여야 한다. 즉, 항등식은 양변의 같은 차수의 항의 계수는 같다라는 성질을 이용한 방법과 항등식은 식의 문자에 어떠한 수를 대입하여도 항상 성립한다라는 성질이 있다.

미정계수법

1. 계수 비교법: 항등식은 양변의 같은 차수의 항의 계수는 같다.
2. 수치 대입법: 항등식은 식의 문자에 어떠한 수를 대입하여도 항상 성립한다.

예제 1.14

다음 등식이 항등식이 되도록 상수 a, b, c의 값을 정하여라.

1. $$\begin{aligned} 3x^2+2x+1 &= a(x-1)^2+b(x-1)+c \\ &= ax^2+(b-2a)x+a-b+c \end{aligned}$$

2. $x^2+2 = ax(x+1)+b(x+1)(x+2)+cx(x+2)$

풀이

1. 계수비교법을 이용한다. 우변을 전개하여 정리하면

$$\begin{aligned} 3x^2+2x+1 &= ax^2-2ax+a+bx-b+c \\ &= ax^2+(b-2a)x+a-b+c \end{aligned}$$

   에서 동류항의 계수가 같아야 하므로 $a=3$, $b-2a=2$, $a-b+c=1$이다. 따라서 구하는 상수는 $a=3$, $b=8$, $c=6$이다.

2. 수치대입법을 이용한다. $x=0,1,2$ 을 주어진 식에 차례로 대입하면 $6=2a$에서 $a=3$, $2=2b$에서 $b=1$, $3=-c$에서 $c=-3$을 얻는다.

다항식을 일차식으로 나누었을 때 나머지를 구하는 방법으로 앞서 검토한 직접 나누는 방법과 조립제법 외에 다음과 같이 항등식의 성질을 이용한 방법이 있다.

문자 x에 관한 다항식 $P(x)$의 x에 일정한 값 a를 대입했을 때 $P(x)$의 값을 $P(a)$로 나타낸다. 일반적으로 다항식 $P(x)$를 $x-a$로 나누었을 때의 몫을 $Q(x)$, 나머지를 R라 하면, 항등식 $P(x)=(x-a)Q(x)+R$가 성립한다. 이 등식의 양변에 $x=a$를 대입하면 $P(a)=(a-a)Q(x)+R$이 되어 $P(x)=R$이므로 다음과 같은 성질을 얻는다.

나머지 정리

1. 다항식 $P(x)$를 x의 일차식 $x-a$로 나누었을 때 나머지는 $P(a)$이다.
2. 일반적으로 x에 관한 다항식 $P(x)$를 x의 일차식 $ax+b$로 나누었을 때 나머지는

$$P\left(-\frac{b}{a}\right)$$

   이다.

예제 1.15

다항식 $P(x) = 4x^2 + 2x - 5$를 다음 각 식으로 나누었을 때 나머지를 구하여라.

1. $x - 1$
2. $2x + 1$

풀이

다음과 같은 순서로 해결한다.

- 첫째: 나누는 각 식을 0으로 놓은 x값을 구한다.

  1. $x - 1 = 0$에서 $x = 1$이고
  2. $2x + 1 = 0$에서 $x = -\frac{1}{2}$이다.

- 둘째: 이때 얻어진 x값을 주어진 식에 대입한다. 따라서

  1. $P(1) = 4 \cdot 1^2 + 2 \cdot 1 - 5 = 1$
  2. $P(-\frac{1}{2}) = 4 \cdot (-\frac{1}{2})^2 + 2 \cdot (-\frac{1}{2}) - 5 = -5$이다.

[참고]

나머지를 구하는 방법으로는 다른 방법들보다 나머지 정리가 가장 간편함을 알 수 있으나 이것은 나머지를 구할 때만 이용되고 몫을 구할 때는 조립제법이 더 유용하다. 그러나 조립제법과 나머지 정리는 일차식으로 나눌 때만 쓰이는 것이므로 2차식 또는 3차식으로 나눌 때에는 직접 나누는 방법에 의존할 수밖에 없다.

1.3 연습문제

1. $x^3 + ax^2 + bx + 2$를 $x-1$, $x+2$로 나누었을 때 나머지가 각각 3, 2라 한다. 상수 a, b를 구하여라.

2. $P(x) = x^3 - 2x^2 + 3x - 5$일 때 나머지정리를 사용하여 $x+2$로 나누었을 때의 나머지를 구하여라.

3. 삼차식 $4x^3 - 3x^2 + ax + 4$는 $x-1$로 나누어 떨어진다고 할 때, 상수 a의 값을 구하여라.

4. 다음 세 항등식의 최대 공약수와 최소 공배수를 구하여라.

$$x^2 + 8x + 12,\ \ x^3 + 6x^2 + 8x,\ \ x^4 + 5x^3 + 6x^2$$

5. x에 관한 두 3차식 $2x^3 + x^2 - x - 2$와 $3x^3 - 2x^2 + x - 2$를 동시에 0으로하는 x의 값을 구하여라.

《등산로》

$x^2 - y^2 = (x+y)(x-y)$

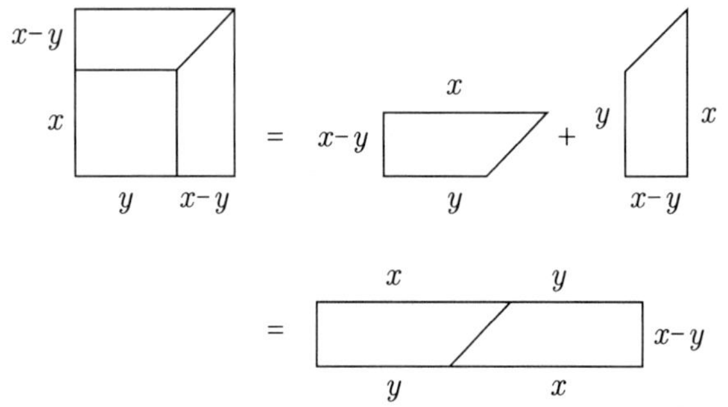

$(x+y)^2 = x^2 + 2xy + y^2$

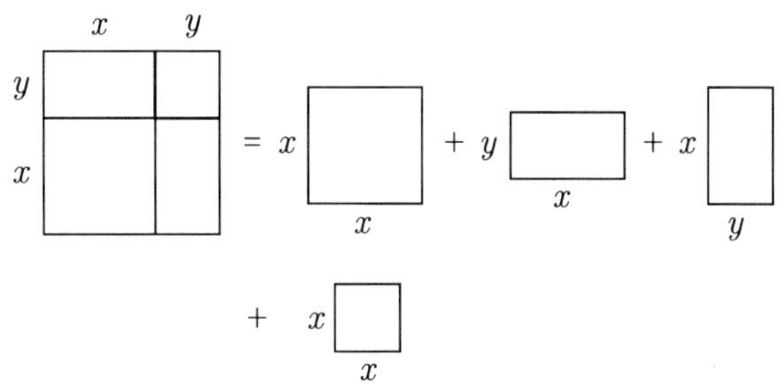

1.4 유리식과 무리식

A, B가 다항식(단, $B \neq 0$)일 때, $\frac{A}{B}$의 꼴로 나타내어지는 식을 **유리식**(rational expression) 또는 **분수식**(fractional expression)이라 하고, A를 **분자**(numerator), B를 **분모**(denominator)라 한다. 특히 분모가 상수이면 유리식 $\frac{A}{B}$는 다항식이다.

유리식의 분모와 분자를 그 공약수로 나누어 간단히 하는 것을 **약분**(reduction of fraction into lower terms)한다고 하고, 특히 분모와 분자를 그들의 최대 공약수로 나누어 분모와 분자가 서로 소인 유리식을 **기약분수식**(irreducible fraction expression)이라고 한다. 또한 두 개 이상의 유리식을 분모가 같은 유리식으로 고치는 것을 **통분**(reduction of fraction to common denominator)한다고 한다.

유리식이나 무리식의 연산에 관한 성질은 실수의 연산에 관한 성질과 같다. 즉, A, B, C, D가 유리식일 때 다음이 성립한다.

1. $\frac{A}{B} = \frac{A \times C}{B \times C}$, $\frac{A}{B} = \frac{A \div C}{B \div C}$ (단, $C \neq 0$)
2. $\frac{A}{B} \cdot \frac{C}{D} = \frac{AC}{BD}$, $\frac{A}{B} \div \frac{C}{D} = \frac{AD}{BC}$
3. $\frac{A}{C} + \frac{B}{C} = \frac{A+B}{C}$, $\frac{A}{C} - \frac{B}{C} = \frac{A-B}{C}$

예제 1.16

다음 유리식을 약분하여라.

1. $\frac{12ab^4}{6a^3b}$
2. $\frac{x^2-9}{x^2+7x+12}$
3. $\frac{x^2-x-2}{x^2-4x+4}$

풀이

1. $\frac{12ab^4}{6a^3b} = \frac{12}{6} \cdot \frac{a}{a^3} \cdot \frac{b^4}{b} = \frac{2b^3}{a^2}$
2. $\frac{x^2-9}{x^2+7x+12} = \frac{(x+3)(x-3)}{(x+3)(x+4)} = \frac{x-3}{x+4}$
3. $\frac{x^2-x-2}{x^2-4x+4} = \frac{(x-2)(x+1)}{(x-2)^2} = \frac{x+1}{x-2}$

예제 1.17

다음 계산을 하여라.

1. $\dfrac{x-1}{2x}\left(\dfrac{x+1}{x-1}-1\right)$

2. $\dfrac{3}{x-1}+\dfrac{x}{x+2}$

3. $1+\dfrac{1}{1+\dfrac{1}{x}}$

4. $\dfrac{\dfrac{1}{x+h}-\dfrac{1}{x}}{h}$

풀이

1. $\dfrac{x-1}{2x}\left(\dfrac{x+1}{x-1}-1\right)=\dfrac{x-1}{2x}\times\dfrac{x+1-(x-1)}{x-1}=\dfrac{x-1}{2x}\times\dfrac{2}{x-1}=\dfrac{1}{x}$

2. $\dfrac{3}{x-1}+\dfrac{x}{x+2}=\dfrac{3(x+2)}{(x-1)(x+2)}+\dfrac{x(x-1)}{(x-1)(x+2)}=\dfrac{x^2+2x+6}{(x-1)(x+2)}$

3. $1+\dfrac{1}{1+\dfrac{1}{x}}=1+\dfrac{1}{\dfrac{x+1}{x}}=1+\dfrac{x}{x+1}=\dfrac{2x+1}{x+1}$

4. $\dfrac{\dfrac{1}{x+h}-\dfrac{1}{x}}{h}=\dfrac{\dfrac{x-(x+h)}{x(x+h)}}{h}=-\dfrac{1}{x(x+h)}$

유리식에서 분자의 차수가 분모의 차수보다 낮고 또 분모의 차수가 몇 개의 인수의 곱으로 나타나는 경우 분모의 각 인수를 분모로 하는 간단한 몇 개의 유리수의 합으로 고치는 것을 주어진 유리식을 부분 분수로 **분해한다**(resolve into partial fractions)라고 한다.

이제 유리식 $f(x)=\dfrac{p(x)}{q(x)}$(여기서 $p(x)$, $q(x)$는 다항식)를 부분 분수로 분해하는 방법에 대하여 알아보자.

1. $p(x)$의 차수가 $q(x)$의 차수보다 큰 경우

   $p(x)$를 $q(x)$로 나누어 본다.

예제 1.18

$\frac{x^2+2x+5}{x-1} = x+3+\frac{8}{x-1}$: 다항식의 나누기를 직접 시행한다.

2. 분모가 $(ax+b)^k$ 를 포함하고 있는 경우에는 미정계수법을 사용한다.

$$f(x) = \frac{A_1}{(ax+b)} + \frac{A_2}{(ax+b)^2} + \cdots + \frac{A_k}{(ax+b)^k}$$

로 두고 $A_1, A_2, \cdots, A_k$ 의 값을 구한다.

예제 1.19

$\frac{1}{(x-1)(x+1)}$ 을 부분 분수로 분해하여라.

풀이

$\frac{1}{(x-1)(x+1)} = \frac{A}{(x-1)} + \frac{B}{(x+1)}$ 로 부분 분수 분해한다. 이때, 양변에 $(x-1)(x+1)$ 을 곱하면 $1 = A(x+1) + B(x-1)$ 을 얻는다. 이 식에 $x=-1$ 을 대입하면 $B = -\frac{1}{2}$ 이고, $x = 1$ 을 대입하면 $A = \frac{1}{2}$ 이다. 따라서

$$\frac{1}{(x-1)(x+1)} = \frac{1}{2(x-1)} - \frac{1}{2(x+1)}$$

이다.

예제 1.20

$\frac{x^2}{(x+1)(x+2)^2} = \frac{A}{(x+1)} + \frac{B}{(x+2)} + \frac{C}{(x+2)^2}$ 에서 A, B, C 의 값을 구하기 위해 양변에 $(x+1)(x+2)^2$ 을 곱하면

$$x^2 = A(x+2)^2 + B(x+1)(x+2) + C(x+1)$$

이고, 우변을 전개하면

$$Ax^2 + 4Ax + 4A + Bx^2 + 3Bx + 2B + Cx + C$$
$$= (A+B)x^2 + (4A+3B+C)x + 4A + 2B + C$$

이므로 양변의 계수를 비교하여

$$A+B=1,\ 4A+3B+C=0,\ 4A+2B+C=0$$

를 얻는다. 이 세 식에서 $A=1$, $B=0$, $C=-4$임을 알 수 있다. 따라서

$$\frac{x^2}{(x+1)(x+2)^2}=\frac{1}{(x+1)}-\frac{4}{(x+2)^2}$$

이다.

3. 분모가 $(ax^2+bx+c)^m$를 포함하고 있는 경우
   (실수 범위에서 더 이상 인수분해될 수 없는 경우)

$$\frac{B_1x+C_1}{ax^2+bx+c}+\frac{B_2x+C_2}{(ax^2+bx+c)^2}+\cdots+\frac{B_mx+C_m}{(ax^2+bx+c)^m}$$

   로 두고, $B_1, \cdots, B_m, C_1, \cdots, C_m$의 값을 구한다.

예제 1.21

$\dfrac{x}{(x+1)(x^2+1)}$을 부분 분수로 분해하여라.

풀이

x^2+1은 실수 범위에서 더 이상 인수분해가 될 수 없기 때문에

$$\frac{x}{(x+1)(x^2+1)}=\frac{A}{(x+1)}+\frac{Bx+C}{(x^2+1)}$$

로 부분 분수 분해한다. 양변에 $(x+1)(x^2+1)$을 곱하여 정리하면

$$\begin{aligned} x &= A(x^2+1)+(Bx+C)(x+1) \\ &= (A+B)x^2+(B+C)x+(A+C) \end{aligned}$$

이다. 이때 계수를 비교하면 $A+B=0$, $B+C=1$, $A+C=0$을 얻고, 이것을 정리하면 $A=-\frac{1}{2}$, $B=\frac{1}{2}$, $C=\frac{1}{2}$이다. 따라서

$$\frac{x}{(x+1)(x^2+1)}=-\frac{1}{2(x+1)}+\frac{x}{2(x^2+1)}+\frac{1}{2(x^2+1)}$$

이다.

제곱하여 a가 되는 수, 즉 $x^2 = a$가 되는 수 x 를 a의 **제곱근**(square root) 이라고 한다. 이때 양수 a의 제곱근은 두 개 있으며, 그들의 절댓값은 같고 부호만 다르다. 그 중 양의 근은 $\sqrt{a}$로, 음의 근은 $-\sqrt{a}$로 나타낸다. 분모에 근호가 포함된 식을 그 분모에 근호가 포함되지 않도록 변형하는 것을 분모의 **유리화**(rationalization) 라고 한다.

[참고]

근호 속에 문자가 들어 있는 식을 그 문자에 관한 **무리식**(irrational expression) 이라고 한다. 무리식이 실수 값을 가지려면 근호 안의 값이 0 또는 양수가 되도록 문자의 값의 범위를 제한하여야 한다.

예제 1.22

다음 무리식의 값이 실수가 되도록 x값의 범위를 정하여라.

1. $1 + \sqrt{2x-3}$
2. $\dfrac{1}{\sqrt{x+4}}$

풀이

1. $2x - 3 \geq 0$이어야 하므로 $x \geq \dfrac{2}{3}$이다.
2. $x + 4 > 0$이어야 하므로 $x > -4$이다.

예제 1.23

다음 무리식을 간단히 하여라.

1. $(\sqrt{x+1} - \sqrt{x})(\sqrt{x+1} + \sqrt{x})$
2. $\dfrac{1}{\sqrt{x+1} - \sqrt{x-1}}$

풀이

1. $(\sqrt{x+1} - \sqrt{x})(\sqrt{x+1} + \sqrt{x}) = x + 1 - x = 1$
2. $$\begin{aligned} \frac{1}{\sqrt{x+1} - \sqrt{x-1}} &= \frac{\sqrt{x+1} + \sqrt{x-1}}{(\sqrt{x+1} - \sqrt{x-1})(\sqrt{x+1} + \sqrt{x-1})} \\ &= \frac{\sqrt{x+1} + \sqrt{x-1}}{2} \end{aligned}$$

1.4 연습문제

1. 다음 유리식을 간단히 하여라.

(a) $\dfrac{x^2-9}{x^2-3x}$

(b) $\dfrac{b}{a^3} \div \dfrac{b}{a^2}$

(c) $\dfrac{1}{x+1} - \dfrac{1}{x+2}$

(d) $\dfrac{1+\dfrac{2}{x}}{x-\dfrac{4}{x}}$

2. 다음 식의 분모를 유리화하여라.

(a) $\dfrac{x+1}{1+\sqrt{x+1}} + \dfrac{x-1}{1-\sqrt{x+1}}$

(b) $\dfrac{1}{x+\sqrt{x^2-1}} + \dfrac{1}{x-\sqrt{x^2-1}}$

3. 다음 유리식의 값을 구하여라.

(a) $3x = 2y \neq 0$일 때, $\dfrac{3x^2+2xy}{x^2+xy}$

(b) $x = 2+\sqrt{3}$, $y = 2-\sqrt{3}$일 때, $\dfrac{y^2}{x}+\dfrac{x^2}{y}$

4. 다음 식을 부분 분수로 분해하여라.

(a) $\dfrac{x+1}{x^2-16}$

(b) $\dfrac{2-x}{(2x-1)(x^2+x+1)}$

(c) $\dfrac{4x+7}{(x+1)^2}$

(d) $\dfrac{x^2+2}{(x-1)(x-3)^2}$

(e) $\dfrac{x^3-5x+12}{x-4}$

5. 다음 무리식의 값을 구하여라.

(a) $x = ab$, $y = a^2+b^2$일 때, $\sqrt{(x-y)^2}+\sqrt{(x+y)^2}$ (단, a, b는 실수)

(b) $0 < x < 1$일 때, $\dfrac{\sqrt{(x-\frac{1}{x})^2+4}-\sqrt{(x+\frac{1}{x})^2-4}}{\sqrt{(x-\frac{1}{x})^2+4}+\sqrt{(x+\frac{1}{x})^2-4}}$

《등산로》

400m 트랙의 직선 부분은 120m이다. 1코스에서 8코스까지 각 코스의 폭을 1m라 가정하자. 400m 경기에서 맨 안쪽 1코스가 일주한 지점이 결승점이라고 한다면 직선 부분이 $120 + 120 = 240$이므로 곡선 부분은 160m이다. (가운데를 달릴 때) 따라서 반원의 둘레는 80m이다.

반원은 반지름×원주율이다. 따라서 반지름은 $80 \div 3.14 \fallingdotseq 25.5m$이다. 2코스의 반지름은 1m 더 길어졌으므로 26.5m이고, 이때 반원의 둘레는 $26.5 \times 3.14 = 83.2$이다. 제 1코스의 반원 80m에서 3.2m가 늘어나 있으므로 한 바퀴 일주하는데 6.4m 길어진다. 따라서 2코스 출발선은 1코스보다 6.4m 앞에 설정한다. 제3코스의 경우 반원의 반지름이 다시 1m 늘어났으므로 반원의 둘레는 $27.5 \times 3.14 = 86.4$, 즉 2코스와의 차는 3.2m가 되고, 따라서 일주하는데 6.4m 늘어나게 된다. 3코스에서 반지름이 1m 늘어나면 반원의 둘레는 $28.5 \times 3.14 = 89.5$이다. 즉 3코스와 4코스 차이는 3.1m이므로 일주하는데 6.2m가 더 늘어나게 된다. 반지름의 길이를 rm라고 하면 원둘레는 $2\pi r$m이다. 이때 반지름을 1m 늘리면 원둘레는 $2\pi(r+1)$m이므로 그 차이는 $2\pi(r+1) - 2\pi r = 2\pi r + 2\pi - 2\pi r = 2\pi$로 반지름과는 상관없이 항상 $2\pi \fallingdotseq 6.28318$m이다. 즉, 각 코스의 핸디캡은 언제나 6.28m가 된다. 그러므로 지구의 반지름을 1m 늘리면 적도의 길이는 6.28m 늘어난다. 실제 정규 트랙의 폭은 1.25m이다.

제 2 장

방정식과 부등식

방정식의 뜻을 이해하고 그 해를 구하는 방법을 익힌다. 또한 유리 방정식과 연립방정식의 해법에 대하여 알아본다.

2.1 간단한 방정식

정의 2.1

두 실수 $a(\neq 0)$와 b에 대하여 $ax+b=0$ 형태의 방정식을 **일차**(first-degree)방정식 또는 **선형**(linear)방정식이라 한다.

변수를 x로 갖는 방정식의 **해**(solution) 또는 **근**(root)을 구하라는 것은 주어진 방정식을 참으로 하는 x의 값을 구하는 것을 의미한다.

방정식과 부등식

1. 양변에 같은 수를 더하거나 빼도 식은 변하지 않는다.
2. 양변에 0이 아닌 수를 곱하거나 나누어도 식은 변하지 않는다.

예제 2.1

일차 방정식 $x-2=3-4x$의 해를 구하여라.

풀이

$x-2=3-4x$에서 $4x$를 좌변으로 -2를 우변으로 이항하면 $5x=5$이다. 따라서 $x=1$이다.

예제 2.2

다음 일차 방정식의 해를 구하여라.

$$\frac{1}{x+1}=\frac{1}{x-2}+\frac{3x-1}{(x+1)(x-2)}$$

풀이

주어진 방정식의 양변에 $(x+1)(x-2)$를 곱하면

$$x-2=(x+1)+(3x-1)=4x$$

이다. 따라서 $x=-\frac{2}{3}$이다.

절댓값 기호가 있는 방정식의 풀이는 절댓값 기호를 없애고 푸는 것이 일반적인 해법이다.

예제 2.3

다음 식을 풀어라.

$$\frac{|x-1|}{2} + \frac{|x-1|}{3} = \frac{x}{3}$$

풀이

1. $x - 1 \geq 0$인 경우:

$$\frac{x-1}{2} + \frac{x-1}{3} = \frac{(3x-3)+(2x-2)}{6} = \frac{5x-5}{6}$$

이므로 $\frac{5x-5}{6} = \frac{x}{3}$으로부터 $x = \frac{5}{3}$이다.

2. $x - 1 < 0$인 경우:

$$\frac{-(x-1)}{2} + \frac{-(x-1)}{3} = \frac{-(3x-3)-(2x-2)}{6} = \frac{-5x+5}{6}$$

이므로 $\frac{-5x+5}{6} = \frac{x}{3}$로부터 $x = \frac{5}{7}$이다.

예제 2.4

다음 방정식을 풀어라.

$$\frac{1}{|x-1|} = \frac{1}{3}$$

풀이

1. $x - 1 \geq 0$인 경우: $\frac{1}{x-1} = \frac{1}{3}$에서 $3 = x - 1$이므로 $x = 4$
2. $x - 1 < 0$인 경우: $\frac{1}{-(x-1) = \frac{1}{3}}$에서 $3 = -x + 1$이므로 $x - 2$

일반적으로 $ax = b$ 꼴의 일차방정식은 다음과 같은 해법을 가진다.

1. $a \neq 0$일 때는 $x = \frac{b}{a}$이 해이다.
2. $a = 0$일 때는 a로 나눌 수 없으므로 $b = 0$인 경우에는 부정이다. $b \neq 0$인 경우에는 불능이다.

예제 2.5

다음 방정식을 x에 관하여 풀어라.

$$a(2x-5) = 3x+1$$

풀이

식을 정리하면 $(2a-3)x = 5a+1$이다. 이때

1. $a \neq \frac{3}{2}$인 경우: $x = \frac{5a+1}{2a-3}$
2. $a = \frac{3}{2}$인 경우: 해가 없다.

[참고]

여러 개의 문자로 표현된 방정식에서 한 문자를 다른 문자들을 이용하여 나타내면 편리할 때가 많다. 이것을 그 문자에 관하여 푼다고 한다.

예제 2.6

다음 방정식 $a-1 = \frac{1-2t}{3t+2}$를 t에 관하여 풀어라.

풀이

양변에 $3t+2$를 곱하면 $(3t+2)(a-1) = 1-2t$이다. 이 식의 좌변을 전개하여 정리하면 $(3a-1)t = 3-2a$이다. 따라서 $t = \frac{3-2a}{3a-1}$이다.

예제 2.7

다음 방정식을 x에 관하여 풀어라.

1. $kx+7 = 2x,\ k =\neq 2$
2. $2-k+5(x+1) = 3$

풀이

1. $7 = (2-k)x$에서 $x = \frac{7}{2-k}$이다.
2. $2-k+5x+5 = 3$에서 $x = \frac{k-4}{5}$

예제 2.8

다음 식을 풀어라.

$$|x-2| = |3-x|$$

풀이

1. $x < 2$인 경우: $-(x-2) = 3-x$. 따라서 해가 없다.
2. $2 \leq x < 3$인 경우: $x-2 = 3-x$. 따라서 $x = \frac{5}{2}$
3. $x \geq 3$인 경우: $x-2 = -(3-x)$. 따라서 해가 없다.

2.1 연습문제

1. 다음 식의 해를 구하여라.

   (a) $|x-4|=7$

   (b) $|x-1|+|x-2|=5$

   (c) $|x|+\dfrac{|x|}{4}=5+3x$

2. 다음 방정식의 해를 구하여라.

$$\frac{1}{x+2}=\frac{1}{x-3}+\frac{x-4}{(x+2)(x-3)}$$

3. 다음 방정식을 t에 관하여 풀어라.

   (a) $a-1=\dfrac{1-2t}{3t+2}$

   (b) $a=\sqrt[3]{\dfrac{1-t^2}{t^2+1}}$

   (c) $at-bt=a^2-b^2$

   (d) $(a-4)(a-1)t=a-2(t+1)$

4. 원금 a원을 이율이 연복리 r%인 정기예금을 했을 때 2년 후의 원리 합계는

$$m=a\left(1+\frac{r}{100}\right)^2$$

   이다. 이 식을 r에 대하여 풀고 100만 원을 정기예금하면 2년 후 121만 원을 받기 위한 이율 r을 구하여라.

《등산로》

방정식이라는 말의 유래

약 2000년 전 중국의 수학책《**구장산술**(九章算術)》의 제 8권〈**방정**(方程)〉편에 처음으로 등장하였다. 方이란 **정사각형**(正方形) 또는 **직사각형**(長方形)의 방을 의미하며 네모 또는 사각형을 의미한다. 程이란 '할당하다'는 뜻을 갖고 있다. 즉, 방정이란는 말의 어원은 사각 모양으로 할당한다는 뜻이다. 실제로 제 8권에는 다음과 같은 첫 번째 문제가 등장한다.

[지금 상품 벼 3섬, 중품 벼 2섬, 하품 벼 1섬에서 벼가 39말 나오고 상품 벼 2섬, 중품 벼 3섬, 하품 벼 1섬에서는 벼 34말이 나온다. 또한 상품 벼 1섬, 중품 벼 2섬, 하품 벼 3섬에서는 26말이 나온다고 한다. 상, 중, 하 1섬에서는 각각 얼마의 벼가 나오는가?]

이것을 다음과 같은 사각형 모양으로 배열하여 풀었기 때문에 방정이라는 말이 생기게 되었다.

$$\begin{bmatrix} 1 & 2 & 3 \\ 2 & 3 & 2 \\ 3 & 1 & 1 \\ 26 & 34 & 39 \end{bmatrix} \text{ 행렬로 분석하면 } \begin{bmatrix} 0 & 0 & 36 \\ 0 & 36 & 0 \\ 36 & 0 & 0 \\ 99 & 153 & 333 \end{bmatrix} \text{ 이 된다.}$$

(이것의 풀이는 행렬편에서 자세히 다루게 된다.)

따라서 상품 벼 $\frac{333}{36} = \frac{37}{4}$, 중품 벼 $\frac{153}{36} = \frac{17}{4}$, 하품 벼 $\frac{99}{36} = \frac{11}{4}$를 얻게 된다.

2.2 이차방정식

세 실수 $a(\neq 0)$, b, c를 계수로 하는 등식

$$ax^2 + bx + c = 0$$

을 x에 관한 **이차방정식**(quadratic equations)이라 한다. 이 방정식의 해가 실수일 때 **실근**(real roots)이라 하고, 허수일 때 **허근**(imaginary roots)이라고 한다.

예제 2.9

$x = 1$는 $x^2 + x - 2 = 0$의 한 실근이다.

이차방정식 $ax^2 + bx + c = 0$ $(a \neq 0)$의 근을 구하는 해법에는 인수분해에 의한 방법과 근의 공식에 의한 방법 두 가지가 있다.

1. 인수분해가 되는 경우

$$(ax - b)(cx - d) = 0 \text{일 때는 } x = \frac{b}{a} \text{ 또는 } x = \frac{d}{c}$$

2. 인수분해가 되지 않는 경우

$$x = \frac{-b \pm \sqrt{b^2 - 4ac}}{2a} \text{ (근의 공식)}$$

[참고]
$(x + A)^2 = B$의 꼴인 방정식의 해는 $x = -A \pm \sqrt{B}$이다.

예제 2.10

다음 이차 방정식을 풀어라.

1. $x^2 - 2x - 3 = 0$
2. $x^2 - 2x - 5 = 0$
3. $x^2 - 2x + 3 = 0$
4. $x^2 - 2x - 1 = 0$

풀이

1. $x^2 - 2x - 3 = (x - 3)(x + 1) = 0$이므로 구하는 해는 $x = 3$, $x = -1$이다.

2. 주어진 방정식은 인수분해가 되지 않으므로 근의 공식을 이용한다. 따라서

$$x = \frac{2 \pm \sqrt{(-2)^2 - 4 \cdot 1 \cdot (-5)}}{2 \cdot 1} = \frac{2 \pm \sqrt{24}}{2} = 1 \pm \sqrt{6}$$

인 서로 다른 두 실근을 갖는다.

3. 주어진 방정식은 인수분해가 되지 않으므로

$$x = \frac{2 \pm \sqrt{(-2)^2 - 4 \cdot 1 \cdot 3}}{2 \cdot 1} = \frac{2 \pm \sqrt{-8}}{2} = 1 \pm \sqrt{2}i$$

인 두 허근을 갖는다.

4. $x^2 - 2x - 1 = x^2 - 2x + 1 - 1 - 1 = (x-1)^2 - 2 = 0$이므로 $(x-1)^2 = 2$로부터 $x = 1 \pm \sqrt{2}$이다.

2차 방정식의 근으로서는 서로 다른 두 실근, 같은 두 실근인 중근과 서로 다른 두 허근인 세 종류가 있는데, 2차 방정식 $ax^2 + bx + c = 0$에서 근을 판별할 수 있는 판별식 $D = b^2 - 4ac$을 이용하여 구분할 수 있다.

판별식 (discriminant)

1. $b^2 - 4ac > 0$일 때는 **서로 다른 두 실근**(distinct two real roots)을 갖는다.
2. $b^2 - 4ac = 0$일 때는 **중근**(double root)을 갖는다.
3. $b^2 - 4ac < 0$일 때는 **두 허근**(two complex roots)을 갖는다.

[참고]
x의 계수가 짝수일 때는 $D/4 = b'^2 - ac$를 이용한다.

예제 2.11

다음 이차 방정식의 근을 판별하여라.

1. $4x^2 + 5x - 3 = 0$
2. $x^2 - 16x + 64 = 0$

풀이

1. $b^2 - 4ac = 5^2 - 4 \cdot 4 \cdot (-3) = 73 > 0$이므로 두 실근을 갖는다. 실제로 근을 구하면
$$x = \frac{-5 \pm \sqrt{5^2 - 4 \cdot 4 \cdot (-3)}}{8} = \frac{-5 \pm \sqrt{73}}{8}$$
2. $b^2 - 4ac = (-16)^2 - 4 \cdot 1 \cdot 64 = 0$이므로 중근을 갖는다. 실제로 근을 구하여 보면 $(x-8)^2 = 0$이므로 $x = 8$이다.

예제 2.12

이차 방정식 $3x^2 - 2x + (1-k) = 0$이 서로 다른 두 실근을 갖도록 k의 값의 범위를 정하여라.

풀이

주어진 방정식이 서로 다른 두 실근을 갖기 위해서는 판별식의 값이 0보다 커야 한다. 따라서 $b^2 - 4ac = (-2)^2 - 4 \cdot 3 \cdot (1-k) > 0$에서 $12k - 8 > 0$이므로 구하는 k의 범위는 $k > \frac{2}{3}$이다.

2차 방정식 $ax^2 + bx + c = 0$의 두 근을 $\alpha = \frac{-b+\sqrt{D}}{2a}$, $\beta = \frac{-b-\sqrt{D}}{2a}$라 하면 두 근 α, β와 그 계수 a, b, c와의 관계 및 α, β와 2차 방정식과의 관계를 다음과 같이 얻을 수 있다.

근과 계수와의 관계

1. (a) $\alpha + \beta = -\frac{b}{a}$ (b) $\alpha\beta = \frac{c}{a}$ (c) $|\alpha - \beta| = \frac{\sqrt{b^2 - 4ac}}{|a|}$
2. 두 수 α, β를 근으로 하고 이차항의 계수가 1인 2차 방정식은
$$(x-\alpha)(x-\beta) = 0 \text{ 또는 } x^2 - (\alpha+\beta)x + \alpha\beta = 0$$

예제 2.13

이차방정식 $x^2 - 3x - 1 = 0$의 두 근을 α, β라 할 때, 다음을 구하여라.

1. $\alpha^2 + \beta^2$
2. $|\alpha - \beta|$

풀이

$x^2-3x-1=0$에서 $\alpha+\beta=3$이고 $\alpha\beta=-1$이다. 따라서

1. $\alpha^2+\beta^2=(\alpha+\beta)^2-2\alpha\beta=3^2-2\cdot(-1)=11$
2. $|\alpha-\beta|=\dfrac{\sqrt{(-3)^2-4\cdot1\cdot(-1)}}{|1|}=\sqrt{13}$이다.

예제 2.14

두 수 3과 4를 두 근으로 하는 이차항의 계수가 1인 2차방정식을 구하여라.

풀이

$(x-3)(x-4)=x^2-7x+12=0$ 또는
$x^2-(3+4)x+3\cdot4=x^2-7x+12=0$이다.

근과 계수와의 관계를 이용하면 2차식을 다음과 같이 인수분해할 수 있다.

예제 2.15

합이 3이고 곱이 = 10인 두 수를 구하여라.

풀이

구하는 두 수는 $x^2-3x-10=0$ 두 근이므로 $(x-5)(x+2)=0$에서 $x-5$와 $x=-2$ 이다.

2차 방정식 $ax^2+bx+c=0$의 두 근을 α, β라 하면

$$ax^2+bx+c=a(x-\alpha)(x-\beta)$$

예제 2.16

$56x^2-78x-35=56(x+a)(x+b)=(4x+c)(14x+d)$ 에서 a, b, c, d를 각각 구하여라.

풀이

$56x^2 - 78x - 35 = 0$의 두 근을 $x = \frac{7}{4}, -\frac{5}{14}$이므로

$$56x^2 - 78x - 35 = 56\left(x - \frac{7}{4}\right)\left(x + \frac{5}{14}\right) = (4x-7)(14x+5)$$

$\therefore a = -\frac{7}{4}, b = -\frac{5}{14}, c = -7, d = 5$

예제 2.17

복소수 범위에서 $x^2 - 2x + 4$를 인수분해하여라.

풀이

$x^2 - 2x + 4 = 0$의 두 근은 $x = 1 \pm \sqrt{3}i$이므로

$$\begin{aligned} x^2 - 2x + 4 &= (x - (1 + \sqrt{3}i))(x - (1 - \sqrt{3}i)) \\ &= (x - 1 - \sqrt{3}i)(x - 1 + \sqrt{3}i) \end{aligned}$$

이다.

예제 2.18

합이 3이고 곱이 3인 두 수를 구하여라.

풀이

구하는 두 수는 $x^2 - 3x + 3 = 0$의 두 근이므로

$$x = \frac{3 \pm \sqrt{9-12}}{2} = \frac{3 \pm \sqrt{3}i}{2}$$

에서 $x = \frac{3+\sqrt{3}i}{2}$와 $x = \frac{3-\sqrt{3}i}{2}$이다.

2.2 연습문제

1. 다음 이차 방정식을 풀어라.

   (a) $x^2 - 2x - 143 = 0$

   (b) $x^2 - 10x + 25 = 0$

   (c) $x^2 + 6x + 12 = 0$

   (d) $x^2 - 7|x| + 10 = 0$

   (e) $x^2 + 2\sqrt{2}x + 1 = 0$

   (f) $2(x+3)(x-3) = (x+5)^2$

   (g) $2x^2 + 5x - 11 = 0$

   (h) $\sqrt{2}x^2 + (\sqrt{2}+\sqrt{3})x + \sqrt{3} = 0$

   (i) $x^2 + 5|x-2| - 4 = 0$

   (j) $x^2 + (2i-1)x + (1-i) = 0$

2. $4x^2 - 3x - 2 = 0$의 두 근을 α, β라 할 때 다음 식의 값을 구하여라.

   (a) $\dfrac{1}{\alpha^2} + \dfrac{1}{\beta^2}$

   (b) $\dfrac{1}{\alpha^3} + \dfrac{1}{\beta^3}$

3. x에 관한 이차 방정식 $(k+3)x^2 + 2(3k+1)x + (k+3) = 0$이 중근을 갖기 위한 k 값을 구하여라.

4. 두 수 $a+3$, $b-5$를 두 근으로 하는 이차방정식을 구하여라.

5. 합이 10이고 곱이 20인 두 수를 구하여라.

6. 어떤 양수 x를 제곱해야 할 것을 잘못해서 2배하였더니 원하는 값보다 24만큼 작아졌다고 한다. x를 구하여라.

《등산로》

[2차방정식]: $x^2 + px = q$ 형태는 약 4,000년 전 바빌로니아시대에 이미 등장.

[3차방정식]: 16세기 초 이탈리아인 **페로**(Ferro, 볼로야 Bologna 대학교수, $x^3 + mx = n$)가 해법 발견(1515)

- 사위인 **피올레**(Antonio Fior)에게 전수.
- 베니스 대학의 **타르탈리아**(Tortaglia)가 독자적으로 완성.

1535년 피올레와 타르탈리아가 공개석상에서 승패를 겨룸. 타르탈리아의 승리($x^3 + mx^2 = n$ 꼴 외에도 2차항이 없는 3차방정식 모두 해결). 타르탈리아의 본명은 **폰타나**(Nicolo Fontana)이며, 어린 시절 프랑스군에 의해 혀가 잘려서 그때부터 말더듬이란 별명으로 불리게 된다. 밀라노 대학의 의사인 **카르다노**(Cardano)가 후원을 약속하며 서로 남에게 이 해법을 공개하지 않기로 약속하고 해법을 알려줌. 몇 년 후 카르다노가 **《고등대수학》**이란 책을 발간하면서 여기에 3차방정식의 해법을 정리해 놓았다. 이를 부당히 여긴 타르탈리아는 공개석상에서 토론을 통해 진위를 가리기로 하였으나 카르다노 대신 그의 제자 **페라리**(Ferrari)가 나서게 되고, 타르탈리아의 장애와 주위의 편견으로 고향으로 돌아가 버리게 되었다. 이때부터 3차방정식의 해법을 카르다노의 해법이라고 부르게 된다.

[5차방정식]:

달랑베르(d'Alembert): 1746년 대수학의 기본정리 '계수가 모두 복소수인 1원 n차 방정식은 적어도 하나의 복소수 해를 갖는다.' 증명 시도. 1799년 22세의 **가우스**(Gauss)가 완벽하게 증명함으로써 5차 이상의 방정식에도 반드시 해가 존재한다는 사실 확인 그러나 그 해법은 모름. 19세기 아벨, 가우스가 그 해의 불가능성을 증명하였다. 아벨의 논문〈5차 방정식의 일반적인 해법의 불가능성을 증명한 대수방정식에 관한 논문〉을 가우스가 자신의 논문과 같이 넣어둠.

아벨(Abel, 1802~1829, 노르웨이): 24세 때 타원함수에 관한 논문을 파리 아카데미에 제출하였으나 심사의원 **코시**(Cauchy)가 책상 서랍에 넣어두고 잊어버리게 된다. 그 무렵 **야코비**(Jacobi)가 타원함수에 관한 논문을 발표하게 되고 2년 뒤 1829년 4월 6일 26세의 나이로 생애를 마감하게 된다. 안타까운 일은 그가 죽은 지 이틀 후에 베를린 대학으로부터 논문의 성과로 인하여 교수로 임용되었다는 연락을 받게 된다는 일이다.

2.3 고차 방정식과 연립방정식

x에 관한 다항식 $P(x)$가 3차식, 4차식, $\cdots$, n차식일 때, 방정식 $P(x)=0$을 각각 x에 관한 **3차 방정식**(cubic equation), **4차 방정식**(quatric equation),$\cdots$, **n차 방정식**(equation of n-th degree)이라고 한다. 특히 3차 이상의 방정식을 **고차 방정식**(equation of high degree)이라고 한다.

[참고]

3차 또는 4차 방정식 $P(x)=0$의 풀이는 인수분해의 공식을 이용하거나 인수 정리를 이용하여 $P(x)$를 인수분해한 다음 그 방정식을 푼다.

예제 2.19

다음 방정식을 풀어라.

1. $x^3=8$
2. $x^3-12x+16=0$

풀이

1. $x^3-8=0$ $(x-2)(x^2+2x+4)=0$에서 $x=2$, $x=-1\pm\sqrt{3}i$이다.
2. $P(x)=x^3-12x+16$으로 놓으면 인수 정리에 의하여 $P(x)$는 $x-2$로 나누어 떨어진다. 조립제법을 사용하면

$$\begin{aligned} P(x) = (x-2)(x^2+2x-8) &= (x-2)(x+4)(x-2) \\ &= (x-2)^2(x-4) \end{aligned}$$

이므로 $x=2$(중근), $x=-4$이다.

예제 2.20

등식 $x^4+4x^3-2x^2+ax+b=(x^2+cx+d)^2$이 x에 관한 항등식이 되도록 a, b, c, d의 값을 구하라.

풀이

계수비교법을 이용하면

$$x^4+4x^3-2x^2+ax+b=x^4+c^2x^2+d^2+2cx^3+2cdx+2dx^2$$

에서

$$x^4 + 4x^3 - 2x^2 + ax + b = x^4 + 2cx^3 + (c^2 + 2d)x^2 + 2cdx + d^2$$

가 되어

$$2c = 4,\ c^2 + 2d = -2,\ 2cd = a,\ d^2 = b$$

를 얻는다. 따라서

$$a = -12,\ b = 9,\ c = 2,\ d = -3$$

이다.

두 개의 변수를 갖는 2개의 1차 방정식을 하나로 묶어 놓은 것을 미지수가 2개인 **연립 일차 방정식**(simultaneous linear equation)이라 한다.

$$\begin{cases} a_1x + b_1y = c_1 \\ a_2x + b_2y = c_2 \end{cases}$$

연립방정식의 기본 해법

미지수를 소거하여 일원 방정식으로 유도한 후 가감법, 대입법, 등치법 등을 이용하여 해를 구한다.

예제 2.21

다음 연립방정식을 풀어라.

$$\begin{cases} x + y = 2 \\ 2x - y = 5 \end{cases}$$

풀이

두 식을 더하면 $3x = 7$. 따라서 $x = \frac{7}{3}$, $y = -\frac{1}{3}$이다.

미지수가 3개인 연립 1차 방정식은 하나의 미지수를 소거하여 미지수가 2개인 연립방정식으로 만든다.

예제 2.22

다음 연립 일차 방정식을 풀어라.

풀이

$$\begin{cases} x+y+z=2 \cdots\cdots (1) \\ 2x+3y-z=3 \cdots\cdots (2) \\ 3x-2y+z=-1 \cdots\cdots (3) \end{cases}$$

식 $(1)+(2)$에서 $3x+4y=5\cdots\cdots(4)$와 $(1)-(3)$에서 $-2x+4y=3\cdots\cdots(5)$를 얻는다. 다시 $(4)-(5)$로부터 $5x=2$이다. 따라서

$$x=\frac{2}{5},\ y=\frac{19}{20},\ z=\frac{13}{20}$$

이다.

연립방정식 중에는 2해가 무난히 많이 존재하는 **부정**(indefinite)인 경우와 그 해가 존재하지 않는 **불능**(impossible)인 경우가 있다.

$$\begin{cases} ax+by+c=0 \\ a'x+b'y+c'=0 \end{cases}$$

에서 불능과 부정

1. $\dfrac{a}{a'}=\dfrac{b}{b'}\neq\dfrac{c}{c'}$일 때 불능이다.
2. $\dfrac{a}{a'}=\dfrac{b}{b'}=\dfrac{c}{c'}$일 때 부정이다.

예제 2.23

다음 연립방정식이 부정일 때와 불능일 때의 a값을 구하여라.

$$2ax+2y+a=0,\ \left(\frac{5}{2}a-1\right)x+ay+2=0.$$

풀이

$2a\cdot a-(\frac{5}{2}a-1)2=0$에서 $a=\frac{1}{2}$, 2이고 $4-a^2=0$에서 $a=\pm2$이다. 따라서 부정일 때 $a=2$이고, 불능일 때 $a=\frac{1}{2}$이다.

예제 2.24

연립방정식

$$\begin{cases} (a-3)x - 4y + 1 = 0 \\ 3x + (a-2)y - 1 = 0 \end{cases}$$

의 근이 존재하지 않도록 a값을 정하여라.

풀이

$\dfrac{a-3}{3} = \dfrac{-4}{a-2} \neq 1$이므로 $(a-3)(a-2) = -12$에서 $a^2 - 5a - 6 = 0$이므로

$$(a-6)(a+1) = 0,\ a = -1,\ 6$$

$\therefore a = 6$이다.

2.3 연습문제

1. 다음 방정식을 풀어라.

(a) $x^4 - 5x^2 + 6 = 0$

(b) $\dfrac{2}{(x+3)^2} - \dfrac{7}{x+3} + 3 = 0$

(c) $x^3 - 4x^2 + x + 6 = 0$

(d) $\sqrt[3]{x} - \sqrt[6]{x} - 6 = 0$

2. 3차 방정식 $x^3 - (3p+1)x + 3p = 0$이 중근을 갖도록 하는 양수 p를 구하여라.

3. 다음 연립 일차 방정식을 풀어라.

(a) $\begin{cases} x + y + z = 2 \\ 2x - y + 2z = 1 \\ x + y + 4z = 11 \end{cases}$

(b) $\begin{cases} x - 2y + 5z = 7 \\ 2x + 4y - 11z = 5 \\ x + y - 3z = 0 \end{cases}$

4. 연립방정식 $ax + by + c = 0$, $bx + cy + a = 0$의 해가 부정일 때 $x + y$의 값을 구하여라. (단, a, b, c는 0이 아닌 실수이다.)

5. 연립방정식 $\begin{cases} x + ay = a^2 \\ x + by = b^2 \end{cases}$ 을 풀어라.

《등산로》

유클레이데스(Eukleides)가 지었다고 전해지는 그리스 시화집에 다음과 같은 문제가 있다.
노새가 당나귀한테 말했습니다.

"네가 진 짐의 한 자루만 내 등에 옮겨놓으면 나는 네가 진 짐의 두 배가 되는 걸. 내 짐의 한 자루를 네 등에 옮긴다면 나와 너의 자루는 같은 수가 된단다."

이를 해결하기 위하여 노새의 짐 수를 x, 당나귀의 짐 수를 y라 하자. 당나귀의 짐 1개를 노새에 옮겨 놓으면 노새의 짐 수는 $x+1$이고 당나귀의 짐 수는 $y-1$이 된다. 이때 당나귀의 짐 수의 두 배가 노새의 짐 수이므로$x+1=2(y-1)$이 성립한다. 한편 노새의 짐 한 자루를 당나귀에 옮겨 놓으면 짐 수가 같아지므로 $x-1=y+1$이 두 식을 하나로 묶어 놓으면 다음과 같은 연립방정식을 얻게 된다.

$$\begin{cases} x+1=2(y-1) \\ x-1=y+1 \end{cases}$$

2.4 유리방정식과 무리방정식

미지수 x에 관한 유리식을 포함하는 방정식을 **유리방정식**(rational equation) 이라고 한다.

[참고]

다항식도 유리식이므로 1차, 2차, 3차 방정식 등도 유리 방정식이지만 특히 다항식만을 포함하는 방정식을 **정방정식**(integral equation)이라고 한다.

유리방정식의 풀이는 다음 순서에 따라 푼다.

1. 각 항의 분모들의 최소 공배수를 양변에 곱하여, 주어진 유리방정식을 정방정식으로 고친다.
2. 1에서 얻은 정방정식을 푼다.
3. 2의 정방정식의 근 중에서 주어진 유리 방정식의 분모를 0으로 하는 근인 **무연근**(extraneous root)을 제외하고 분모를 0으로 하지 않는 것만을 근으로 한다.

[참고]

유리 방정식에 대해 $\dfrac{f(x)}{g(x)} = 0 \Leftrightarrow f(x) = 0$이고 $g(x) \neq 0$인 관계가 성립한다.

1. 다음 방정식을 풀어라.

(a) $\dfrac{2}{x+3} - \dfrac{3}{x+4} = \dfrac{4}{x+5} - \dfrac{5}{x+6}$　　(b) $x^2 - 2x + \dfrac{24}{x^2-2x} = 11$

풀이

1.
$$\frac{2(x+4)-3(x+3)}{(x+3)(x+4)} = \frac{4(x+6)-5(x+5)}{(x+5)(x+6)}$$

에서

$$\frac{-(x+1)}{(x+3)(x+4)} = \frac{-(x+1)}{(x+5)(x+6)}$$

이므로 양변에 $-(x+3)(x+4)(x+5)(x+6)$을 곱하면

$$(x+1)(x+5)(x+6) = (x+1)(x+3)(x+4)$$

이다. 따라서

$$(x+1)\{(x+5)(x+6)-(x+3)(x+4)\} = 0$$

이 되어

$$(x+1)(4x+18)=0$$

이므로 $x=-1,\ x=-\frac{9}{2}$ 이다. 이 두 값은 주어진 유리방정식의 분모를 0으로 하지 않으므로 구하는 근은 $x=-1,\ x=-\frac{9}{2}$ 이다.

2. $x^2-2x=X$ 로 놓으면 주어진 식은

$$X+\frac{24}{X}=11$$

이므로

$$X^2-11X+24=0$$

이 된다. 이때

$$(X-3)(X-8)=0$$

이므로 $X=3,\ X=8$ 이다. 여기서 $X=3$ 일 때 $x^2-2x=3$ 으로부터

$$0=x^2-2x-3=(x-3)(x+1)$$

이므로 $x=3,\ x=-1$ 이다. 또 $X=8$ 일 때 $x^2-2x=8$ 으로부터

$$0=x^2-2x-8=(x-4)(x+2)$$

이므로 $x=4,\ x=-2$ 이다. 이 근은 주어진 유리방정식의 분모를 0으로 하지 않으므로 구하는 근은 $x=-2,\ x=-1,\ x=3,\ x=4$ 이다.

정의 2.2

미지수 x 에 관한 무리식을 포함하는 방정식을 **무리방정식**(irrational equation)이라고 한다.

[**참고**]

무리 방정식에도 무리식과 마찬가지로 실수 범위에서만 생각하므로 $\sqrt{f(x)}$ 에서는 언제나 $f(x)\geq 0$ 인 경우만 생각한다.

무리방정식의 풀이는 다음 순서에 따른다.

1. 방정식의 각 항을 적당히 이항하여 변형한 다음, 양변에 제곱하여 주어진 무리방정식을 정방정식으로 고친다.

2. 1에서 얻은 정방정식을 푼다.

3. 2의 정방정식의 근 중에서 근호 속을 음으로 하는 근인 무연근을 제외하고 근호 속을 음으로 하지 않는 것만을 근으로 한다.

[참고]

무리 방정식에 대해 $\sqrt{f(x)} = g(x) \Leftrightarrow f(x) = \{g(x)\}^2$ 이고 $g(x) \geq 0$ 인 관계가 성립한다.

예제 2.25

x에 관한 다음 무리방정식을 풀어라.

1. $2x + 3 + \sqrt{2x+3} = 12$
2. $\sqrt{x} + \sqrt{2x+1} = 1$
3. $\sqrt{2x+1} = x - 1 + 3|x|$
4. $\sqrt{x-a} = a + 2 - x$

풀이

1. $\sqrt{2x+3} = X$로 놓으면 $X \geq 0$이고 $2x + 3 = X^2$이므로 주어진 방정식은

$$X^2 + X - 12 = 0$$

꼴로 바뀐다. 따라서 $(X+4)(X-3) = 0$에서 $X = -4$, $X = 3$을 얻는다. 이때 $X \geq 0$이므로 $X = 3$만 택한다. 그러므로 $\sqrt{2x+3} = 3$에서 양변을 제곱하면 $2x + 3 = 9$이고 구하는 $x = 3$이다.

2. 이항하여 변형하면 $\sqrt{2x+1} = 1 - \sqrt{x}$인데 양변을 제곱하면 $2x+1 = 1 - 2\sqrt{x} + x$, 즉

$$x = -2\sqrt{x}$$

를 얻는다. 양변을 한 번 더 제곱하면 $x^2 = 4x$가 되어 $x(x-4) = 0$에서 $x = 0$, $x = 4$이다. 여기서 $x = 0$일 때 좌변 = 우변 이지만 $x = 4$일 때 좌변 $\neq$ 우변이므로 주어진 방정식의 근은 $x = 0$이다.

3. (a) $x \geq 0$일 때 $\sqrt{2x+1} = 4x - 1$에서 양변을 제곱하여 풀면 $2x+1 = (4x-1)^2$,

즉

$$16x^2 - 10x = 0$$

을 얻는다. $2x(8x-5)=0$에서 $x=0,\ x=\frac{5}{8}$이다. 이때 $x=0$이면 좌변 $=1 \neq -1=$ 우변이 되고, $x=\frac{5}{8}$이면 좌변 $=\frac{3}{2}=$ 우변이므로

$$x = \frac{5}{8}$$

이다.

(b) $x < 0$일 때 $\sqrt{2x+1} = -2x-1$에서 양변을 제곱하여 풀면 $2x+1 = (-2x-1)^2 = (2x+1)^2$, 즉

$$(2x+1)(2x+1-1) = 0$$

을 얻는다. $2x(2x+1)=0$에서 $x=-\frac{1}{2}$이다. 따라서 주어진 방정식의 근은 $x=\frac{5}{8}$과 $x=-\frac{1}{2}$이다.

(c) 양변을 제곱하여 정리하면

$$\begin{aligned} x-a &= (a+2)^2 - 2(a+2)xex^2x^2 - (2a+5)x + (a+1)(a+4) \\ &= 0(x-(a+1))(x-(a+4)) = 0 \end{aligned}$$

에서 $x=a+1,\ x=a+4$이다. $x=a+1$일 때 좌변 $=1=$ 우변 $x=a+4$일 때 좌변 $=2 \neq -2=$ 우변이므로 구하는 해는 $x=a+1$이다.

2.4 연습문제

1. x에 관한 다음 유리방정식을 풀어라.

   (a) $\dfrac{x^2}{x^2-4}+\dfrac{1}{2-x}=\dfrac{x}{2x+4}+1$

   (b) $\dfrac{4x-5}{2x-3}-\dfrac{15x-23}{3x-4}=\dfrac{12x-17}{2(3x-5)}-\dfrac{20x-29}{4x-5}$

   (c) $\dfrac{1}{x}+\dfrac{1}{x+1}+\dfrac{1}{x+2}+\dfrac{1}{x+3}=0$

   (d) $\dfrac{1}{x-a}+\dfrac{1}{x+a}=1+\dfrac{2a}{a^2-x^2}$

2. 유리방정식 $\dfrac{1}{x^2+x}+\dfrac{a}{x+1}=1$이 단 하나의 실근을 가질 때, 그 근을 구하여라.

3. 다음 무리방정식을 풀어라.

   (a) $\sqrt{2x+1}+x=3$

   (b) $x^2-x-\sqrt{x^2-x-2}=4$

   (c) $\dfrac{\sqrt{x-1}-\sqrt{x+1}}{\sqrt{x-1}+\sqrt{x+1}}=x-3$

4. 무리 방정식 $x^2-\sqrt{x^2-1}=3$의 두 근을 α, β라 할 때 $\alpha^2+\alpha\beta+\beta^2$의 값을 구하여라.

5. 무리방정식 $\sqrt{x-1}=|5x-1|$의 두 근 α, β를 근으로 하는 2차 방정식을 구하여라.

《등산로》

미지수만을 기호로 나타내는 것은 디오판토스 이후의 일로써, 미지수뿐 아니라 기지수까지도 기호화하여 글자 그대로 기호식 대수학을 만든 사람은 프랑스의 **비에트**(F. Viète, 1540~1603)이다. 실제로 오늘날까지 우리가 사용하고 있는 계수를 나타내는 영문자, 소수의 표기법, 덧셈과 뺄셈의 기호, 분수 표기의 가로줄 등과 같은 기호를 그가 도입하고 대중화시켰다. 따라서 비에트를 대수학의 아버지로 부른다. 벨기에의 어떤 수학자가 45차 방정식

$$x^{45} - 45x^{43} + 945x^{41} - \cdots - 3795x^3 + 45x = K$$

의 풀이를 구하라고 온 세계의 수학자에게 도전장을 낸 적이 있었다. 당시 프랑스의 앙리 4세는 이 문제를 풀어 달라고 비에트에게 부탁했고, 그는 이 방정식이 $K = 2\sin 45\theta$를 $x = 2\sin\theta$로 표기했을 때에 나오는 식이라는 것을 알아차리고 바로 정답을 내었다고 한다.

2.5 부등식

부등식의 정의

부등호 <, >, ≤ ≥를 사용하여 수나 식의 값의 대소 관계를 나타낸 식을 부등식(inequality)**이라 하고, 그 부등식을 만족시키는 변수의 값을 그 부등식의 해라 하며, 부등식을 구하는 것을 그 부등식을 푼다고 한다. 또, 부등식에는 사용된 문자에 어떤 실수 값을 대입하여도 항상 성립하는 등식인 절대 부등식**(absolute inequality)**과 사용된 문자에 어떤 범위 안의 실수 값을 대입할 때에만 성립하는 부등식인 조건 부등식**(conditional inequality)**이 있다.**

[참고]

허수에 대해서는 대소 관계를 생각할 수 없으므로 부등식에 포함된 문자는 모두 실수만을 나타내는 것으로 한다.

변수가 포함된 부등식도 실수의 대소 관계의 경우와 마찬가지로 다음과 같은 성질이 있다.

부등식의 성질

0. 두 실수 a, b에 대하여 다음 중 한 가지만 성립한다.

$$a < b,\ a = b,\ a > b$$

1. (a) $a > 0$, $b > 0$이면 $a + b > 0$이다.
   (b) $a < 0$, $b < 0$이면 $a + b < 0$이다.
2. (a) a, b의 부호가 같으면 $ab > 0$, $\frac{a}{b} > 0$이다.
   (b) a, b의 부호가 다르면 $ab < 0$, $\frac{a}{b} < 0$이다.
3. $a > b$ 이고 $b > c$ 이면 $a > c$이다.
4. $a < b$이면 $a + c < b + c$, $a - c < b - c$ 이다.
5. $a > b$, $c > 0$이면 $ac > bc$, $\frac{a}{c} > \frac{b}{c}$이다.
6. $a > b$, $c < 0$이면 $ac < bc$, $\frac{a}{c} < \frac{b}{c}$이다.

[참고]

위의 성질에서 $<$을 $\le$로, $>$을 $\ge$로 바꾸어도 성립한다.

예제 2.26

x에 관한 다음 부등식 $ax - 1 < 5 - 2ax$를 풀어라.

풀이

$ax + 2ax < 5 + 1$에서 $ax < 2$이므로

1. $a > 0$일 때 $x < \dfrac{2}{a}$이다.
2. $a = 0$일 때 항상 성립한다.
3. $a < 0$일 때 $x > \dfrac{2}{a}$이다.

제1장에서 임의의 실수 x에 대하여 x의 절댓값 $|x|$는 수직선 위에서 생각할 때, 원점으로부터 점 x까지의 거리를 나타내는 것임을 배웠다. 따라서 양수 a에 대하여 다음이 성립한다.

1. $|x| < a \Leftrightarrow -a < x < a$

2. $|x| > a \Leftrightarrow x < -a$ 또는 $a < x$

예제 2.27

다음 부등식을 풀어라.

1. $|1 - x| < 3$
2. $|2x - 3| \ge 5$

풀이

1. $-3 < 1 - x < 3$에서 양변에 -1을 더하면 $-4 < -x < 2$이므로 $-2 < x < 4$이다.
2. $2x-3 \le -5$ 또는 $2x-3 \ge 5$이다. 따라서 $2x-3+3 \le -5+3$ 또는 $2x-3+3 \ge 5+3$으로부터 $x \le -1$ 또는 $x \ge 4$이다.

두 실수 a, b에 대하여 실수 $\vec{R}$의 부분 집합인 구간(interval)을 다음과 같이 정의한다.

- **열린구간**(open interval): $(a,\ b) = \{x|a < x < b\}$
- **닫힌구간**(closed interval): $[a,\ b] = \{x|a \le x \le b\}$
- **반열린구간**(half open interval): $[a,\ b),\ (a,\ b]$

[참고]

일반적으로 a가 양수일 때 x의 절댓값이 a보다 작다는 말은 x가 열린구간 $(-a,\ a)$의 원소라는 말과 같다.

예제 2.28

1. $|x| < 1 \Leftrightarrow -1 < x < 1 \Leftrightarrow x \in (-1,\ 1)$

2. $|x-3| \ge 1 \quad \Leftrightarrow x-3 \le -1$ 또는 $x-3 \ge 1$

$\Leftrightarrow x \le 2$ 또는 $x \ge 4$

$\Leftrightarrow x \notin (-\infty,\ 2] \cup [4,\ \infty)$

정의 2.3 이차부등식

부등식의 모든 항을 좌변으로 이항하였을 때, 좌변이 x의 2차식이 되는 경우, 즉 $a \neq 0$일 때 $ax^2+bx+c<0$과 $ax^2+bx+c>0,\ ax^2+bx+c \ge 0,\ ax^2+bx+c \le 0$ 같은 부등식을 2차 부등식이라고 한다.

[참고]

2차 이상의 부등식은 모든 항을 좌변으로 이항하고 인수분해하여 푼다.

예제 2.29

이차 부등식 $x^2+2x-8<0$을 풀어라.

풀이

좌변을 인수분해하면 $x^2+2x-8=(x+4)(x-2)$이다. 여기서 $x+4$와 $x-2$의 곱 $(x+4)(x-2)$의 부호를 x의 값의 범위에 따라 분류하면 다음과 같다.

x의 범위	$x<-4$	$x=-4$	$-4<x<2$	$x=2$	$x>2$
$x+4$	$-$	0	$+$	$+$	$+$
$x-2$	$-$	$-$	$-$	0	$+$
$(x+4)(x-2)$	$+$	0	$-$	0	$+$

그러므로 $x^2+2x-8<0$의 해는 $-4<x<2$이다.

2차 부등식의 해는 2차 방정식 $ax^2+bx+c=0$의 판별식 $D=b^2-4ac$를 바탕으로 하여 실수 범위 안에서 인수분해

$$ax^2+bx+c=a(x-\alpha)(x-\beta)$$

하거나, 또는 완전제곱식

$$ax^2+bx+c=a(x+\frac{b}{2a})^2-\frac{b^2-4ac}{4a}$$

로 변형하여 풀 수 있다. 위의 경우를 일반화하면 다음과 같다.

$D=b^2-4ac$의 부호	$D>0$	$D=0$	$D<0$
$ax^2+bx+c=0$의 실근	$x=\alpha,\ x=\beta$	$x=\alpha$	없다
$ax^2+bx+c>0$의 해	$x<\alpha$ 또는 $x>\beta$	$x\neq\alpha$인 모든 실수	모든 실수
$ax^2+bx+c\geq 0$의 해	$x\leq\alpha$ 또는 $x\geq\beta$	모든 실수	모든 실수
$ax^2+bx+c<0$의 해	$\alpha<x<\beta$	없다	없다
$ax^2+bx+c\geq 0$의 해	$\alpha\leq x\leq\beta$	$x=\alpha$	없다

[참고]

2차 부등식에서 $a<0$일 때에는 부등식의 양변에 -1을 곱하여 x^2의 계수를 양수로 고쳐서 위 표에 따르면 된다. (단, $\alpha<\beta$)

예제 2.30

부등식 $\dfrac{1+x}{1-x} \geq 1$을 풀어라.

풀이

$(1-x)$의 부호를 알 수 없으므로 양변에 $(1-x)^2$을 곱하면

$$(1+x)(1-x) \geq (1-x)^2$$

이다. 좌변으로 이항하면

$$(1+x)(1-x) - (1-x)^2 \geq 0$$

이고 인수분해하면

$$(1+x)(1+x-1+x) \geq 0$$

가 되어 $(x-1)2x \leq 0$이다. 따라서 $0 \leq x \leq 1$이지만 $x = 1$일 때는 분모가 0이므로 구하는 정확한 해는 $0 \leq x < 1$ 이다.

2.5 연습문제

1. 다음 부등식을 풀어라.

   (a) $x^2 + x - 6 < 0$

   (b) $|x^2 - 1| < 1$

   (c) $x^4 - x^3 > x - 1$

   (d) $\dfrac{1+2x-x^2}{x^3+1} > 0$

   (e) $|x-1| < 2x - 5$

   (f) $|x-1| + |x+2| < 5$

2. 다음 연립 부등식을 풀어라.

   (a) $\begin{cases} \dfrac{2}{3}(2-x) > 0 \\ 3(x+1) > 2 + x \end{cases}$

   (b) $0 \le \dfrac{2x}{x+1} < 1$

3. x에 관한 부등식 $ax^2 - 7x + b < 0$의 해가 $\dfrac{1}{5} < x < \dfrac{1}{2}$일 때 ab를 구하여라.

4. $a > b > 0$ 일 때, 다음 부등식이 성립함을 보여라.

   (a) $\sqrt{a} + \sqrt{b} > \sqrt{a+b}$

   (b) $\sqrt{a} - \sqrt{b} < \sqrt{a-b}$

5. 2차 방정식 $x^2 - 2x - 3 = a(x-c)$가 실수 a에 관계없이 실근을 가질 때 c 값의 범위를 구하여라.

   [참고]

   두 양수 a, b에 대하여 다음 부등식이 성립한다.

$$\frac{a+b}{2} \ge \sqrt{ab} \ge \frac{2ab}{a+b}$$

   산술평균 $\ge$ 기하평균 $\ge$ 조화평균

《등산로》

디오판토스(Diophantos, 250년경)의 대수학에서 가장 흥미 있는 부분은 부정 방정식에 관한 해법이다. 예를 들어 $5x + 2y = 20$과 같은 부정방정식은 미지수의 개수(2개)가 방정식의 개수(1개)보다 많은 경우이다. 그는 양의 유리수 해만을 생각했기 때문에 그의 해법의 일부는 정수로 제한되어 있었다.

디오판토스의 묘비에는 다음과 같이 기록되어 있었다고 한다.

- 디오판토스의 청년기는 그의 일생의 $\frac{1}{6}$ 동안 지속되었다.
- 그 후 일생의 $\frac{1}{12}$의 기간 동안 수염을 길렀다.
- 그 후 일생의 $\frac{1}{7}$이 지난 후에 디오판토스는 결혼했다.
- 5년 후 그는 아들을 얻었다.
- 그의 아들은 정확하게 아버지 생의 반을 살다 죽었다.
- 디오판토스는 아들이 죽은 지 정확히 4년 후에 죽었다.

디오판토스는 몇 살에 죽었는지 말할 수 있는가?

제 3 장

함수

함수의 개념은 처음으로 독일의 수학자 **라이프니치**(G. W. Leibniz, 1646~1716)가 곡선 위의 한 점에 그은 접선과 법선의 길이를 구하는 것으로 함수의 용어를 사용하였다. 그 후 변수와 상수로써 $f(x)$라는 기호를 도입한 스위스의 **오일러**(L. Euler, 1707~1783)에 이어 종속 변수가 독립 변수의 함수라고 프랑스의 수학자 **코시**(A. L. Cauchy, 1789~187)가 정의하였다. 그 후 두 집단 사이의 대응관계로 근대적 함수의 뜻을 내린 프랑스의 **디리클레**(P.G.Dirichlet, 1805~1859) 다음으로 독일의 **데데킨트**(J. W. R. Dedekind, 1831~1916)에 의해 집합론을 바탕으로 함수가 원소들의 순서쌍으로 정의되었다.

3.1 함수

정사각형의 한 변의 길이가 정해지면 그 넓이는 일의적으로 대응되고, 공기는 그 압력과 온도에 의하여 무게가 정해진다고 하며, 피아노의 진동수는 그 길이와 단구 그리고 치는 방법에 따라서 결정된다고 한다. 이와 같이 자연현상에서는 몇 개의 양 사이에 어떤 인과 관계를 갖는 경우가 많은데 이 인과 관계는 복잡한 것이 많으므로 어떤 가정을 바탕으로 하여 복잡한 인과 관계를 단순화시키고 수식으로 나타내어 수학적으로 해결하고자 한다.

정의 3.1

공집합이 아닌 두 집합 X와 Y에 대하여 X에서 Y로의 **함수**(function)란, X의 각 원소가 집합 Y의 정확히 하나의 원소에만 대응되도록 하는 규칙을 말한다. 이것을 $f : X \to Y$, $f(x) = y$와 같이 나타낸다.

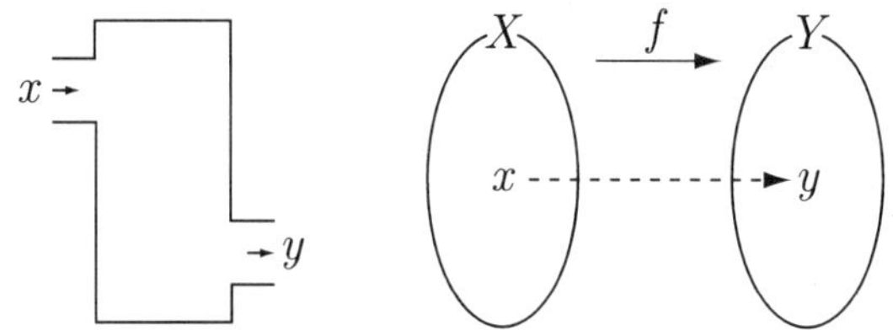

예제 3.1

커피 자동 판매기의 경우 판매 금액을 투입한 후에 자신이 원하는 커피를 정해주면 반드시 지정된 커피가 1잔이 나오게 된다. 이것도 함수의 원리라 할 수 있다.

자동판매기도 함수로군요.

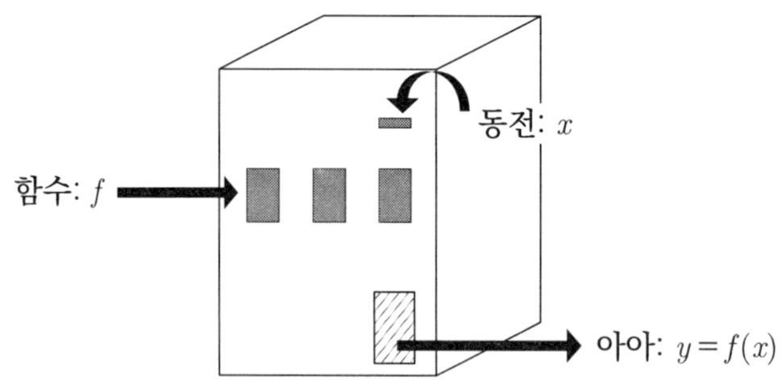

정의 3.2

집합 X를 함수 f의 **정의역**(domain)이라 하고, 집합 Y를 함수 f의 **공역**(domain of covariant)이라 하며, 함수에 의해 결정된 y값의 집합을 **치역**(range)이라 한다. 정의역에 있는 원소 x를 **독립변수**(independent variable)라 하고, 치역에 있는 원소 y를 **종속변수**(dependent variable)라 한다. 종속변수 y를 **함숫값**(value of function)이라고 하며 $f(x)$로 쓴다.

함수 $f: X \to Y$를

1. $x_1 \neq x_2$이면 $f(x_1) \neq f(x_2)$이 성립할 때 **일대일함수**(one-to-one) 또는 **단사함수**(injection)라 한다.
2. 모든 $y \in Y$에 대하여 $f(x) = y$를 만족하는 $x \in X$가 존재할 때 위로의 **함수**(onto) 또는 **전사함수**(surjection)라 한다.
3. 단사이며 동시에 전사일 때, 즉 단사함수이면서 공역과 치역이 같을 때 **전단사함수**(bijection) 또는 **일대일대응**(one-one correspondence)이라 한다.

[참고]
일대일함수의 경우 $f(x_1) = f(x_2) \Rightarrow x_1 = x_2$으로 생각하기도 한다. 또한 모든 정의역의 원소에 그 자신을 대응시키는 함수를 **항등함수**(identity)라 하며 $f(x) = x$를 의미한다.

예제 3.2

다음 중 함수인 것을 모두 고르면?

1. 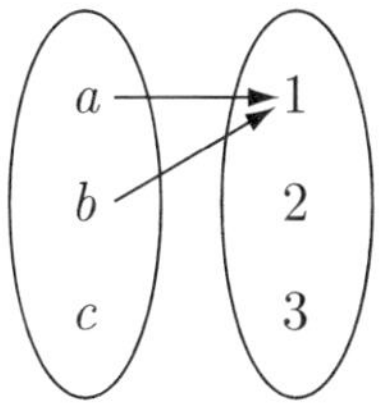

2. 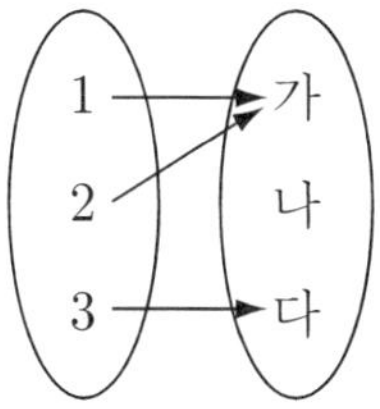

3. 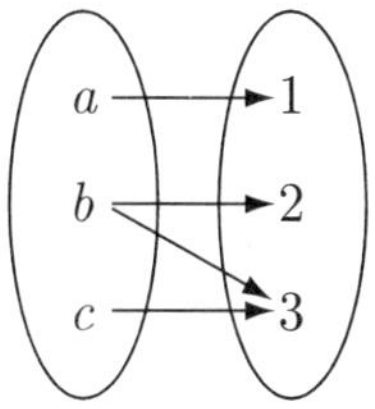

풀이

1. 정의역에 있는 c가 대응되지 않았기 때문에 함수가 아니다.
2. 정의역이 $\{1,\ 2,\ 3\}$이고, 치역이 $\{가,\ 다\}$인 함수이다.

3. b가 2와 3 두 종속변수를 가지므로 함수가 아니다.

예제 3.3

다음 함수의 정의역과 치역을 구하여라.

1. $y = \sqrt{x+1}$
2. $f(x) = \dfrac{1}{x-4}$
3. $y = \dfrac{1}{x^2+1}$

풀이

1. $x+1 \geq 0$이어야 하므로 정의역은 $\{x \mid x \geq -1\}$이고 치역은 $\{y \mid y \geq 0\}$이다.
2. $x-4=0$인 경우에는 함수를 정의할 수 없다. 따라서 정의역은 $x \neq 4$인 모든 실수이고, 이때의 치역은 $y=0$을 제외한 모든 실수이다.
3. 정의역은 실수 전체이다. 한편 $xy^2+(y-1)=0$에서 $x^2 = \dfrac{1-y}{y}$인데 $x^2 \geq 0$이므로

$$\frac{1-y}{y} \geq 0$$

이다. 이때 $\dfrac{y-1}{y} \leq 0$에서 $y(y-1) \leq 0$이고 $y \neq 0$이므로 구하는 치역은

$$\{y \mid 0 < y \leq 1\}$$

이다.

예제 3.4

$f(x) = 1-x^2$일 때, 다음 함수 값을 구하여라.

1. $f\left(\dfrac{1}{a}\right)$
2. $f(x-1)$
3. $\dfrac{f(x)-f(2)}{x-2}$
4. $\dfrac{f(2+h)-f(2)}{h}$

풀이

1. $1-\left(\dfrac{1}{a}\right)^2 = 1-\dfrac{1}{a^2}$
2. $1-(x-1)^2 = 1-(x^2-2x+1) = -x^2+2x$

3. $\dfrac{1-x^2-(1-4)}{x-2} = \dfrac{4-x^2}{x-2} = \dfrac{(2-x)(2+x)}{x-2} = -(2+x)$

4. $\dfrac{1-(2+h)^2-(1-4)}{h} = \dfrac{1-(4+4h+h^2)+3}{h} = \dfrac{4h+h^2}{h} = 4+h$

예제 3.5

다음 함수들의 일대일대응관계를 조사하여라.

1. $f(x)=5$　　2. $f(x)=3x+5$　　3. $g(x)=|x|$

풀이

1. 함수 f의 정의역에서 임의의 두 실수 x_1, x_2에 대하여 $f(x_1)=5$, $f(x_2)=5$이다. 즉, $x_1 \neq x_2 \Rightarrow f(x_1)=f(x_2)$이므로 함수 f는 일대일대응이 아니다.

2. 함수 f의 정의역에서 임의의 $x_1 \neq x_2$에 대하여 $f(x_1)=3x_1+5$, $f(x_2)=3x_2+5$ 이므로 $f(x_1) \neq f(x_2)$. 따라서 일대일함수이다. 또 함수 f의 치역의 임의의 실수 y_1에 대하여 $y_1 = 3x_1+5$로 놓으면 $x_1 = \dfrac{1}{3}(y_1-5)$인데 이 x_1에 대하여 $f(x_1) = 3x_1+5 = 3\left(\dfrac{1}{3}(y_1-5)\right)+5 = y_1$, 즉 $f(x_1)=y_1$이므로 y_1은 함수 f의 정의역의 실수 $x_1 = \dfrac{1}{3}(y_1-5)$인 x_1에 대응한다. 그러므로 함수 f의 공역과 치역이 같으므로 함수 f는 일대일대응이다.

3. 함수 g의 정의역에서 임의의 두 실수 x_1, $-x_1$에 대하여 $g(x_1)=x_1$, $g(-x_1)=x_1$이다. 즉, $x_1 \neq -x_1 \Rightarrow g(x_1)=g(-x_1)$이므로 함수 g는 일대일대응이 아니다.

정의 3.3

함수 f의 **그래프**(graph)는 f의 독립변수 x와 종속변수 $y=f(x)$의 순서쌍 $(x,\ y)$ 또는 $(x,\ f(x))$의 모임이다. 즉,

$$\{(x,\ y) | y=f(x)\}$$

예제 3.6

함수 $f(x)=x^2-4$의 그래프를 조사하여라.

풀이

함수 $f(x)$와 정의역은 실수 전체$(-\infty,\ \infty)$이고, x절편이 2, -2이고 y절편이 -4인 y축에 대칭인 모습이다.

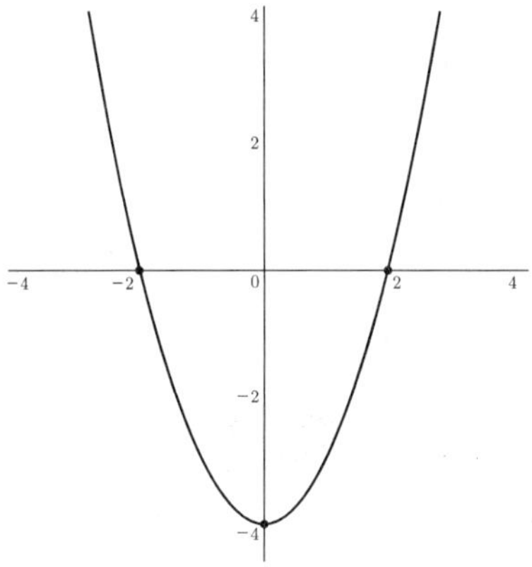

[참고]

함수 $y = f(x)$의 그래프는 수직선과 많아야 한 점에서 만난다. 수직선과 두 점 이상에서 만나는 경우를 **음함수**(implict function)라 한다. 또한 함수 f가 일대일이기 위한 필요충분조건은 수평선과 함수의 그래프가 한 점에서 만나는 것이다.

예제 3.7

다음 함수의 그래프를 그려라.

1. $f(x) = \begin{cases} x^2 + 1x \le 2 \\ 3 - xx > 2 \end{cases}$

2. $y = [x]$; 최대 정수치 함수

풀이

1.

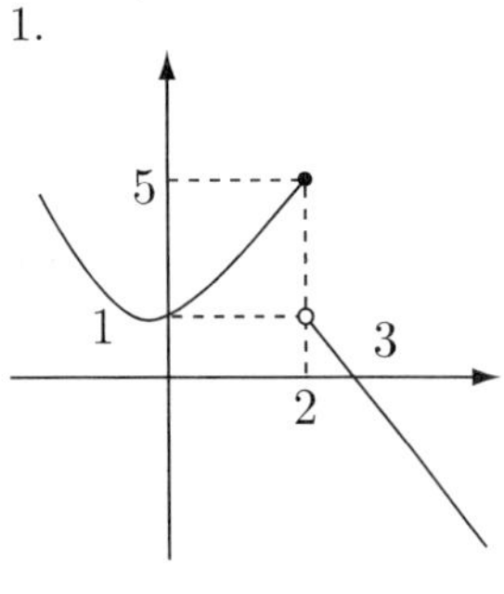

2.

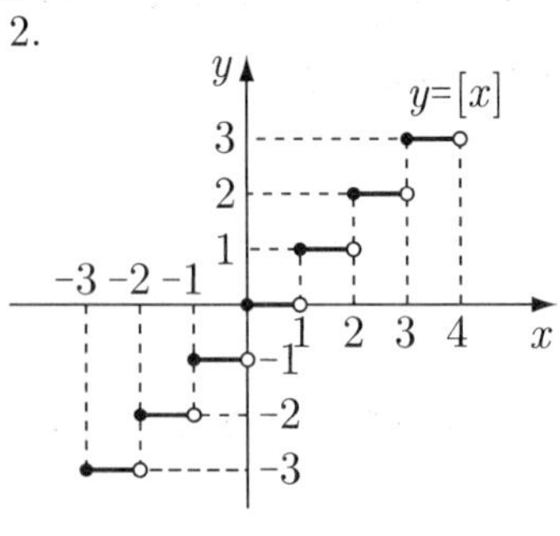

함수의 성질

f와 g를 함수라 하자. 이때, 합 $f+g$, 차 $f-g$, 곱 fg, 몫 f/g는 다음과 같이 정의된다.

1. $(f+g)(x) = f(x) + g(x)$
2. $(f-g)(x) = f(x) - g(x)$
3. $(fg)(x) = f(x)g(x)$
4. $(f/g)(x) = f(x)/g(x)$ 단, $g(x) \neq 0$.

예제 3.8

$f(x) = x+1$, $g(x) = x-1$일 때, 다음을 계산하여라.

1. $(f+g)(x)$
2. $(f-g)(x)$
3. $(fg)(x)$
4. $(f/g)(x)$

풀이

1. $(f+g)(x) = (x+1) + (x-1) = 2x$
2. $(f-g)(x) = (x+1) - (x-1) = 2$
3. $(fg)(x) = (x+1)(x-1) = x^2 - 1$
4. $(f/g)(x) = \dfrac{x+1}{x-1}$ (단 $x \neq 1$)

예제 3.9

두 함수 $f(x) = 3x^2 + 1$ 과 $g(x) = x+5$ 에 대하여 $f(x) = g(x)$가 되는 x를 구하여라.

풀이

$3x^2 + 1 = x + 5$에서 $3x^2 - x - 4 = 0$을 얻는다. 따라서 $x = \dfrac{4}{3}$ 또는 $x = -1$이다.

예제 3.10

두 함수 $f(x) = x+1$과 $g(x) = 2x+1$에 대하여 $fg(x) = (f+g)(x)$를 만족하는 x를 구하여라.

풀이

$(x+1)(2x+1)=(x+1)+(2x+1)$ 에서 양변을 정리하면 $2x^2+3x+1=3x+2$ 에서 $2x^2=1$ 을 얻는다. 따라서 구하는 x 는

$$\pm\frac{\sqrt{2}}{2}$$

이다.

3.1 연습문제

1. 다음 중 함수인 것을 모두 고르시오.

(a)
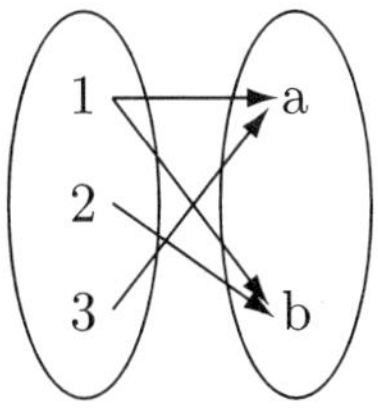

(c)
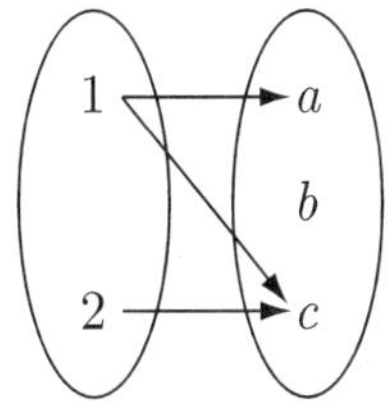

(b)
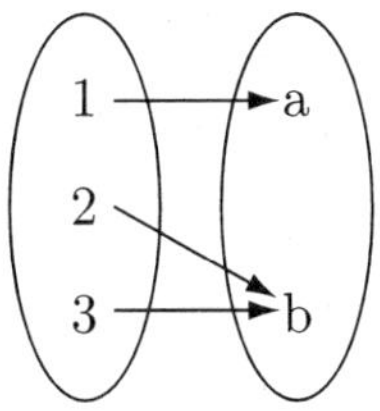

(d)
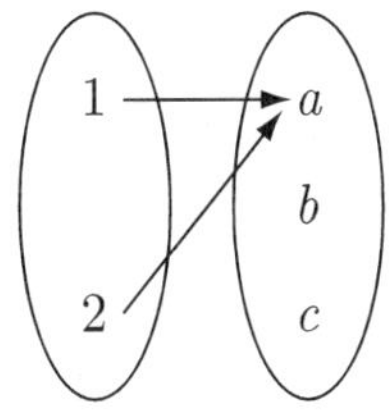

2. $f(x) = x - 4$일 때 $f(4x+2)$의 값을 구하여라.

3. 다음 함수의 그래프를 그려라.

(a) $f(x) = \begin{cases} x & x \geq 2 \\ x^2 & x < 2 \end{cases}$

(b) $f(x) = \begin{cases} |x| & x \geq 0 \\ -2 & x < 0 \end{cases}$

4. $f(x) = 2x + 1$, $g(x) = x^2 - 2$일 때, $f = g$가 되는 x를 구하여라.

5. 다음 중 일대일함수인 것은?

(a) $x^2 + y^2 = 1$
(b) $4x + 6y = 24$
(c) $y = x^2 + 0.25$
(d) $x = y^2 - 2$
(e) $y = [x]$(가우스 함수)

《등산로》

태양계의 행성에 대하여 각 행성에서 볼 수 있는 달의 수는 다음 표와 같다. 행성을 하나 지정하면 그 행성에 해당하는 달의 수를 알 수 있다. 이것도 하나의 함수이다.

행성	수성	금성	지구	화성	목성	토성	천왕성	해왕성
달의 수	0	0	1	2	17	22	15	3

명왕성의 경우 행성에서 퇴출되었다. 따라서 명왕성이라는 용어 대신 134340이라고 부르고 있다. 134340이 태양계에서 퇴출된 이유는 첫 번째로 크기가 너무 작다(지구의 0.18배)는 것이다. 두 번째로는 회전하는 각도가 다르다는 것이다. 134340은 다른 태양계 행성과는 달리 공전하는 모습이 좀 삐뚤어 져 있다. 따라서 가끔 어느 행성을 앞지르기도 하는 이상한 일이 벌어지기도 한다. 마지막으로, 생성 원인이 다르다라는 것이다. 다른 행성들에 비해 134340은 그냥 운석이 껌처럼 달라붙어 만들어진 것이다. 만약 134340이 명왕성으로 남아 있었다면, 아마 태양계는 다른 행성의 별까지 합해져서 계속 행성이 많아질 것으로 예상되어 명왕성은 태양계에서 퇴출되었다.

3.2 합성함수

정의 3.4

두 함수 $f : X \to Y$, $y = f(x)$와 $g : Y \to Z$, $z = g(y)$가 있을 때, X의 각 원소 x에 대하여 f에 의해 Y의 원소 y, 즉 $f(x)$가 대응하고, 다시 이 y에 대하여 g에 의해 Z의 원소 $z = g(y)$, 즉 $g(f(x))$를 대응시키는 X에서 Z로의 함수를 f와 g의 **합성함수**(composition function)라 하고 g circle f 또는 g composed with f로 읽고 $(g \circ f)(x) = g(f(x))$로 나타낸다.

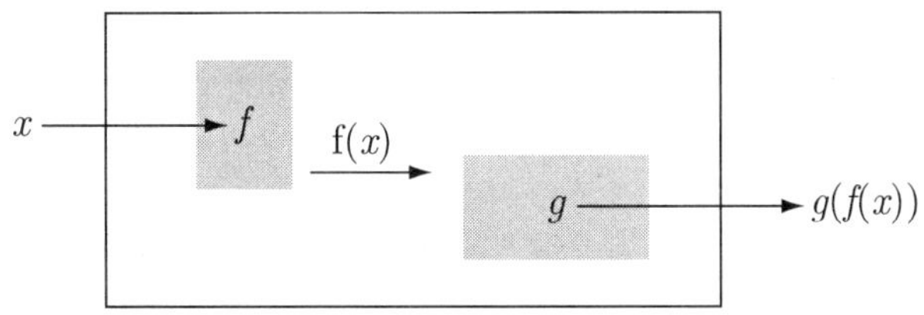

예제 3.11

두 함수 $f(x) = x^2$, $g(x) = \sqrt{x}$에 대하여

$$(f \circ g)(x) = f(g(x)) = f(\sqrt{x}) = (\sqrt{x})^2 = x(x \geq 0)$$
$$(g \circ f) = g(f(x)) = g(x^2) = \sqrt{x^2} = x(x \in \mathbb{R})$$

임을 알 수 있다.

합성함수의 성질

1. 일반적으로 교환법칙이 성립하지 않는다. $f \circ g \neq g \circ f$
2. 결합법칙이 성립한다. $(h \circ g) \circ f = h \circ (g \circ f)$

예제 3.12

$f(x) = 2x + 1$이고 $g(x) = -x + 5$일 때, $f \circ g$ 와 $g \circ f$를 구하여라.

풀이

$$(f \circ g)(x) = f(g(x)) = f(-x+5) = 2(-x+5)+1$$
$$= -2x+10+1 = -2x+11$$

이고

$$(g \circ f)(x) = g(f(x)) = g(2x+1) = -(2x+1)+5$$
$$= -2x-1+5 = -2x+4$$

이다.

예제 3.13

$f(x) = 1 - x^2$ 이고 $g(x) = x - 1$ 일 때 $(f \circ g)(1)$ 과 $(g \circ f)(1)$ 을 구하여라.

풀이

$$(f \circ g)(1) = f(g(1)) = f(1-1) = f(0) = 1 - (0)^2 = 1$$

이고

$$(g \circ f)(1) = g(f(1)) = g(1-(1)^2) = g(0) = 0 - 1 = -1$$

이다.

예제 3.14

세 함수 $f(x) = 1 - x^2$, $g(x) = x - 1$, $h(x) = x + 2$ 에 대하여 $(f \circ g) \circ h$ 와 $f \circ (g \circ h)$ 를 구하여라.

풀이

$$((f \circ g) \circ h)(x) = f \circ g(h(x)) = (f \circ g)(x+2) = f(g(x+2))$$
$$= f((x+2)-1) = f(x+1) = 1 - (x+1)^2$$
$$= -x^2 - 2x$$

이고

$$\begin{aligned}(f\circ(g\circ h))(x) &= (f(g\circ h(x))) = (f(g(x+2))) = f((x+2)-1)\\ &= f(x+1) = 1-(x+1)^2 = -x^2-2x\end{aligned}$$

이다.

예제 3.15

$f(x) = \dfrac{1}{x^2} - 1$이고 $g(x) = \dfrac{1}{x} + 1$일 때 $f\circ g$의 정의역을 구하여라.

풀이

$$\begin{aligned}(f\circ g)(x) = f(g(x)) = f(\frac{1}{x}+1) &= \frac{1}{(\frac{1}{x}+1)^2} - 1 = \frac{1}{\frac{1}{x^2}+\frac{2}{x}+1}\\ &= \frac{x^2}{(x+1)^2} - 1 = \frac{x^2-(x+1)^2}{(x+1)^2} = \frac{-2x-1}{(x+1)^2}\end{aligned}$$

이때 분모가 0일 수 없으므로 정의역은 $x \neq -1$인 모든 실수이다.

예제 3.16

세 함수 $f(x) = x^2$, $g(x) = x+1$, $h(x) = \dfrac{x}{2}$에 대하여 $f\circ g\circ h$를 구하여라.

풀이

$$\begin{aligned}(f\circ g\circ h)(x) = f\circ g(h(x)) &= f\circ g(\frac{x}{2}) = f(\frac{x}{2}+1)\\ &= \left(\frac{x}{2}+1\right)^2 = \frac{x^2}{4}+x+1.\end{aligned}$$

예제 3.17

두 함수 $f(x) = 3x+1$, $g(x) = 5x+a$에 대하여 $f\circ g(1) = g\circ f(1)$을 만족하는 a를 구하여라.

풀이

먼저

$$f \circ g(1) = f(5+a) = 3 \cdot (5+a) + 1 = 16 + 3a$$

이고

$$g \circ f(1) = g(3 \cdot 1 + 1) = g(4) = 5 \cdot 4 + a = 20 + a$$

이다. 이때 $f \circ g(1) = g \circ f(1)$이어야 하므로 $16 + 3a = 20 + a$이다. 따라서

$$a = 2$$

이다.

예제 3.18

함수 $f(x) = x + 1$, $g(x) = (x+1)^2$ 에 대하여 다음 합성함수를 구하여라.

1. $g \circ f$　　2. $f \circ g$　　3. $f \circ f$　　4. $g \circ g$

풀이

1. $(g \circ f)(x) = g(f(x)) = g(x+1) = ((x+1)+1)^2 = (x+2)^2$
2. $(f \circ g)(x) = f(g(x)) = g(x) + 1 = (x+1)^2 + 1 = x^2 + 2x + 2$
3. $(f \circ f)(x) = f(f(x)) = f(x) + 1 = (x+1) + 1 = x + 2$
4. $(g \circ g)(x) = g((x+1)^2) = ((x+1)^2 + 1)^2 = (x^2 + 2x + 2)^2$

3.2 연습문제

1. $f(x) = x + 1$, $g(x) = 3x - 5$일 때, $(f \circ g) = 3(g \circ f)$인 x를 구하여라.

2. $f(x) = 2x - 3$, $g(x) = 5x$일 때, $f \circ g(2)$를 구하여라.

3. $f(x) = \dfrac{1}{x}$, $g(x) = \dfrac{5x}{x+2}$일 때, $f \circ g$의 정의역을 구하여라.

4. $f(x) = 5x + 1$, $g(x) = 2x - 5$일 때 $f \circ g$와 $g \circ f$를 비교하고, $f \circ g(2)$를 구하여라.

5. 세 함수 $f(x) = 2x$, $g(x) = x^2 + 1$, $h(x) = 3x - 5$에 대하여 $f \circ g \circ h$를 구하여라.

6. 세 함수 $f(x) = x + 1$, $g(x) = 5x - 1$, $h(x) = 3x^2$ 에 대하여 $f \circ g \circ h(2)$를 구하여라.

《등산로》

함수(函數)는 중국에서 전해진 용어이다. 함수의 중국식 발음은 영어의 function과 비슷하다. 중국어로 함수는 function의 음역인 동시에 **함**(函)은 상자를 의미하므로 함수의 개념도 포함하고 있다.

함수 관계를 나타내기 위한 표기법은 차변과 대변이 서로 대응하는 상업부기와 흡사한 면이 있다. 그러나 함수는 더욱 본질적인 부기라 할 수 있다. 왜냐하면 함수를 통해 우리는 일반 사물들 사이의 관계를 일목요연하게 표현할 수 있기 때문이다. 만일 함수가 없다면 해석학을 오늘날처럼 유연하고 강력하게 구사할 수 없었을 것이다.

섭씨(Centigrade)온도를 C로 나타내고 화씨온도를 F로 나타낼 때

$$C = \frac{5}{9}(F - 32)$$

로 표현한다. 이때 C는 F의 함수라 하고 이 함수의 그래프는 직선이 된다.

C는 스웨덴의 천문학자 **셀시우스**(A. Celsius, 1701~1744)의 이름 첫 자이고, F는 독일의 **파렌하이트**(G. D. Fahrenheit, 1686~1736)의 이름 첫 자를 따온 것이다. 예를 들어 섭씨 25도 2분은 twenty-five point two degrees Centigrade(또는 Celsius)라고 읽고 25.2°C라고 쓴다. 마찬가지로 화씨 50도는 50 degrees by Fahrenheit라고 읽고 50°F라고 쓴다.

3.3 역함수

함수 $f : X \to Y$, $y = f(x)$가 일대일대응이면, Y의 각 원소 y에 $f(x) = y$인 X의 단 하나 존재하는 원소 x의 대응관계도 Y에서 X로의 함수인데 이 함수를 처음 주어진 함수 f의 **역함수**(inverse function)라 한다.

정의 3.5

두 함수 f와 g에 대하여

$$(f \circ g)(x) = x \text{ 이고 } (g \circ f)(x) = x$$

가 성립할 때 두 함수 f와 g는 역함수 관계에 있다고 한다. 만약 g가 f의 역함수일 때 $g = f^{-1}$로 표시한다. 즉,

$$f^{-1} \circ f = I_x, \ f \circ f^{-1} = I_y$$

[참고]

일반적으로 $f^{-1} \neq \frac{1}{f}$임에 유의하여야 한다. 또 보통 함수를 나타낼 때 정의역의 변수를 x로, 치역의 변수를 y로 쓰고 있으므로 함수 $y = f(x)$의 역함수$x = f^{-1}(y)$에서도 x와 y를 바꾸어서 $y = f^{-1}(x)$로 나타낸다. 즉, $y = f(x)$의 역함수는 $y = f^{-1}(x)$이다.

예제 3.19

$f(x) = \frac{1}{2}x + 1$, $g(x) = 2x - 2$는 서로 역함수 관계임을 밝혀라.

풀이

$$(f \circ g)(x) = f(2x-2) = \frac{1}{2}(2x-2) + 1 = x$$

이고

$$(g \circ f)(x) = g(\frac{1}{2}x + 1) = 2(\frac{1}{2}x + 1) - 2 = x$$

이므로 주어진 두 함수는 역함수 관계에 있다.

예제 3.20

두 함수 f와 g가 서로 역함수 관계에 있다고 하자. $f(2)=3$일 때, $g(3)$의 값을 구하여라.

풀이

$3=f(2)$이므로 $g(3)=g(f(2))=2$이다.

역함수의 성질 I

1. 함수 $y=f(x)$와 그 역함수 $y=f^{-1}(x)$의 그래프는 직선 $y=x$에 관하여 서로 대칭을 이루고 있다.
2. f의 정의역은 f^{-1}의 치역과 같고, f의 치역은 f^{-1}의 정의역과 같다.
3. 한 함수의 역함수의 역함수는 원래의 함수가 된다. 즉 $(f^{-1})^{-1}=f$이다.

함수 $y=f(x)$의 역함수를 구하려면, $y=f(x)$를 $x=g(y)$ 꼴로 고친 다음 $x=g(y)$에서 x 대신 y로, y 대신 x로 바꾸어 $y=g(x)$ 꼴로 고친다. 또는

1. 함수 $y=f(x)$에서 x와 y를 바꾼다.
2. y에 대한 식으로 정리한다.

의 순서로 구하여도 된다.

예제 3.21

$f(x)=\dfrac{x-1}{2x+1}$의 역함수 $f^{-1}(x)$를 구하여라.

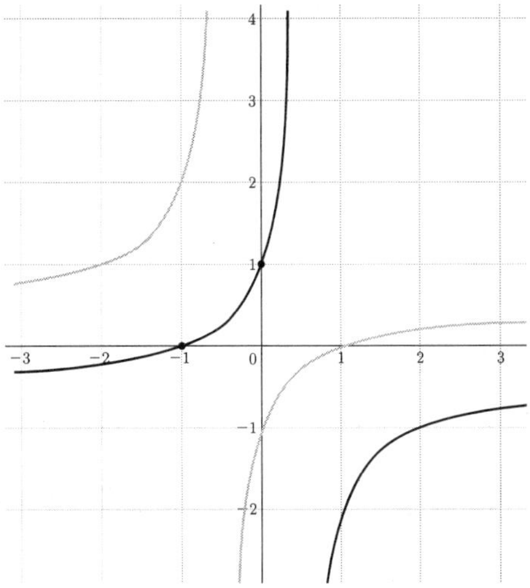

풀이

$y = \dfrac{x-1}{2x+1} \rightarrow$ (x와 y를 바꾼다) $\rightarrow x = \dfrac{y-1}{2y+1} \rightarrow$ (양변에 $2y+1$을 곱한다) $\rightarrow$ $2xy + x = y - 1 \rightarrow (2x-1)y = -x-1 \rightarrow$ (y에 대하여 정리한다) $\rightarrow y = \dfrac{-x-1}{2x-1}$.

예제 3.22

$y = 3x + 2(0 \le x \le 2)$의 역함수에 대한 정의역과 치역을 구하여라.

풀이

y의 치역은 $\{y|2 \le y \le 8\}$이다. y의 역함수를 구하면 $x = 3y+2$에서 $y = \frac{1}{3}x - \frac{2}{3}$이다. 따라서 주어진 함수의 역함수의 정의역은 $\{x|2 \le x \le 8\}$이고 치역은 $\{y|0 \le y \le 2\}$이다.

예제 3.23

두 함수 $f(x) = x^3$과 $g(x) =^3 \sqrt{x}$가 역함수 관계에 있음을 보여라.

풀이

$$f \circ g(x) = f(g(x)) = f(\sqrt[3]{x}) = (\sqrt[3]{x})^3 = x$$

$$g \circ f(x) = g(x^3) = \sqrt[3]{(x^3)} = x$$

이 성립한다. 따라서 $f(x)$와 $g(x)$는 역함수 관계이다.

함수 f가 역함수를 갖기 위한 필요 충분 조건은 f가 **일대일대응**(one to one correspondence)이다. 따라서 어떤 함수가 역함수를 갖기 위해서는 경우에 따라 정의역을 조절해야 한다.

역함수의 성질 II

1. 두 함수 f, g의 합성함수의 역함수는 g의 역함수와 f의 역함수의 합성함수와 같다.

$$(g \circ f)^{-1} = f^{-1} \circ g^{-1} \text{ 또는 } (f \circ g)^{-1} = g^{-1} \circ f^{-1}$$

2. 한 함수와 그 역함수의 합성함수는 항등 함수이다.

$$(f \circ f^{-1})(x) = (f^{-1} \circ f)(x) = x$$

3. 두 함수의 합성이 항등함수이면 두 함수는 서러 역함수 관계에 있다.

$$(f \circ g)(x) = x \Leftrightarrow f^{-1}(x) = g(x),\ g^{-1}(x) = f(x)$$

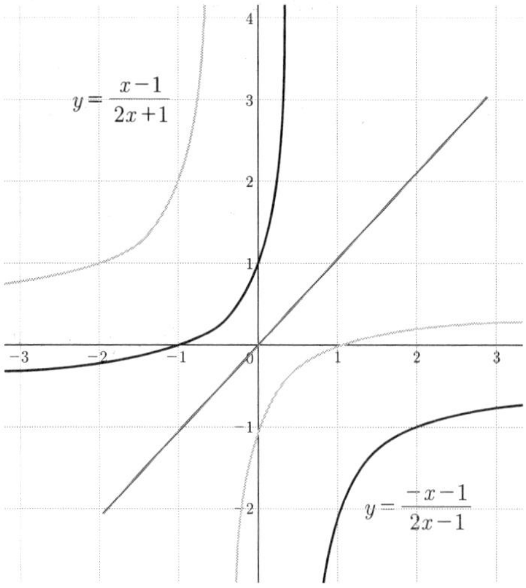

예제 3.24

$f(x) = x^2$과 $g(x) = \sqrt{x}$의 역함수 관계를 확인 하여라.

풀이

두 함수의 합성함수로부터

1. $(f \circ g)(x) = f(g(x)) = f(\sqrt{x}) = (\sqrt{x})^2 = x$
2. $(g \circ f)(x) = g(f(x)) = g(x^2) = \sqrt{x^2} = x$

$f \circ g = g \circ f$ 인 것으로 보이나 (1)의 x의 범위는 $x \geq 0$ 이고 (2)의 x는 실수 전체이므로 두 함수는 역함수 관계에 있다고 할 수 없다. 그러나 $f(x)$의 정의역을 $x \geq$로 제한하면 두 함수는 역함수 관계에 있다.

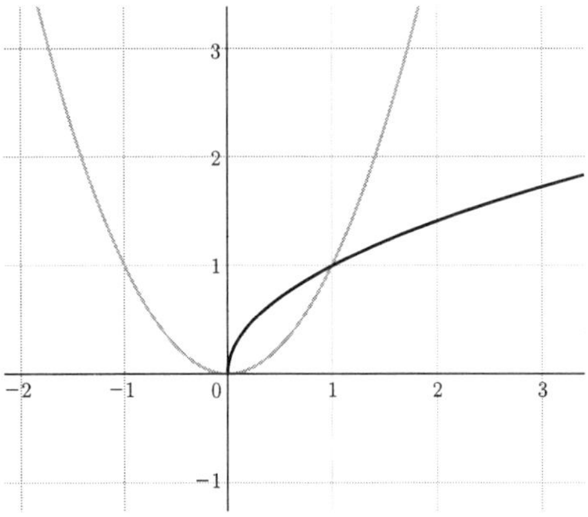

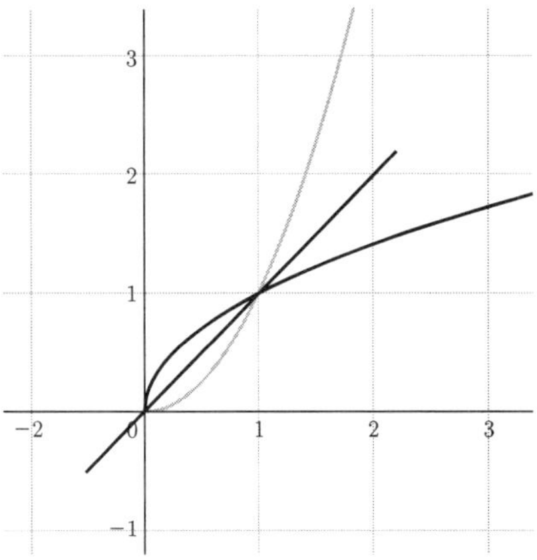

예제 3.25

$f(x) = x^2$은 역함수가 존재하지 않는다. 이때 f의 정의역을 $x \geq 0$으로 축소하면 역함수 $f^{-1}(x) = \sqrt{x}$를 갖는다.

예제 3.26

$y = 2x^2 (x \geq 0)$에 대한 역함수를 구하여라.

풀이

$y=2x^2$에서 x와 y를 바꾸면 $x=2y^2$ 꼴이 된다. 이 식을 y에 관하여 정리하면 $y^2=\frac{1}{2}x$로부터 $y=\pm\sqrt{\frac{x}{2}}$을 얻는다. 이때 $y \geq 0$이므로 구하는 역함수는

$$y=\sqrt{\frac{x}{2}}$$

이다.

3.3 연습문제

1. $f(x) = \dfrac{2x-1}{x+3}$ 의 역함수 $f^{-1}(x)$를 구하여라.

2. $y = 2x+1(0 \le x \le 5)$의 역함수에 대한 정의역과 치역을 구하고, 그 그래프를 그리시오.

3. 세 함수 $f(x) = -2x+3$에 대하여 다음을 밝혀라.

   (a) $f^{-1} \circ f$ 와 $f \circ f^{-1}$은 모두 항등함수이다.

   (b) $(f^{-1})^{-1}(x) = -2x+3$

4. 함수 $f(x) = \dfrac{ax+3}{x+b}$에 대하여 그 역함수가 $y = \dfrac{4x-3}{-x+3}$이라 할 때 상수 a, b의 값을 구하여라.

5. 다음 명제의 참, 거짓을 판정하고 거짓인 경우에는 반례를 들어라.

   (a) 증가함수의 역함수는 증가함수이다.

   (b) 감소함수의 역함수는 감소함수이다.

   (c) 우함수는 일대일함수이다.

   (d) 기함수는 일대일함수이다.

   (e) 일대일인 두 함수의 합성함수는 일대일함수이다.

   (f) 두 증가 함수 f, g의 합성함수 $g \circ f$도 증가함수이다.

   (g) 두 감소 함수 f, g의 합성함수 $g \circ f$도 감소함수이다.

《등산로》

원과 다각형을 번갈아 내접시키는 과정을 생각해보자. 최초 주어진 원에 내접하는 삼각형을 그리고 다시 이 삼각형의 내접하는 원을 그린다. 두 번째 원에 내접하는 사각형을 그리고 다시 이 사각형에 내접하는 원을 그린다. 이 과정을 끊임없이 계속해 나간다면 과연 어떤 결과를 얻게 되겠는가? 결국에는 한 점이 된다는 착각에 빠질 수도 있으나 이 과정의 극한의 결과는

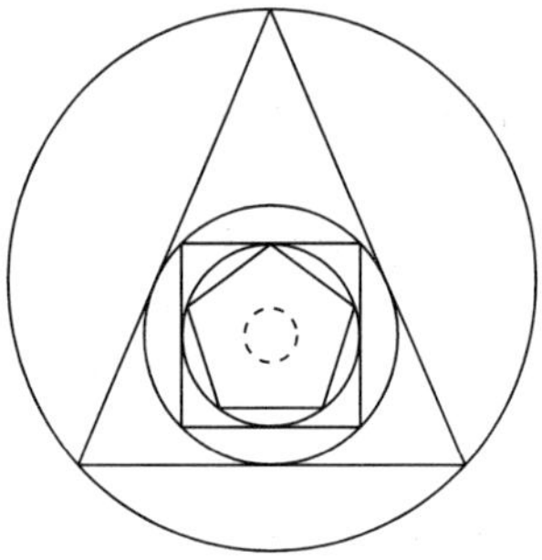

최초 주어진 원의 지름의 $\frac{1}{12}$의 지름을 갖는 원이 된다.

3.4 유리함수와 무리함수

이번 절에서는 다항함수와 유리함수 그리고 무리함수의 성질과 그래프에 대하여 알아보도록 하자.

정의 3.6

함수 $y = f(x)$ 에서 $f(x)$가 x에 관한 다항식일 때, 이 함수를 **다항함수**(polynomial function)라고 한다. 그리고 다항식이 1차, 2차, 3차 식일 때 이 다항함수를 각각 **1차 함수**(linear function), **2차 함수**(quadratic function), **3차 함수**(cubic function)라고 한다.

[참고]

c가 상수일 때의 함수 $f(x) = c$를 **상수함수**(constant function)라고 한다.

먼저 직선의 기울기와 직선의 성질에 관하여 살펴보기로 한다.

두 점 $(x_1,\ y_1)$과 $(x_2,\ y_2)$를 지나는 수직이 아닌 직선에 대하여

$$m = \frac{y_2 - y_1}{x_2 - x_1} = \frac{\Delta y}{\Delta x}$$

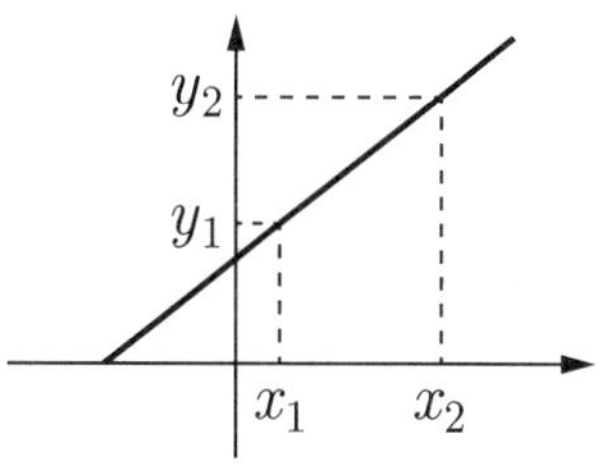

를 그 직선의 **기울기**(slope)라 한다.

예제 3.27

두 점(4, 3)과 (−1, 2)를 지나는 직선의 기울기를 구하여라.

풀이

두 점을 지나는 직선의 기울기는 다음과 같다.

$$\frac{3-2}{4-(-1)} = \frac{1}{5}$$

기울기의 성질

1. 주어진 직선의 기울기는 어디에서나 일정하다.
2. 수평축의 기울기는 0이고, 수직축의 기울기는 정의하지 않는다.

간단한 다항 함수의 그래프에 대하여 알아보도록 하자.

상수 함수 $y = c$의 그래프

점 $(0,\ c)$를 지나면서 x축에 평행한 직선이다.

일반적으로 직선의 그래프는 다음과 같이 나타난다.

$ax + by + c = 0$의 그래프

1. $b \neq 0$인 경우: $y = -\frac{a}{b}x - \frac{c}{b}$인 꼴이 되며, 이때 기울기가 $-\frac{a}{b}$, y절편이 $-\frac{c}{b}$인 직선이 된다.
2. $b = 0$인 경우: $ax + c = 0$, 즉 $x = -\frac{c}{a}$의 꼴이 되며, y축에 평행한 직선이 된다.
3. $a = 0$인 경우: $by + c = 0$, 즉 $y = -\frac{c}{b}$의 꼴이 되며, x축에 평행한 직선이 된다.

1차 함수 $y = ax + b$의 그래프

주어진 그래프는 기울기가 a이고 y절편이 b인 직선이다. 여기서

1. $a > 0$일 때 x가 증가하면 y도 증가한다.
2. $a < 0$일 때 x가 증가하면 y는 감소한다.

예제 3.28

함수 $y = ax + b(0 \leq x \leq 1)$의 치역이 $\{y | 1 \leq y \leq 2\}$가 되도록 상수 a, b의 값을 정하여라. (단, $a > 0$)

풀이

$y = ax + b$에서 $a > 0$이면 증가함수, $a < 0$이면 감소함수임을 이용한다. $f(x) = ax + b$라고 하면 $a > 0$이므로 이 함수는 x가 증가하면 $f(x)$도 증가한다. 주어진 조건에 따라 $f(0) = b = 1$이고 $f(1) = a + b = 2$여서 $a = 1$이고 $b = 1$이다.
기울기가 m이고 점 $(x_1,\ y_1)$을 지나는 직선의 식은

$$y - y_1 = m(x - x_1)$$

으로 나타난다.

예제 3.29

두 점 $(-1,\ 1)$과 $(2,\ -1)$을 지나는 직선의 식을 구하여라.

풀이

두 점을 지나는 직선의 기울기는

$$\frac{-1-1}{2+1} = -\frac{2}{3}$$

이다. 따라서 구하는 직선의 식은 $y - 1 = -\frac{2}{3}(x + 1)$이다. 정리하면

$$y = -\frac{2}{3}x + \frac{1}{3}$$

이다.

두 직선이 만나는 조건

m_1과 m_2를 두 직선의 기울기라 하자. 이때

1. 평행일 조건: $m_1 = m_2$이면 두 직선은 평행하다.
2. 수직일 조건: $m_1 = -\frac{1}{m_2}$이면 두 직선은 서로 수직으로 만난다.

예제 3.30

점 $(1,\ 4)$를 지나고 직선 $4x + 2y = 1$에 평행한 직선의 식을 구하여라.

풀이

$4x+2y=1$에 평행하므로 기울기는 -2이고, 점 $(1,\ 4)$를 지나므로 구하는 직선의 식은

$$y=-2x+6$$

이다.

예제 3.31

직선 $x+ay+1=0$이 직선 $2x-by+1=0$과는 수직이고 직선 $x-(b-3)y-1=0$과는 평행일 때, a^2+b^2의 값을 구하여라.

풀이

두 직선 $x+ay+1=0$과 $2x-by+1=0$이 수직이므로,

$$\left(-\frac{1}{a}\right)\times\left(\frac{2}{b}\right)=-1\text{로 부터 } ab=2 \tag{3.1}$$

또, 직선 $x+ay+1=0$이 $x-(b-3)y-1=0$과는 평행이므로,

$$\frac{1}{1}=\frac{a}{-b+3}\neq\frac{1}{-1}\text{로 부터 } a+b=3 \tag{3.2}$$

(1.1)과 (1.2)에 의해서, $a^2+b^2=(a+b)^2-2ab=9-4=5$이다.

예제 3.32

두 점$(2,\ 7)$, $(a,\ 3)$을 지나는 직선의 식이 $y=-4x+5$와 수직일 때 a의 값을 구하여라.

풀이

$\dfrac{3-7}{a-2}\times(-4)=-1$로부터 $16=-a+2$이다. 따라서 $a=-14$이다.

절댓값이 붙은 식의 그래프를 그릴 때에는 절댓값의 성질인

$$a\geq 0\text{이면 } |a|=a\text{이고 } a<0\text{이면 } |a|=-a$$

를 이용하여 절댓값 기호를 없애고, 이때 얻은 식을 그래프로 그린다.

예제 3.33

$y = |x-1| + 3$의 그래프를 그려라.

풀이

우선 꺾인 점의 좌표를 구하면 $(1,\ 3)$이다. 여기서 $x-1 \geq 0$일 때 $y = (x-1)+3 = x+2$이고 $x-1 < 0$일 때 $y = -(x-1)+3 = -x+4$이다. 따라서 그래프는 다음과 같다.

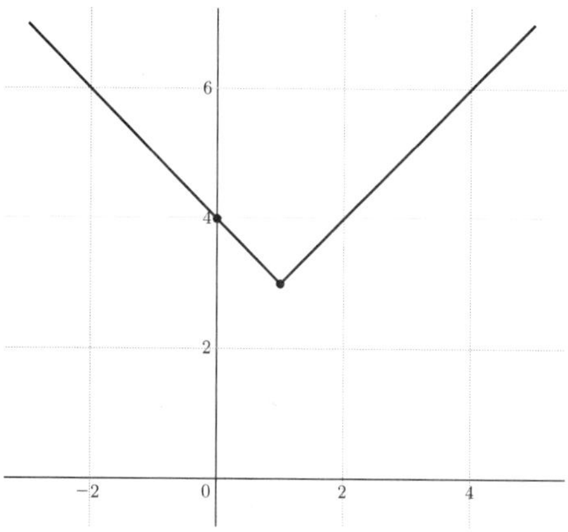

예제 3.34

$|y+2| = x-5$의 그래프를 그려라.

풀이

우선 꺾인 점의 좌표를 구하면 $(5,\ -2)$이다. $y+2 \geq 0$일 때 $(y+2) = x-5$여서 $y = x-7$이고 $y+2 < 0$일 때 $-(y+2) = x-5$여서 $y = -x+3$이다. 따라서 그래프는 다음과 같다.

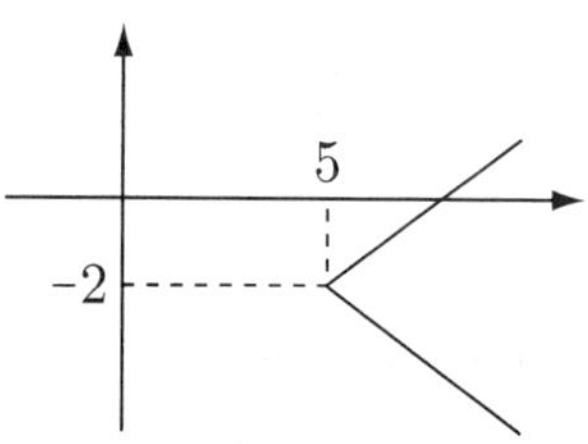

예제 3.35

$-1 \leq x,\ y \leq 1$에서 $|y| = |x|$의 그래프를 그려라.

풀이

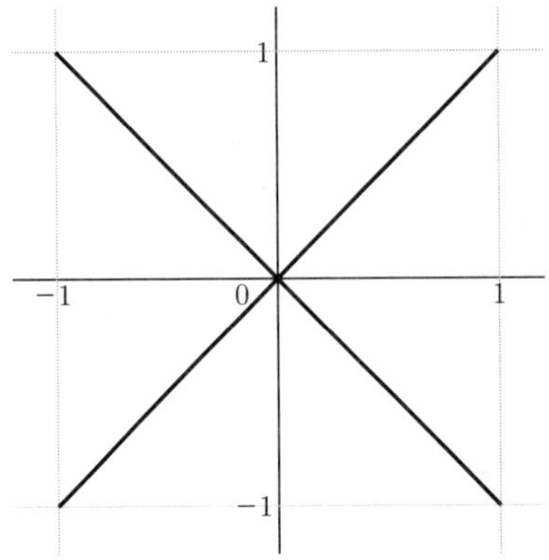

정의 3.7

함수 $y = f(x)$에서 $f(x)$가 x에 관한 유리식일 때 이 함수를 **유리함수**(rational function)라 하고, 특히, $f(x)$를 기약분수식으로 고쳤을 때 분모가 상수가 아니라면 이 함수를 분수함수라 한다.

예제 3.36

$y = \dfrac{1}{x}$, $y = \dfrac{x}{x+1}$ 등은 분수함수이다.

기본적인 유리함수의 그래프와 성질에 대하여 알아보자.

$y = \dfrac{a}{x}$의 그래프

1. 정의역, 치역은 모두 0을 제외한 실수이다.
2. 그래프는 $a > 0$이면 제1, 3사분면에, $a < 0$이면 제2, 4사분면에 존재한다.
3. 원점에 관하여 대칭인 직각쌍곡선이다.
4. $|a|$가 클수록 곡선은 원점에서 멀어진다.

이를 바탕으로 하면, 유리함수 $y = \dfrac{a}{x-p} + q\ (a \neq 0)$는 직각쌍곡선 $y = \dfrac{a}{x}$의 그래프를 x축 방향으로 p만큼, y축 방향으로 q 만큼 평행 이동한 것이다. 즉, 점 $(p,\ q)$에 관하여 대칭이다. 이때 점근선은 $x = p$, $y = q$이다.

유리함수식의 분자가 상수가 되도록 분자를 분모로 나누어서 $y = \dfrac{ax+b}{cx+d}(c \neq 0,\ ad \neq bc)$의 꼴은 $y = \dfrac{a}{x-p} + q$ 꼴로 변형하라.

예제 3.37

$y = \dfrac{2x+1}{x-1}$의 점근선의 방정식을 구하고, 그래프를 그려라.

풀이

$$y = \frac{2x+1}{x-1} = \frac{3}{x-1} + 2$$

로 변형하면 제1, 3사분면에 있는 직각 쌍곡선 $y = \dfrac{3}{x}$의 그래프를 x축 방향으로 1만큼, y축 방향으로 2만큼 평행 이동한 것이므로 대칭의 중심은 $(1,\ 2)$이고 점근선은 $x = 1$, $y = 2$이다. 또, $y = 0$이면 $2x + 1 = 0$에서 $x = \dfrac{1}{2}$이고 $x = 0$이면 $y = -1$이므로 좌표축과의 교점은 $(-\dfrac{1}{2},\ 0)$과 $(0,\ -1)$이다. 따라서 그래프는 다음과 같다.

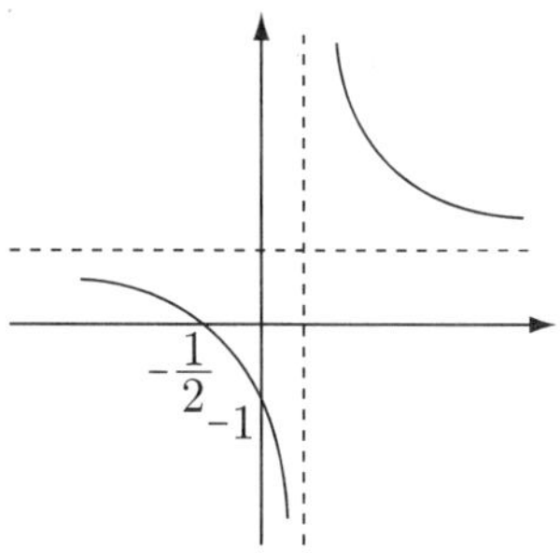

정의 3.8

함수 $y = f(x)$에서 $f(x)$가 x에 관한 무리식일 때 이 함수를 **무리함수**(irrational function)라고 한다.

예제 3.38

$y = \sqrt{x+3}$, $y =^3 \sqrt{2x - x^2}$과 같은 함수를 무리함수라 한다.

기본적인 무리함수의 그래프와 성질에 대하여 알아보자.

$y = \sqrt{ax}\ (a \neq 0)$의 그래프는

1. 정의역은 $\{x \mid ax \geq 0\}$이고, 치역은 $\{y \mid y \geq 0\}$이다.
2. 그래프는 $a > 0$이면 제 1사분면에, $a < 0$이면 제 2사분면에 있다.
3. 그래프는 원점을 꼭지점으로 하고 x축을 대칭축으로 하는 포물선의 일부분이다.

이를 바탕으로 하면, 무리함수 $y = -\sqrt{ax}\ (a \neq 0)$, 즉 $-y = \sqrt{ax}$의 그래프는 $y = \sqrt{ax}$의 그래프를 x축으로 대칭 이동한 것이다.

무리함수 $y = \sqrt{ax+b} + c\ (a \neq 0)$의 그래프는 주어진 식을 $y = \sqrt{a(x-p)} + q$의 꼴로 변형하여 $y = \sqrt{ax}$의 그래프를 x축 방향으로 p만큼, y축 방향으로 q만큼 평행이동시킨 것이다.

예제 3.39

함수 $y = -\sqrt{2x+1} + 1$ 정의역과 치역을 구하고, 그 그래프를 그려라.

풀이

$2x + 1 \geq 0$에서 정의역은

$$\left\{x \mid x \geq -\frac{1}{2}\right\}$$

이다. 이때 $\sqrt{2x+1} = 1 - y$ 에서 $\sqrt{2x+1} \geq 0$이므로 $1 - y \geq 0$이 되고 따라서 치역은

$$\{y \mid y \leq 1\}$$

이다. 주어진 무리함수의 그래프는 제4사분면에 있는 $y = -\sqrt{2x}$의 그래프를 x축 방향으로 $-\frac{1}{2}$만큼, y축 방향으로 1만큼 평행 이동시킨 것이다. 또, $y = 0$이면 $\sqrt{2x+1} = 1$, $2x + 1 = 1$, $x = 0$이다. $x = 0 = y$이므로 $(0,\ 0)$을 지난다.

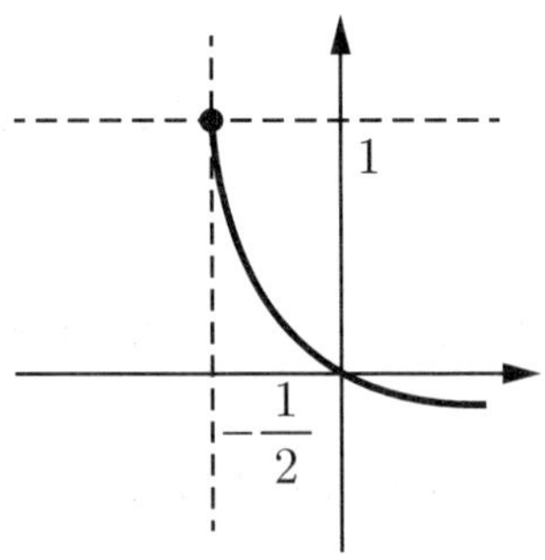

[참고]
$y = p\sqrt{f(x)} + q$의 그래프를 그릴 때에는 주어진 식을 $y - q = p\sqrt{f(x)}$ 로 두고 양변을 제곱한 후 이것을 변형하여 2차 곡선의 방정식을 유도한다.

예제 3.40

$y = \sqrt{a^2 - x^2}$의 그래프를 그려라.

풀이

주어진 식의 양변을 제곱하면 $y^2 = a^2 - x^2$, 즉

$$x^2 + y^2 = a^2$$

인 식을 얻는다. 이것은 반지름이 a이고 원점이 중심인 원의 방정식이다. 그러나 주어진 식에서 $\sqrt{a^2 - x^2} \geq 0$이므로

$$y \geq 0$$

이다. 따라서 원의 위쪽 상반인 그래프를 그린다.

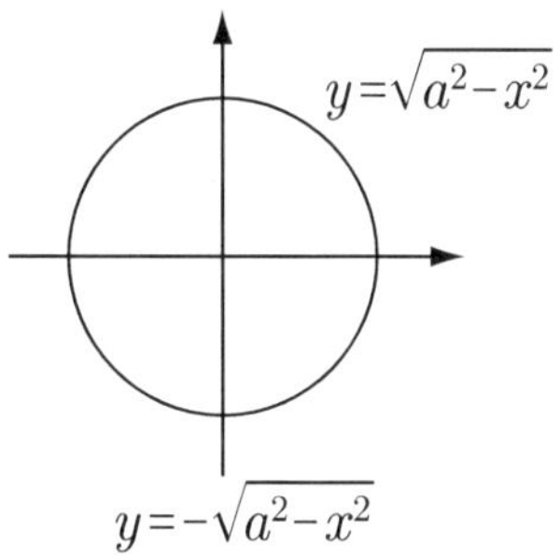

[참고]
중심이 원점이고 반지름이 a인 원에서 오른쪽 반원을 나타내는 식으로 $x = \sqrt{a^2 - y^2}$을, 왼쪽 반원을 나타내는 식으로 $x = -\sqrt{a^2 - y^2}$을 사용한다.

3.4 연습문제

1. 2차 함수 $y = ax^2 + bx + c$의 그래프가 점 $(1,\ 1)$을 지나고 x축에 접하도록 상수 a, b 의 값을 구하여라.

2. 점 $(0,\ 2)$를 지나는 쌍곡선 $y = \dfrac{ax+b}{x+c}$의 점근선이 $x = 1$, $y = 1$일 때 상수 a, b, c의 값을 구하여라.

3. 두 곡선 $y = \sqrt{x+1}$과 $x = \sqrt{y+1}$의 교점을 구하여라.

4. 다음 함수의 그래프를 그려라.

   (a) $y = (x+2)^2 + 1$　　(b) $y = \dfrac{3x+2}{2x-1}$　　(c) $y = -\sqrt{4-2x} + 1$

5. x에 관한 2차 방정식 $x^2 - ax + 4 = 0$의 두 근이 모두 1보다 클 때, 상수 a의 값의 범위를 구하여라.

6. 다음 그래프를 그려라.

   (a) $|x| + |y| = 1$　　(b) $|x-1| + |y-1| = 1$　　(c) $|x+1| + |y+1| = 1$

《등산로》

건강이 좋지 않았던 어린 시절의 **데카르트**(R. Descartes, 1596~1650)는 늦은 아침까지 침대에서 명상을 하는 습관을 갖고 있었다. 이때 매우 생산적인 사고를 할 수 있었다고 회고했다고 한다.

데카르트는 1616년에 푸아티에 대학에서 법학박사 학위를 받았다. 자신이 배운 것에 만족하지 못하고 있던 데카르트는 당시 학자들이 사상가들이나 철학자들의 영향을 너무 많이 받고 있다고 생각했다. 그래서 새로운 과학 철학의 이론을 정립하고자 했다. 이미 참인 것으로 알려져 있는 사실들을 조사하면서, 그는 의심할 여지없이 믿을 수 있는 사실만을 참인 것으로 받아들이는 자신만의 철학적 구조를 구성하였다. 그의 《**방법서설**》에서 자연 법칙은 미리 예정된 수학적 계획의 일부분이기 때문에 변하지 않는다는 입장을 고수하였다. 그는 이 세상이 신성한 수학적 구조로 만들어졌다고 믿고 있었던 것이다.

그의 가장 유명한 수학적 업적은 점의 좌표와 도형의 방정식을 분석해 기하학을 연구하는 방법으로써, **페르마**(Fermat, 1601~1665)와 함께 이 방법을 발전시켜 지금의 해석기하학이라는 수학의 한 분야를 만들었다.

제 4 장

삼각함수

일반각과 호도법의 뜻을 알고 삼각비의 개념을 이용하여 삼각함수의 기본 성질을 알아보고 그 역함수에 대하여 연구한다.

4.1 기본 성질

한 점 O에서 시작되는 두 반직선 OA, OB로 이루어진 도형을 각 AOB라 하고 이것을 $\angle AOB$로 나타낸다. 이때 점 O를 **꼭지점**(vertex), 두 반직선을 그 **변**(side)이라고 한다.

정의 4.1

평면 위에 반직선 OX의 위치에 있던 다른 반직선 OP가 점 O를 중심으로 회전한 양을 $\angle XOP$의 크기로 한다. 이때 반직선 OX를 **시초선**(ground line), 반직선 OP를 **동경**(radius vector)이라고 한다. 동경 OP가 점 O를 중심으로 하여 시초선 OX에서 시계 바늘이 도는 방향을 **음의 방향**(negative direction), 반대 방향을 **양의 방향**(positive direction)이라고 한다.

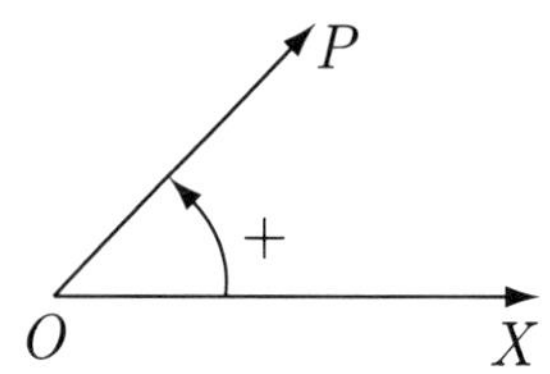

일반적으로 동경 OP에 속하는 한 각을 $A°$라 할 때, 동경 OP에 속하는 많은 각을 **일반각**(general angle)이라고 한다.

$\angle XOP$의 한 각을 $A°$라 할 때

1. $0° < A° < 90°$이면 이 각을 제1사분면의 각
2. $90° < A° < 180°$이면 이 각을 제2사분면의 각
3. $180° < A° < 270°$이면 이 각을 제3사분면의 각
4. $270° < A° < 360°$이면 이 각을 제4사분면의 각이라고 한다.

[주의]

각 $0°, 90°, 180°, 27°, 360°, \cdots$ 등은 어느 사분면의 각도 아니다.

직선 OP가 OX와 이루는 최소의 양의 각을 $A°$라 하면 일반각 θ는 다음과 같이 나타난다.

$$\theta = 360° \times n + A° \text{ (단, } n\text{은 정수)}$$

예제 4.1

$\theta = 360^\circ n + 30^\circ$ 는 30° 의 일반각이다.

예제 4.2

다음은 몇 사분의 각인가 구하여라.

1. 1500°
2. -760°

풀이

1. $1500^\circ = 360^\circ \times 4 + 60^\circ$ 이므로 제 1사분면의 각이다.
2. $-760^\circ = 360^\circ \times (-2) - 40^\circ$ 이므로 제 4사분면의 각이다.

지금까지는 각을 나타내는 단위로써 $\circ$를 사용한 60분법을 이용하였지만 일반각을 더 편하게 쓰기 위한 방법인 호도법에 대하여 알아보도록 하자.

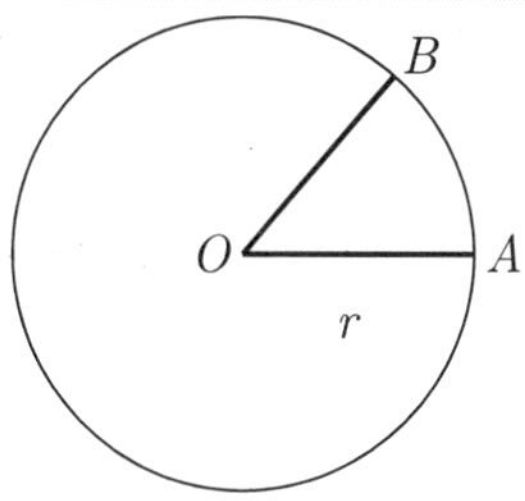

중심이 O이고 반지름의 길이가 r인 원 위의 두 점 A, B의 호의 길이가 반지름 r과 같을 때, 각 $\angle AOB$의 크기를 **1호도**(radian)라 하며 $1rad$로 쓴다. 이 호도로 각의 크기를 측정하는 방법을 **호도법**(circular measure)이라 한다.

위 그림과 같이 반지름의 길이가 r인 원의 둘레는 $2\pi r$이고 이것은 반지름의 2π 배이므로 $2\pi rad = 360^\circ$이다. 따라서 $\pi rad = 180^\circ$ 임을 알 수 있고, 이로부터 $1rad$를 60분법으로 환산하면

$$1rad = \frac{180^\circ}{\pi}\ 57^\circ 17' 45''$$

이고, 1°를 호도법으로 환산하면

$$1^\circ = \frac{\pi}{180}\ 0.01745rad$$

이다. 이것은 60분법으로 표현된 각도를 호도법으로, 또 호도법으로 나타낸 각도를 60분법으로 환산하는 기준이 된다.

예제 4.3

1. $\frac{5}{3}\pi rad = \frac{180°}{\pi} \times \frac{5}{3}\pi = 300°$ 2. $80° = \frac{\pi}{180}rad \times 80 = \frac{4}{3}rad$

[주의]

호도법에서 쓰는 단위의 이름인 rad는 보통 생략한다. 따라서 $\pi = 180°$란 말을 $3.14 = 180°$로 혼동하여서는 안 된다.

다음은 자주 사용되는 값들이다.

도 (deg.)	0°	30°	45°	60°	90°	120°	150°	180°	270°	360°
라디안 (rad.)	0	$\frac{\pi}{6}$	$\frac{\pi}{4}$	$\frac{\pi}{3}$	$\frac{\pi}{2}$	$\frac{2}{3}\pi$	$\frac{5}{6}\pi$	π	$\frac{3}{2}\pi$	2π

직교 좌표축에서 직선 OP가 어느 사분면에 속해 있느냐에 따라 각각 제1사분면, 제2사분면, 제3사분면, 제4사분면에 속해 있다고 한다. 예를 들어

- $\theta = 2n\pi + \alpha$ (단, n은 정수, α는 rad) θ가 제1사분면의 각이다.
- $\theta = 2n\pi + \frac{\pi}{2} + \alpha$ (단, n은 정수, α는 rad) θ가 제2사분면의 각이다.

예제 4.4

θ가 제2사분면의 각일 때 $\frac{1}{2}\theta$은 몇 사분면의 각인가 구하여라.

풀이

θ가 제2사분면의 각이므로

$$\theta = 2n\pi + \frac{\pi}{2} + \alpha \ \left(0 < \alpha < \frac{\pi}{2}\right)$$

이다. 따라서

$$\frac{\theta}{2} = n\pi + \frac{\pi}{4} + \frac{\alpha}{2} \ \left(\frac{\pi}{4} < \frac{\pi}{4} + \frac{\alpha}{2} < \frac{\pi}{2}\right)$$

이다. 이때 n이 홀수이면 제3사분면의 각이고 n이 짝수이면 제1사분면의 각이다.

예제 4.5

다음 60분법은 호도법으로, 호도법은 60분법으로 나타내어라.

1. $50°$ 2. $210°$ 3. $\frac{\pi}{12}$ 4. $\frac{5}{4}\pi$

풀이

1. $50° = 50 \times \frac{\pi}{180} = \frac{5}{18}\pi$
2. $210° = 210 \times \frac{\pi}{180} = \frac{7}{6}\pi$
3. $\frac{\pi}{12} = \frac{\pi}{12} \times \frac{180°}{\pi} = 15°$
4. $\frac{5\pi}{4} = \frac{5\pi}{4} \times \frac{180°}{\pi} = 225°$

반지름의 길이가 r인 원 O에서 길이가 l인 호에 대한 중심각의 크기가 θ라고 하면, 호의 길이는 중심각의 크기에 비례하므로 $l : 2\pi r = \theta : 2\pi$에서 $l = r\theta$를 얻고 또, 부채꼴의 넓이 S도 중심각의 크기 θ에 비례하므로 $S : \pi r^2 = \theta : 2\pi$에서 $S = \frac{1}{2}r^2\theta$를 얻는다.

반지름의 길이가 r, 중심각이 θ인 부채꼴에서 호의 길이를 l, 그 넓이를 S 라 하면 다음이 성립한다.

- $l = r\theta$
- $S = \frac{1}{2}r^2\theta = \frac{1}{2}rl$

예제 4.6

반지름의 길이가 5인 원에서 중심각 $\frac{3\pi}{4}$에 대한 호의 길이와 부채꼴의 넓이를 구하여라.

풀이

$$l = 5 \times \frac{3\pi}{4} = \frac{15\pi}{4}$$

이고

$$S = \frac{1}{2} \times 5 \times \frac{15\pi}{4} = \frac{75\pi}{8}$$

이다.

4.1 연습문제

1. 다음 각의 동경이 나타내는 각도 중에서 양의 최소인 것을 구하여라. 또, 그 각은 몇 사분면의 각인가 말하여라.

   (a) $450°$ (b) $1680°$ (c) $-520°$ (d) $-1650°$

2. 다음 각의 크기를 호도법 또는 60분법으로 나타내어라.

   (a) $36°$ (b) $15°$ (c) $-780°$ (d) $\frac{10}{3}\pi$ (e) $-\frac{10}{3}\pi$ (f) $\frac{7}{4}\pi$

3. 반지름의 길이가 10인 원에서 중심각 $\frac{2\pi}{3}$에 대한 호의 길이와 부채꼴의 넓이를 구하여라.

4. 반지름의 길이가 r, 중심각의 크기가 $\frac{6}{5}\pi$인 부채꼴로 직원뿔을 만들 때, 그 부피 V를 구하여라.

《등산로》

고대 그리스의 수학자 **탈레스**(Thales, B.C. 500년경)가 이집트에 여행을 갔을 때 이집트 제사장들이 자기 나라의 놀라운 수학 실력을 자랑하기 위하여 대(大) 피라미드를 보여 주었다. 탈레스는 모래 바닥에 생긴 피라미드의 그림자와 자기의 그림자 길이를 측정해 계산하고는 제사장들에게 피라미드의 높이를 알려주었다고 한다.

다음은 탈레스가 증명했던 것으로 알려진 기하학적 사실들이다.

- 원은 지름에 의해 이등분된다.
- 이등변 삼각형의 두 밑각의 크기는 같다.
- 두 직선이 교차할 때 맞꼭지각의 크기는 같다.
- 대응하는 두 각의 크기와 대응하는 한 변의 길이가 각각 같은 두 삼각형은 서로 합동이다.
- 반 원에 내접하는 각은 직각이다.

아주 기초적인 내용이지만 탈레스는 실험과 직관뿐 아니라 논리적 추론을 증명에 이용했던 최초의 수학자이다.

4.2 사인 함수와 코사인 함수

원점 O를 중심으로 반지름의 길이가 r인 원과 일반각 θ를 나타내는 동경 OP와의 교점 P의 좌표를 $(x,\ y)$라 할 때, 일반각 θ에 대한 비 $\frac{y}{r}$, $\frac{x}{r}$, $\frac{y}{x}(x \neq 0)$의 값은 동경 OP 위의 점 P의 위치 즉, 반지름의 길이 r에 상관없이 일정하기 때문에 함수로 나타낼 수 있다. 이들 함수를 차례로 **사인함수**(sine function), **코사인함수**(cosine function), **탄젠트함수**(tangent function)라 하고 각각

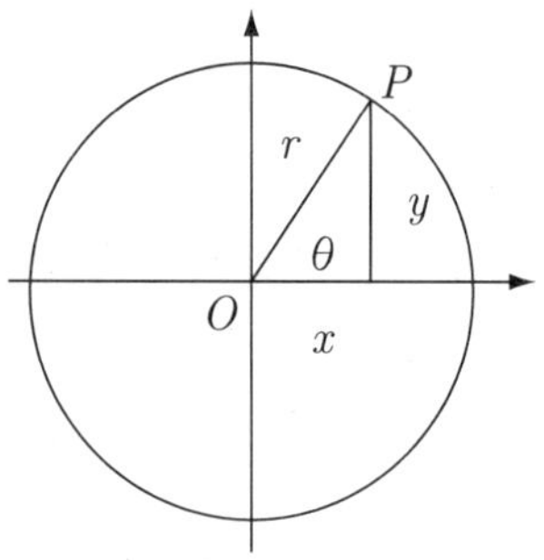

$$\sin\theta = \frac{y}{r},\ \cos\theta = \frac{x}{r},\ \tan\theta = \frac{y}{x}$$

로 나타낸다.

위의 그림에서 $\theta = 0°$일 때 $x = r$이고 $y = 0$이므로 $\sin x = 0$이고 $\cos x = 1$이다. $\theta = 90°$일 때 $y = r$이고 $x = 0$이므로 $\sin x = 1$이고 $\cos x = 0$이다. 또한 그림 1로부터 $\theta = \frac{\pi}{6}, \frac{\pi}{4}, \frac{\pi}{3}$일 때의 삼각 함수값도 알 수 있다. 몇 개의 특수각에 대한 삼각함수의 값을 구하여 보면 다음과 같다.

	0	$\frac{\pi}{6}$	$\frac{\pi}{4}$	$\frac{\pi}{3}$	$\frac{\pi}{2}$	π	$\frac{3\pi}{2}$	2π
$\sin x$	0	$\frac{1}{2}$	$\frac{\sqrt{2}}{2}$	$\frac{\sqrt{3}}{2}$	1	0	-1	0
$\cos x$	1	$\frac{\sqrt{3}}{2}$	$\frac{\sqrt{2}}{2}$	$\frac{1}{2}$	0	-1	0	1
$\tan x$	0	$\frac{1}{\sqrt{3}}$	1	$\sqrt{3}$		0		0

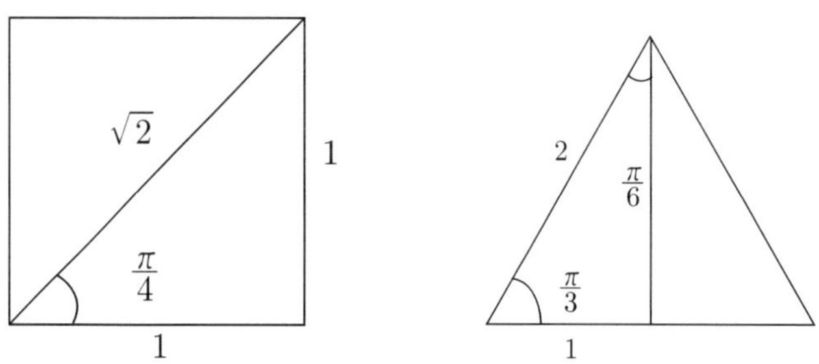

또 동경 $OP(=r)$는 어느 사분면에 있든 관계없이 반지름의 길이가 되므로 항상 양이고 x, y는 P의 위치에 따라 그 부호가 달라지게 되므로, 삼각함수의 부호는 동경 OP가 나타내는 일반각 θ가 몇 사분면의 각인가에 따라 다음과 같이 정해진다.

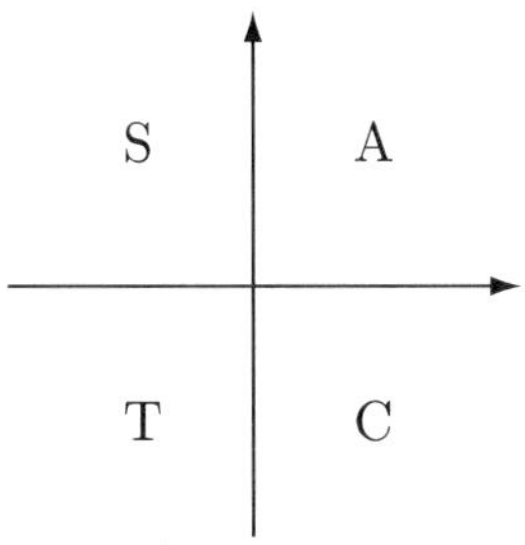

	제1사분면	제2사분면	제3사분면	제4사분면
sin	+	+	−	−
cos	+	−	−	+
tan	+	−	+	−

예제 4.7

다음 특수각에 대한 $\sin\theta$, $\cos\theta$, $\tan\theta$ 값을 구하여라.

1. $\frac{4}{3}\pi$ 2. $-\frac{5}{6}\pi$ 3. $\frac{17}{4}\pi$

풀이

1. $\frac{4}{3}\pi$는 3사분면의 각이므로

$$\sin\frac{4\pi}{3} = -\sin\frac{\pi}{3} = -\frac{\sqrt{3}}{2},$$
$$\cos\frac{4\pi}{3} = -\cos\frac{\pi}{3} = -\frac{1}{2},$$
$$\tan\frac{4\pi}{3} = \tan\frac{\pi}{3} = \sqrt{3}$$

이다.

2. $-\frac{5}{6}\pi$는 3사분면의 각이므로

$$\sin -\frac{5\pi}{6} = -\sin\frac{\pi}{6} = -\frac{1}{2},$$
$$\cos -\frac{5\pi}{6} = -\cos\frac{\pi}{6} = -\frac{\sqrt{3}}{2},$$
$$\tan -\frac{5\pi}{6} = \tan\frac{\pi}{6} = \frac{1}{\sqrt{3}}$$

이다.

3. $\frac{17}{4}\pi$는 1사분면의 각이므로

$$\sin\frac{17\pi}{4} = \sin\frac{\pi}{4} = \frac{1}{\sqrt{2}},$$
$$\cos\frac{17\pi}{4} = \cos\frac{\pi}{4} = \frac{1}{\sqrt{2}},$$
$$\tan\frac{17\pi}{4} = \tan\frac{\pi}{4} = 1$$

이다.

예제 4.8

$\pi < \theta < \frac{3}{2}\pi$일 때 $\sqrt{\sin^2\theta}$의 값을 구하여라.

풀이

주어진 구간에서 $\sin\theta$의 범위는 $-1 < \sin\theta < 0$이므로

$$\sqrt{\sin^2\theta} = |\sin\theta| = -\sin\theta$$

이다.

예제 4.9

$\sin 390°$ 의 값을 구하여라.

풀이

$\sin 390° = \sin(360° + 30°) = \sin 30° = \frac{1}{2}$ 이다.

4.2 연습문제

1. 다음 값을 구하여라.

    (a) $\cos\theta = -\frac{3}{4}$일 때 $\sin\theta$와 $\tan\theta$ (단, $\pi < \theta < \frac{3}{2}\pi$)

    (b) θ가 3사분면의 각이고, $\sin\theta = -\frac{2}{5}$일 때 $\cos\theta$와 $\tan\theta$

    (c) θ가 4사분면의 각이고, $\tan\theta = -\frac{5}{12}$일 때 $\sin\theta$와 $\cos\theta$

2. $\frac{\pi}{2} < \theta < \frac{3}{2}\pi$일 때 $\sqrt{\cos^2\theta} + \sqrt{\tan^2\theta}$의 값을 구하여라.

3. 다음 삼각함수의 값을 구하여라.

    (a) $\sin 150°$ (b) $\cos 1380°$ (c) $\tan\frac{11}{4}\pi$ (d) $\sin\left(-\frac{7}{2}\pi\right)$

《등산로》

삼각법(trigonometry)은 고대 그리스에서 유래되었다. **에라토스테네스**(Eratostenes, B.C. 273~192)가 지구 둘레를 계산하기 위하여 처음으로 삼각법을 사용했다. **아리스타쿠스**(Aristachus, B.C. 310~230)도 지구에서 달과 태양까지의 거리를 계산하기 위하여 삼각법을 이용했다. 그 밖에도 터널을 똑바로 뚫기 위해서, 도달하기 힘든 곳까지의 거리를 측정하기 위해, 근거를 제시하기 힘든 자신의 천문학적 확신을 설명하기 위하여 삼각법을 이용하기도 한다.

가끔은 이렇게 계산하는 결과를 볼 때 무척이나 즐겁다(?)

$$\frac{\sin 30^\circ}{30^\circ} = \sin \text{ (이유: 약분)}$$

$$\sin 60^\circ = \sin(2\times 30)^\circ = 2\sin 30^\circ \text{ (이유: 두 배)}$$

$$\frac{\sin 30^\circ}{\sin 60^\circ} = \frac{30^\circ}{60^\circ} = \frac{1}{2} \text{ (이유: 이제는 글자까지 약분을)}$$

특수 각 실감나게 외우기

	0	$\frac{\pi}{6}$	$\frac{\pi}{4}$	$\frac{\pi}{3}$	$\frac{\pi}{2}$
$\sin x$	$\frac{\sqrt{0}}{2}$	$\frac{\sqrt{1}}{2}$	$\frac{\sqrt{2}}{2}$	$\frac{\sqrt{3}}{2}$	$\frac{\sqrt{4}}{2}$
$\cos x$	$\frac{\sqrt{4}}{2}$	$\frac{\sqrt{3}}{2}$	$\frac{\sqrt{2}}{2}$	$\frac{\sqrt{1}}{2}$	$\frac{\sqrt{0}}{2}$

4.3 삼각함수의 여러 가지 성질

지금까지와의 다르게 앞으로는 각의 표현을 θ 대신 x로, 그리고 함수값을 y로 나타내기로 한다. 일반각 x에 대하여 삼각함수 사이에는 그 정의에 의하여 다음과 같은 관계가 성립한다.

삼각 함수(trigonometric functions)

$$y = \sin x \quad y = \cos x \quad y = \tan x$$

$$y = \text{cosec} x \quad y = \sec x \quad y = \cot x$$

상호 관계

1. $\tan x = \dfrac{\sin x}{\cos x}$
2. $\cot x = \dfrac{\cos x}{\sin x} = \dfrac{1}{\tan x}$
3. $\text{cosec} x = \dfrac{1}{\sin x}$
4. $\sec x = \dfrac{1}{\cos x}$

삼각함수의 제곱 관계

1. $\cos^2 x + \sin^2 x = 1$
2. $1 + \tan^2 x = \sec^2 x$
3. $1 + \cot^2 x = \text{cosec}^2 x$

[참고]

식 1의 양변을 $\cos^2 x$로 나누면 2번식을 얻고, $\sin^2 x$로 나누면 3번식을 얻는다.

다음은 사인 함수와 코사인 함수의 그래프이다.

1. $y = \sin x$의 그래프

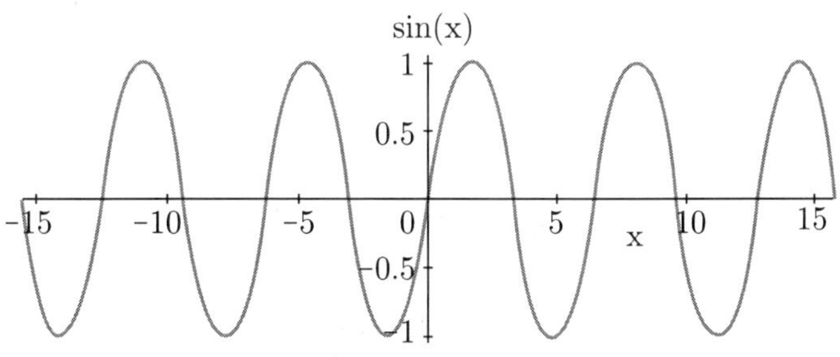

2. $y = \cos x$의 그래프

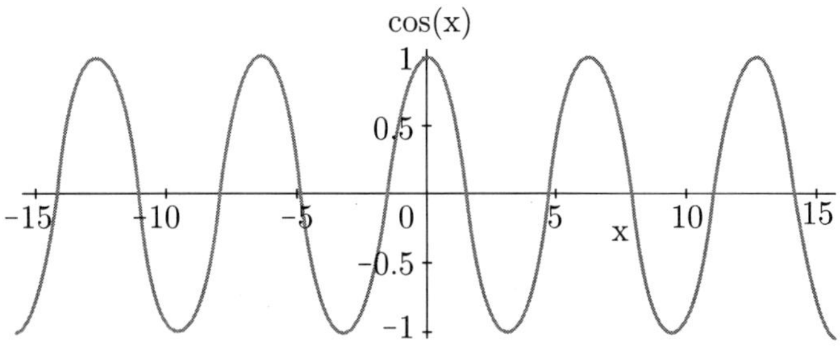

그 외 다른 삼각함수의 그래프

$y = \tan x$

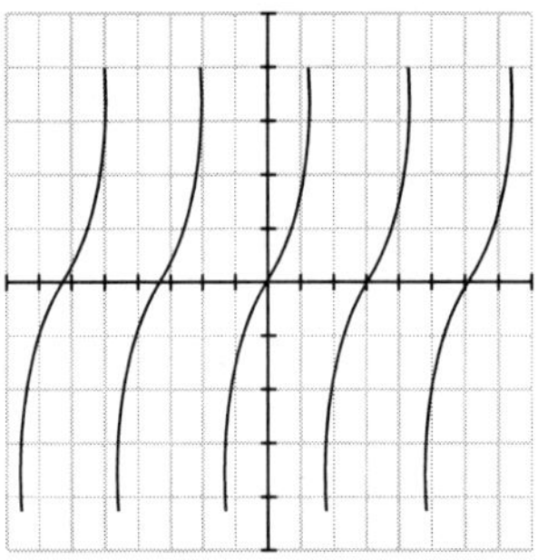

$y = \cot x$

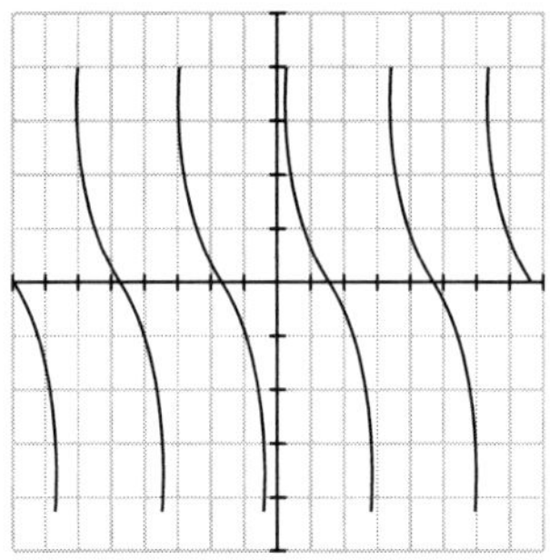

$y = \sec x$

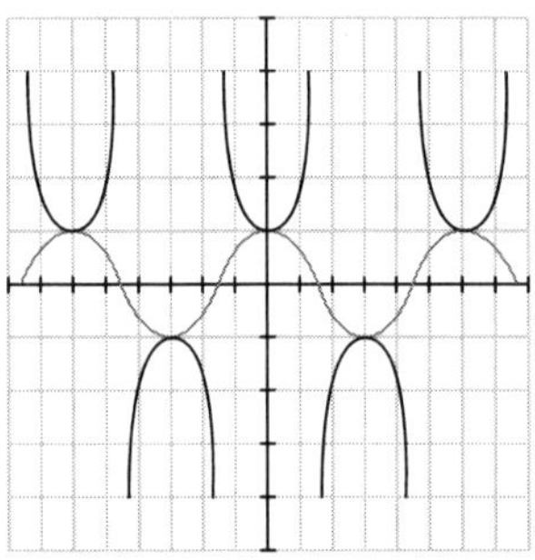

$y = \mathrm{cosec}\, x$

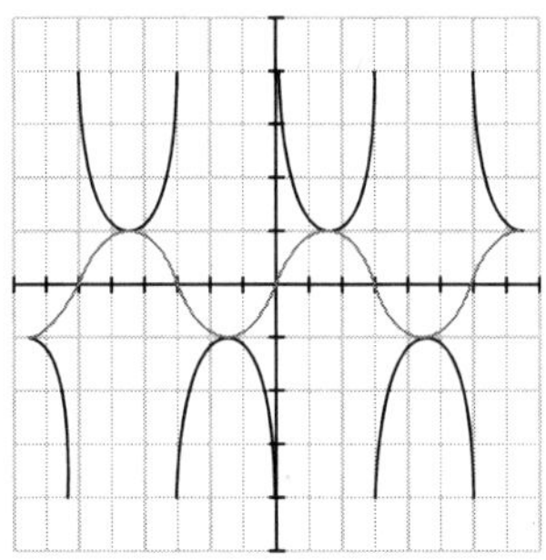

예제 4.10

$\cos x = -\frac{2}{3}$ 이고 $\tan x > 0$ 일 때 $\sin x$ 와 $\tan x$ 의 값을 구하시오.

풀이

$\cos x < 0$, $\tan x > 0$ 일 때 x 는 제3사분면의 각이므로 $\sin x < 0$, $\cos x < 0$, $\tan x > 0$

이다. 따라서

$$\sin x = -\sqrt{1-\cos^2 x} = -\sqrt{1-(-\frac{1}{3})^2} = -\sqrt{\frac{8}{9}} = -\frac{2\sqrt{2}}{3}$$

이다. 또

$$\tan x = \frac{\sin x}{\cos x} = \frac{\sqrt{5}}{2}$$

이다.

일반각 θ에 대한 삼각함수 사이에는 다음의 각의 변환에 관한 성질이 성립한다.

삼각함수의 주기 공식: $(2\pi n + \theta)$의 삼각함수

$$\sin(2\pi n + \theta) = \sin\theta,\ \cos(2\pi n + \theta) = \cos\theta,\ \tan(\pi n + \theta) = \tan\theta$$

삼각함수의 음각 공식: $(-\theta)$의 삼각함수

$$\sin(-\theta) = -\sin\theta,\ \cos(-\theta) = \cos\theta,\ \tan(-\theta) = -\tan\theta$$

삼각함수의 보각 공식: $(\pi - \theta)$와 $(\pi + \theta)$의 삼각함수

$$\sin(\pi - \theta) = \sin\theta \qquad \sin(\pi + \theta) = \sin\theta$$

$$\cos(\pi - \theta) = -\cos\theta \qquad \cos(\pi + \theta) = -\cos\theta$$

$$\tan(\pi - \theta) = -\tan\theta \qquad \tan(\pi + \theta) = \tan\theta$$

삼각함수의 여각 공식: $\left(\frac{\pi}{2} - \theta\right)$와 $\left(\frac{\pi}{2} + \theta\right)$의 삼각함수

$$\sin\left(\frac{\pi}{2} - \theta\right) = \cos\theta \qquad \sin\left(\frac{\pi}{2} + \theta\right) = \cos\theta$$

$$\cos\left(\frac{\pi}{2} - \theta\right) = \sin\theta \qquad \cos\left(\frac{\pi}{2} + \theta\right) = -\sin\theta$$

$$\tan\left(\frac{\pi}{2} - \theta\right) = \cot\theta \qquad \tan\left(\frac{\pi}{2} + \theta\right) = -\cot\theta$$

예제 4.11

다음 각 값들을 구하여라.

1. $\sin 120^\circ$　2. $\cos 585^\circ$　3. $\tan 6420^\circ$　4. $\sin(-150^\circ)$

풀이

1. $\sin 120^\circ = \sin(180^\circ - 60^\circ) = \sin 60^\circ = \frac{\sqrt{3}}{2}$
2. $\cos 585^\circ = \cos(90^\circ \times 6 + 45^\circ) = -\cos 45^\circ = -\frac{1}{\sqrt{2}}$
3. $\tan 6420^\circ = \tan(360^\circ \times 18 - 60^\circ) = \tan(-60^\circ) = -\sqrt{3}$
4. $\sin(-150^\circ) = -\sin(90^\circ + 60^\circ) = -\cos 60^\circ = -\frac{1}{2}$

삼각함수의 값의 계산에서 두 각의 합 또는 차에 대한 삼각함수의 값을 계산하는 방법으로서 **덧셈정리**(addition theorem)가 있다. 이 덧셈 정리는 삼각함수의 여러 가지 공식을 유도하는 기본 바탕이 되므로 대단히 중요한 정리이다.

삼각함수의 성질 1: 덧셈 정리

1. $\sin(x+y) = \sin x \cos y + \cos x \sin y$
2. $\sin(x-y) = \sin x \cos y - \cos x \sin y$
3. $\cos(x+y) = \cos x \cos y - \sin x \sin y$
4. $\cos(x-y) = \cos x \cos y + \sin x \sin y$
5. $\tan(x+y) = \dfrac{\tan x + \tan y}{1 - \tan x \tan y}$
6. $\tan(x-y) = \dfrac{\tan x - \tan y}{1 + \tan x \tan y}$

예제 4.12

$\cos 75^\circ$ 의 값을 계산하여라.

풀이

$$\begin{aligned}\cos(30^\circ + 45^\circ) &= \cos 30^\circ \cos 45^\circ - \sin 30^\circ \sin 45^\circ \\ &= \frac{\sqrt{3}}{2} \cdot \frac{\sqrt{2}}{2} - \frac{1}{2} \cdot \frac{\sqrt{2}}{2} \\ &= \frac{\sqrt{2} - \sqrt{6}}{4}\end{aligned}$$

예제 4.13

다음 등식이 성립함을 보여라.

$$\sin\left(\theta + \frac{\pi}{3}\right) + \cos\left(\theta + \frac{\pi}{3}\right) = \sqrt{3}\cos\theta$$

풀이

$$\begin{aligned}&\sin\left(\theta + \frac{\pi}{3}\right) + \cos\left(\theta + \frac{\pi}{3}\right) \\ &= \left(\sin\theta\cos\frac{\pi}{3} + \cos\theta\sin\frac{\pi}{3}\right) + \left(\cos\theta\cos\frac{\pi}{6} - \sin\theta\sin\frac{\pi}{6}\right) \\ &= \left(\frac{1}{2}\sin\theta + \frac{\sqrt{3}}{2}\cos\theta\right) + \left(\frac{\sqrt{3}}{2}\cos\theta - \frac{1}{2}\sin\theta\right) \\ &= \sqrt{3}\cos\theta\end{aligned}$$

앞의 덧셈 정리에서 $x = y$로 놓으면, 다음과 같은 성질을 알 수 있다.

삼각함수의 성질 2: 배각공식(formulas of double angles)

1. $\sin 2x = 2\sin x \cos x$
2. $\cos 2x = \cos^2 x - \sin^2 x$
3. $\tan 2x = \dfrac{2\tan x}{1 - \tan^2 x}$

예제 4.14

$\sin x + \cos x = \frac{1}{2}$일 때, 다음 삼각 함수의 값을 구하시오.

1. $\sin 2x$
2. $\tan 2x$
3. $\sin^3 x + \cos^3 x$

풀이

1. $\sin x + \cos x = \frac{1}{2}$의 양변을 제곱하면

$$(\sin^2 x + \cos^2 x) + 2\sin x \cos x = \frac{1}{4}.$$

따라서 $1 + \sin 2x = \frac{1}{4}$ 에서 $\sin 2x = -\frac{3}{4}$이다.

2. $\cos 2x = \pm\sqrt{1-\sin^2 x} = \pm\sqrt{1-(-\frac{3}{4})^2} = \pm\frac{\sqrt{7}}{4}$이므로

$$\tan 2x = \frac{\sin 2x}{\cos 2x} = (-\frac{3}{4}) \div (\pm\frac{\sqrt{7}}{4}) = \mp\frac{3}{\sqrt{7}}$$

이다.

3.
$$\begin{aligned}\sin^3 x + \cos^3 x &= (\sin x + \cos x)(\sin^x - \sin x \cos x + \cos^2 x)\\ &= (\sin x + \cos x)(1 - \frac{1}{2}\sin 2x)\\ &= \frac{1}{2}\left[1 - \frac{1}{2}(-\frac{3}{4})\right]\\ &= \frac{11}{16}\end{aligned}$$

예제 4.15

$\sin 3x = 3\sin x - 4\sin^3 x$임을 밝혀라.

풀이

$$\begin{aligned}\sin 3x = \sin(x+2x) &= \sin x \cos 2x + \cos x \sin 2x\\ &= \sin x(1-2\sin^2 x) + \cos x(2\sin x \cos x)\\ &= \sin x - 2\sin^3 x + 2\sin x(1-\sin^2 x)\\ &= 3\sin x - 4\sin^3 x\end{aligned}$$

삼각함수의 덧셈 정리와 배각 공식으로부터 다음의 성질을 알 수 있다.

삼각함수의 성질 3: 반각공식

1. $\sin^2 x = \dfrac{1-\cos 2x}{2}$ 2. $\cos^2 x = \dfrac{1+\cos 2x}{2}$ 3. $\tan^2 x = \dfrac{1-\cos 2x}{1+\cos 2x}$

예제 4.16

$\sin x = \dfrac{3}{5}$ (단, $\dfrac{\pi}{2} < x < \pi$)일 때, $\sin\dfrac{x}{2}$의 값을 구하시오.

풀이

제2사분면의 각이므로 $\cos x < 0$이고 $\sin\dfrac{x}{2} > 0$이다. 이때

$$\cos x = -\sqrt{1-\sin^2 x} = -\frac{4}{5}$$

이므로

$$\sin\frac{x}{2} = \sqrt{\frac{1-\cos x}{2}} = \frac{3}{\sqrt{10}}$$

이다.

예제 4.17

$\sin 22.5°$의 값을 구하여라.

풀이

$22.5°$는 $45°$의 반이다. 따라서

$$\sin 22.5° = \sin\frac{45°}{2} = \sqrt{\frac{1-\cos 45°}{2}} = \frac{\sqrt{2-\sqrt{2}}}{2}$$

이다.

덧셈정리를 이용하면 두 삼각함수의 곱을 합, 차로 바꾸는 공식이 다음과 같이 유도된다.

삼각함수의 성질 4: 곱을 합, 차로 바꾸는 방법

1. $\sin x\cos y = \dfrac{1}{2}[\sin(x+y)+\sin(x-y)]$

2. $\cos x \sin y = \frac{1}{2}[\sin(x+y) - \sin(x-y)]$

3. $\cos x \cos y = \frac{1}{2}[\cos(x+y) + \cos(x-y)]$

4. $\sin x \sin y = \frac{1}{2}[\cos(x-y) - \cos(x+y)]$

예제 4.18

다음 삼각함수의 값을 구하시오.

$$\sin 20^\circ \sin 40^\circ \sin 80^\circ$$

풀이

$$\begin{aligned}
\sin 20^\circ \sin 40^\circ \sin 80^\circ &= (\sin 40^\circ \sin 20^\circ) \sin 80^\circ \\
&= -\frac{1}{2}(\cos 60^\circ - \cos 20^\circ) \sin 80^\circ \\
&= -\frac{1}{4} \sin 80^\circ + \frac{1}{2} \sin 80^\circ \sin 20^\circ \\
&= -\frac{1}{4} \sin 80^\circ + \frac{1}{2} \cdot \frac{1}{2}(\sin 100^\circ + \sin 60^\circ) \\
&= -\frac{1}{4} \sin 80^\circ - \sin(180^\circ - 80^\circ) - \frac{\sqrt{3}}{2} \\
&= -\frac{1}{4}\left(\sin 80^\circ - \sin 80^\circ - \frac{\sqrt{3}}{2}\right) = \frac{\sqrt{3}}{8}
\end{aligned}$$

두 삼각함수의 곱을 합 또는 차로 바꾸는 공식에서 반대로 두 삼각함수의 합과 차를 곱으로 바꾸는 공식도 다음과 같이 얻을 수 있다.

삼각함수의 성질 5: 합, 차를 곱으로 바꾸는 방법

1. $\sin x + \sin y = 2 \sin \frac{x+y}{2} \cos \frac{x-y}{2}$

2. $\sin x - \sin y = 2 \cos \frac{x+y}{2} \sin \frac{x-y}{2}$

3. $\cos x + \cos y = 2 \cos \frac{x+y}{2} \cos \frac{x-y}{2}$

4. $\cos x - \cos y = -2\sin\frac{x+y}{2}\sin\frac{x-y}{2}$

예제 4.19

$\sin 5^\circ + \sin 125^\circ - \sin 115^\circ$ 의 값을 구하여라.

풀이

$$\begin{aligned}\sin 5^\circ + \sin 125^\circ - \sin 115^\circ &= \sin 5^\circ + (\sin 125^\circ - \sin 115^\circ)\\ &= \sin 5^\circ + 2\cos\frac{125^\circ + 115^\circ}{2}\sin\frac{125^\circ - 115^\circ}{2}\\ &= \sin 5^\circ + 2\cos 120^\circ \sin 5^\circ\\ &= \sin 5^\circ - 2\cos 60^\circ \sin 5^\circ\\ &= \sin 5^\circ - 2\cdot\frac{1}{2}\sin 5^\circ = 0\end{aligned}$$

이다.

4.3 연습문제

1. $\sin x + \cos x = \dfrac{1}{2}$ 일 때 $\sin x - \cos x$ 의 값을 구하여라.

2. $\sin\left(x + \dfrac{\pi}{3}\right) + \cos\left(x + \dfrac{\pi}{6}\right) = \sqrt{3}\cos x$ 임을 밝혀라.

3. $\sin x = \sqrt{\sqrt{3} - 1}$ 일 때 다음을 구하여라.

   (a) $\sin^4 x + \cos^4 x$ (b) $\cos^2 x - 3\sin^2 x$

4. 다음 등식이 성립함을 보여라.

   (a) $\cos^4 x - \sin^4 x = 1 - 2\sin^2 x$ (b) $(1 + \tan^2 x)(1 - \sin^2 x) = 1$

5. 다음 식을 간단히 하여라.

   (a) $\cos\theta + \sin\left(\dfrac{\pi}{2} - \theta\right) + \cos(\pi + \theta) + \cos\left(\dfrac{3\pi}{2} + \theta\right)$

   (b) $\tan(45° + \theta)\tan(45° - \theta)$ (단, $0 < \theta < 45°$)

6. 다음 함수의 주기를 구하여라.

   (a) $y = 2\sin x$ (b) $y = 2\sin\dfrac{x}{2}$ (c) $y = \cos 4x$

7. 다음 삼각함수의 값을 구하여라.

   (a) $\sin 80° - \sin 40° - \sin 20°$ (b) $\cos 5° + \cos 115° + \cos 125°$

《등산로》

어느 라디오 대담 프로그램에 출연한 사람이 자신의 과거와 현재에 대해 소개하고 있었다. 그 사람은 자신의 어두운 과거를 되돌아보며 자신도 한때는 약물과 알콜 중독으로 심한 정신적 혼란과 고통을 겪었지만 이제 자신은 정신적 성숙과 훌륭한 상담소 덕분으로 과거와는 360° 다른 삶을 살게 되었고 말해버렸다. 아직도 약물 중독 상태??

4.4 역삼각함수

사인함수 $y=\sin x$는 일대일 함수가 아니다. 그러나 정의역을 $\left[-\frac{\pi}{2},\ \frac{\pi}{2}\right]$로 제한하면 $y=\sin x$ $\left(-\frac{\pi}{2}\le x\le\frac{\pi}{2}\right)$는 일대일 함수이다. 따라서 사인함수는 역함수를 갖는다. 이 역함수를

$$y=\sin^{-1}x \text{ 또는 } y=\arcsin x$$

로 나타내기로 한다.

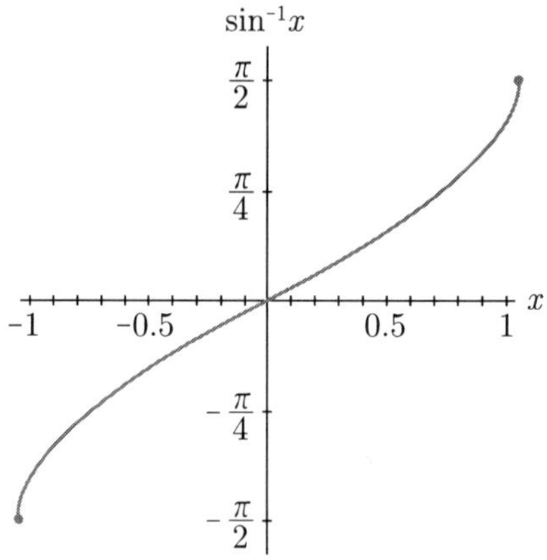

[참고]

$y=\sin^{-1}x$ 그래프는 $y=\sin x$의 그래프와 $y=x$에 대칭이다. $y=\sin^{-1}x$의 기하학적 의미는 $x=\sin y$일 때, 이 호(arc)의 길이가 y이다. 따라서 y는 sine 값이 x인 각에 해당하는 호의 길이다. 이런 이유로 $y=\arcsin x$라고 쓰기도 한다. 또, $y=\sin^{-1}x\neq\frac{1}{\sin x}=(\sin x)^{-1}$임에 주의한다.

1. $\sin 0=0$이므로 $\sin^{-1}0=0$이다.
2. $\sin\frac{\pi}{3}=\frac{\sqrt{3}}{2}$이므로 $\sin^{-1}\frac{\sqrt{3}}{2}=\frac{\pi}{3}$이다.
3. $\sin\left(-\frac{\pi}{4}\right)=-\frac{\sqrt{2}}{2}$이므로 $\sin^{-1}\left(-\frac{\sqrt{2}}{2}\right)=-\frac{\pi}{4}$이다.

sine 함수와 마찬가지로, cosine 함수도 일대일 함수가 아니다. 그러나 정의역을 $[0,\ \pi]$로 제한한 함수 $y=\cos x(0\le x\le\pi)$는 일대일 함수이다. 이 함수의 역함수를 $y=\cos^{-1}x$ 또는 $y=\arccos x$로 나타내기로 한다.

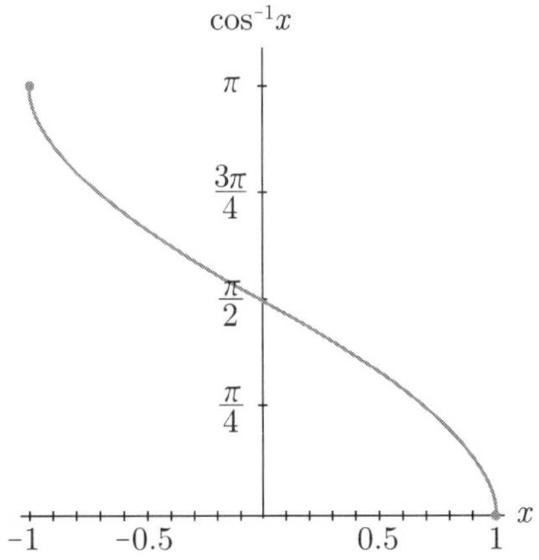

[참고]

$y = \cos^{-1} x$의 그래프는 $y = \cos x$의 그래프와 $y = x$에 대하여 대칭이다.

예제 4.20

1. $\cos \frac{\pi}{6} = \frac{\sqrt{3}}{2}$ 이므로 $\cos^{-1} \frac{\sqrt{3}}{2} = \frac{\pi}{6}$ 이다.
2. $\cos \frac{2\pi}{3} = -\frac{1}{2}$ 이므로 $\cos^{-1} \left(-\frac{1}{2}\right) = \frac{2\pi}{3}$ 이다.

예제 4.21

1. $\cos(\cos^{-1} 0.6) = 0.6$ 이다.
2. $\sin^{-1} \left(\sin \frac{3\pi}{2}\right) = \sin^{-1}(-1) = -\frac{\pi}{2}$ 이다.

$y = \tan x$의 정의역을 $\left(-\frac{\pi}{2}, \frac{\pi}{2}\right)$로 제한하면 역함수를 갖고, 그 역함수를 $y = \tan^{-1} x$ 또는 $y = \arctan x$라고 쓴다.

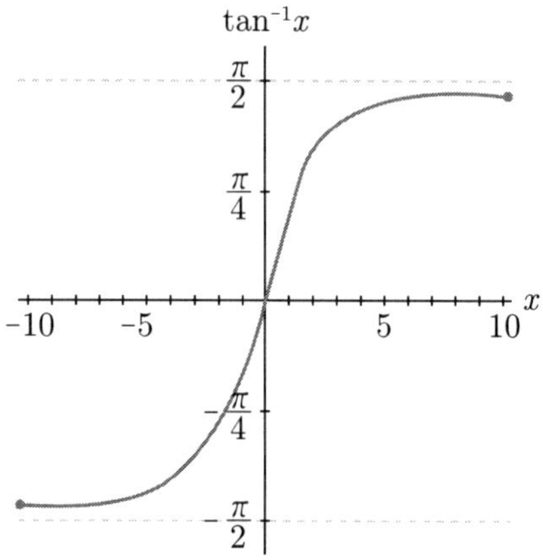

[참고]

$y = \tan^{-1} x$ 그래프는 $y = \tan x$와 $y = x$에 대하여 대칭이다.

예제 4.22

$\tan^{-1} 1 = \frac{\pi}{4}$, $\tan^{-1}(-\sqrt{3}) = -\frac{\pi}{3}$이다.

예제 4.23

$\cos(2\tan^{-1} x) = \frac{1-x^2}{1+x^2}$임을 밝혀라.

풀이

$\theta = \tan^{-1} x$라 두고, 2배각의 공식 $\cos 2\theta = 2\cos^2\theta - 1$을 적용하면

$$\begin{aligned}\cos(2\tan^{-1} x) &= \cos 2\theta = 2\cos^2\theta - 1 \\ &= \frac{2}{\sec^2\theta} - 1 = \frac{2}{1+\tan^2\theta} - 1 \\ &= \frac{2}{1+x^2} - 1 = \frac{1-x^2}{1+x^2}\end{aligned}$$

이다.

그 외의 삼각 함수들도 정의역을 각각 다음과 같이 제한하면 역함수를 가진다.

$$\begin{cases} y = \sec x \left(0 \le x \le \pi,\ x \ne \dfrac{\pi}{2}\right) \\ y = \sec^{-1} x (0 \le y \le \pi) \end{cases}$$

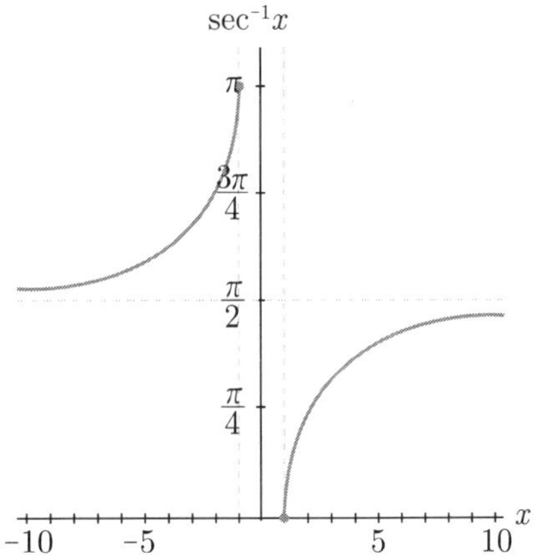

$$\begin{cases} y = \csc x,\ \left(-\dfrac{\pi}{2} \le x \le \dfrac{\pi}{2},\ x \ne 0\right) \\ y = \csc^{-1} x,\ \left(-\dfrac{\pi}{2} \le y \le \dfrac{\pi}{2}\right) \end{cases}$$

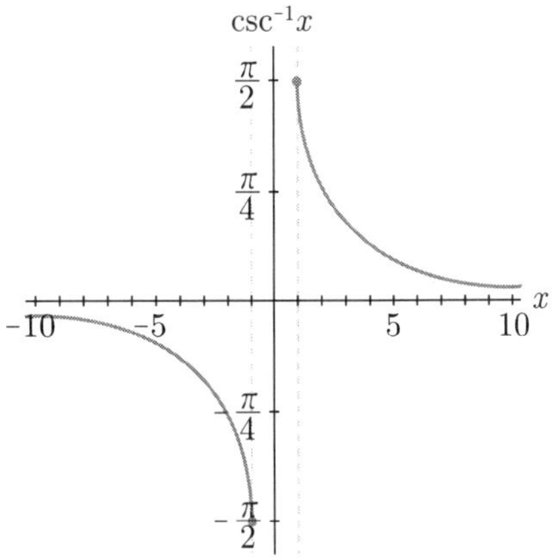

$$\begin{cases} y = \cot x,\ (0 < x < \pi) \\ y = \cot^{-1} x,\ (0 < y < \pi) \end{cases}$$

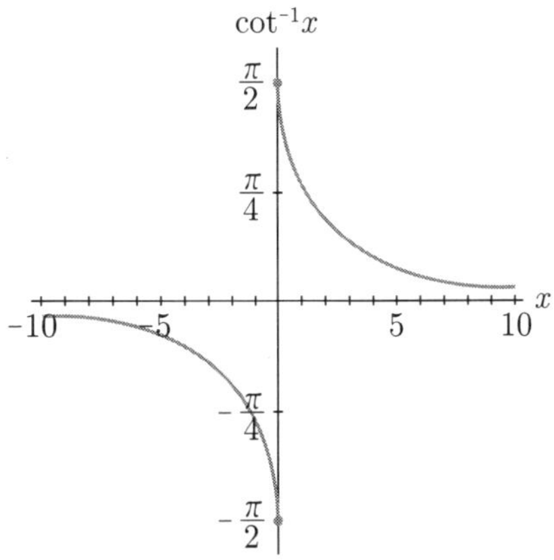

예제 4.24

$\sec\left(\dfrac{2}{3}\pi\right) = -2$이므로 $\sec^{-1}(-2) = \dfrac{2}{3}\pi$이다.

[참고]

역삼각함수는 미분적분에서 중요하게 사용된다. 즉 역삼각함수의 미분은 기본적인 무리함수와 분수함수로 연결된다.

$$\frac{d}{dx}\sin^{-1}x = \frac{1}{\sqrt{1-x^2}},$$

$$\frac{d}{dx}\cos^{-1}x = -\frac{1}{\sqrt{1-x^2}},$$

$$\frac{d}{dx}\tan^{-1}x = \frac{1}{1+x^2}$$

$$\int \frac{dx}{a^2+x^2} = \frac{1}{a}\tan^{-1}\frac{x}{a} + c$$

$$\int \frac{dx}{a^2-x^2} = \sin^{-1}\frac{x}{a} + c$$

4.4 연습문제

• 다음 값을 구하시오. (1-9)

1. $\cos^{-1}\left(\dfrac{\sqrt{3}}{2}\right)$
2. $\sin^{-1}\left(\dfrac{\sqrt{3}}{2}\right)$
3. $\tan^{-1}(\sqrt{3})$
4. $\sec^{-1}(-2)$
5. $\sin(\csc^{-1}(1))$
6. $\cot\left(\sin^{-1}\left(\dfrac{1}{2}\right)\right)$
7. $\csc^{-1}(-\sqrt{2})$
8. $\cot^{-1}\left(\dfrac{1}{\sqrt{3}}\right)$
9. $\sin^{-1}\left(\sin\dfrac{3}{2}\pi\right)$

• 다음 등식이 성립함을 보이시오. (10-19)

10. $\sin(\tan^{-1}x) = \dfrac{x}{\sqrt{1+x^2}}$
11. $\sin(\cos^{-1}x) = \sqrt{1-x^2}$
12. $\tan(\sin^{-1}x) = \dfrac{x}{\sqrt{1-x^2}}$
13. $\cos(2\sin^{-1}x) = 1-2x^2$
14. $\cos(\tan^{-1}x) = \dfrac{1}{\sqrt{1+x^2}}$
15. $\cos(\sin^{-1}x) = \sqrt{1-x^2}$
16. $\tan(\sec^{-1}x) = \pm\sqrt{x^2-1}$
17. $\sec(2\cos^{-1}x) = \dfrac{1}{2x^2-1}$
18. $\sec(\tan^{-1}x) = \sqrt{1+x^2}$
19. $\tan(2\tan^{-1}x) = \dfrac{2x}{1-x^2}$

《등산로》

수학에 왕도는 없다.

유클리드가 왕의 가정교사가 되어 기하학(당시의 수학은 기하학뿐인 것으로 생각하고 있었다.)을 공부하고 있었을 때 왕은

"아무리 생각해도 기하학은 너무 어렵고 재미가 없습니다. 좀 더 쉽고 재미있게 공부할 수 없을까요?"

라고 말했다, 그러자 유클리드는

"비록 왕이라 할지라도 기하학을 배우는 방법이 따로 있지는 않습니다."

라고 말했다고 한다. 즉, 기하학은 논리적인 학문이며 따라서 모든 인간이 같은 방법 곧 논리로 생각해야 한다는 가르침이었다.

제 5 장

지수함수와 로그함수

기본적인 **초월함수**(transcendental functions)에는 지수함수, 로그함수, 삼각함수, 쌍곡선 함수 등이 있다. 특히, 지수함수는 자연이나 사회 현상의 수학적 모델로 자주 사용되어 오고 있다. 인구 증가, 방사능 물질의 붕괴, 박테리아 수의 증가뿐 아니라 경제적 효과나 결과 등이 지수함수를 이용한 대표적인 예이다. 이 지수함수의 역함수가 로그함수이다.

5.1 지수

앞서 학습한 다항식의 연산에서의 지수의 정의를 바탕으로 하여 거듭제곱근의 의미와 지수법칙을 확장하여 보자.

정의 5.1

0이 아닌 실수 a와 자연수 n에 대하여

$$a^n = a \times a \times a \times \cdots \times a$$

으로 정의하고 a의 n제곱이라 한다. 특히, a^2을 a의 제곱, a^3을 a의 세제곱이라 하고 일반적으로 $a^2, a^3, \cdots$ 등을 a의 거듭제곱이라고 한다. 또 a^n에서 a를 **밑**(base) 그리고 n을 **지수**(exponent)라 한다.

[참고]

0이 아닌 실수 a에 대하여 $a^0 = 1$으로 정의하고 $a \neq 0$이고 n이 자연수 일 때 $a^{-n} = \dfrac{1}{a^n}$으로 정의한다.

일반적으로 지수는 다음과 같은 성질을 갖는다.

정수 지수의 성질

두 정수 m, n에 대하여 다음이 성립한다.

1. $a^m a^n = a^{m+n}$
2. $(a^m)^n = a^{mn}$
3. $\dfrac{a^m}{a^n} = \begin{cases} a^{m-n}, & m > n \\ \dfrac{1}{a^{n-m}}, & m < n \\ 1, & m = n \end{cases}$
4. $(ab)^m = a^m b^m, \ \left(\dfrac{a}{b}\right)^m = \dfrac{a^m}{b^m}$

예제 5.1

1. $5^{-2} = \frac{1}{5^2} = \frac{1}{25}$
2. $(x+1)^2(x+1)^3 = (x+1)^5$
3. $(a^2b^4)^{-3} = \frac{1}{(a^2b^4)^3} = \frac{1}{a^6b^{12}}$
4. $\frac{a^{10}}{a^2} = a^{10-2} = a^5$
5. $(3x^2)^2 = 3^2(x^2)^2 = 9x^4$

정의 5.2

n이 양의 정수일 때, n제곱하여 실수 a가 되는 수를 a의 n제곱근이라 한다. 특히, $n = 2$일 때 **제곱근**(square root)이라 하고, $n = 3$일 때는 **세제곱근**(cube root)이라 하며, 제곱근, 세제곱근, $\cdots$ 을 통틀어 a의 **거듭제곱근**(radical root)이라 한다.

[참고]

$\sqrt{}$를 **근호**(radical sign)이라 하고, 근호 안의 수를 **피개법수**(radicand)라고 한다.

예제 5.2

27은 3의 세제곱이다($3^3 = 27$). 따라서 3을 27의 세제곱근이라 한다.

예제 5.3

실수 범위 안에서 다음 거듭제곱근을 구하여라.

1. 16의 네제곱근 x
2. $\sqrt[6]{64}$

풀이

1. $x^4 = 16$에서 $x^4 - 16 = 0$의 해를 구하면 $(x-2)(x+2)(x^2+4) = 0$이므로 $x = \pm 2$이다.
2. $2^6 = 64$이므로 $\sqrt[6]{64} = 2$이다.

일반적으로 실수 a의 n제곱근에는 다음 사실이 성립한다.

n제곱근의 성질

1. n이 짝수일 때

   (a) $a > 0$이면 절댓값이 같은 양수와 음수의 두 개가 있으며 그 중에 양인 것을 $\sqrt[n]{a}$, 음인 것을 $-\sqrt[n]{a}$로 나타낸다.

   (b) $a < 0$이면 a의 n제곱근 중에서 실수인 것은 없다.

2. n이 홀수일 때

   (a) $a > 0$이면 양수인 것 $\sqrt[n]{a}$ 하나가 있다.

   (b) $a < 0$이면 음수인 것 $\sqrt[n]{a}$ 하나가 있다.

예제 5.4

1. 9의 제곱근은 ± 3이고, 제곱근 $9(=\sqrt{9})$는 3이다.

2. $\sqrt[3]{8} = 2$이고 $\sqrt[3]{-8} = -2$이다. 그러나 $\sqrt[4]{-16}$은 없다.

거듭제곱근의 성질

1. $(\sqrt[n]{a})^n = a$
2. $\sqrt[n]{ab} = \sqrt[n]{a}\,\sqrt[n]{b}$
3. $\sqrt[n]{\dfrac{a}{b}} = \dfrac{\sqrt[n]{a}}{\sqrt[n]{b}}$
4. $\sqrt[m]{\sqrt[n]{a}} = \sqrt[mn]{a}$
5. $(\sqrt[n]{a})^m = \sqrt[n]{a^m}$

예제 5.5

1. $(\sqrt[3]{a})^3 = a$
2. $\sqrt[4]{6} = \sqrt[4]{2} \cdot \sqrt[4]{3}$
3. $\sqrt[3]{\dfrac{4}{7}} = \dfrac{\sqrt[3]{4}}{\sqrt[3]{7}}$
4. $\sqrt[3]{\sqrt[5]{5}} = \sqrt[15]{5}$
5. $\sqrt[3]{729} = \sqrt[3]{3^6} = (\sqrt[3]{3})^6 = \left[(\sqrt[3]{3})^3\right]^2 = 3^2 = 9$

임의의 정수 p와 양의 정수 q에 대하여 $a^{\frac{p}{q}} = \sqrt[q]{a^p}$, 특히 $a^{\frac{1}{q}} = \sqrt[q]{a}$로 정의하고, 또 임의의 유리수 r에 대하여 $a^r = \dfrac{1}{a^r}$로 정의하면 지수법칙을 다음과 같이 확장할 수 있다.

유리수 지수의 성질

$a > 0$, $b > 0$이고 m, n을 임의의 유리수라 할 때

1. $a^m a^n = a^{m+n}$
2. $(a^m)^n = a^{mn}$
3. $(ab)^m = a^m b^m$

예제 5.6

1. $8^{\frac{2}{3}} = (\sqrt[3]{8})^2 = 4$ 또는 $8^{\frac{2}{3}} = \sqrt[3]{8^2} = 4$으로 계산된다.
2. $(-8)^{\frac{2}{3}} = (\sqrt[3]{-8})^2 = (-2)^2 = 4$
3. $(-8)^{-\frac{2}{3}} = (\sqrt[3]{-8})^{-2} = (-2)^{-2} = \dfrac{1}{4}$

[주의]
유리수 지수에서 $\sqrt{a^2} = |a|$이므로 정수 지수에서의 법칙이 사용되지 않는 경우가 있다.

예제 5.7

$\sqrt{(-2)^2}$의 계산에서 $\sqrt{(-2)^2} = ((-2)^{\frac{1}{2}})^2 = -2$와 같이 계산하면 안 된다. 이 경우에는 $(-2)^2$을 먼저 계산하여 $\sqrt{(-2)^2} = \sqrt{4} = 2$로 하여야 한다.

5.1 연습문제

1. 다음 계산을 하여라.

(a) $\sqrt[4]{81}$ (e) $\sqrt{-16}$ (i) $\sqrt[4]{16}+\sqrt[3]{-27}$ (m) $81^{\frac{2}{3}}$

(b) $(\sqrt[5]{a})^5$ (f) $\sqrt[5]{-32}$ (j) $\sqrt[3]{25}\cdot\sqrt[3]{5}$ (n) $81^{-\frac{2}{3}}$

(c) $\sqrt[3]{-27}$ (g) $\sqrt[3]{(-7)^3}$ (k) $0.00^{\frac{1}{2}}$

(d) $\sqrt[4]{-64}$ (h) $\sqrt{(-3)^2}$ (l) $100^{-\frac{1}{2}}$

2. 다음 계산에서 잘못된 답을 바르게 고쳐라.

(a) $a^{\frac{1}{2}}\times a^{\frac{1}{4}}=a^{\frac{1}{8}}$ (c) $(a^{-2}b^8)^{\frac{1}{4}}=a^2b^2$

(b) $a^{0.4}\div a^{-\frac{1}{3}}=a^{-\frac{4}{3}}$ (d) $(\sqrt{a}+a^{-\frac{1}{2}})^2=0$

3. 점자 부호는 그림과 같이 3개의 점을 갖는 2개의 수직렬로 이루어져 있다. 이 6개의 점이 서로 다른 부분 집합을 이루며 양각되는 방식으로 구별된다. 모두 몇 개의 부호가 가능한가?

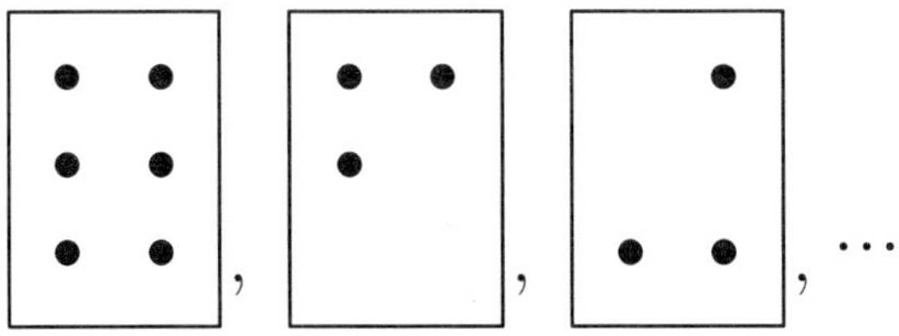

《등산로》

아르키메데스 이전까지 그리스어로 나타낼 수 있는 최대의 수는 1만이었다. 당시에는 현재 우리가 사용하고 있는 수를 대신하여 문자로 수를

$$\alpha = 1,\ \beta = 2,\ \gamma = 3,\ \cdots\ \delta,\ \epsilon,\ \kappa = 10,\ \lambda = 20$$

와 같이 나타내었다. 아르키메데스가 생각한 큰 수의 개념을 오늘날의 수의 표현으로 나타내보면 M은 10,000을 나타내는 문자였다. 이때 1만(M)의 1만 배 ($=10^8$), 즉 1부터 1억 미만까지의 수를 최초의 Octad의 수라고 불렀다.

제2의 Octad의 수는 1억부터 $10^8 \times 10^8 = 10^{16}$ 미만까지의 수를 말하였으며, 1에서 $10^{800000000}$까지의 수를 최초의 period 수라고 불렀다. 다시 제2의 period 수는 $10^8 \times 10^{800000000}$을, 제3의 period 수는 $10^{16} \times 10^{800000000}$을 나타내고 있었다. 아르키메데스는 세계에 흩어져 있는 모래알의 수는 최초의 period 수 중에서 제7의 Octad의 1,000단위와 같은 수, 즉

$$10^8 \times 10^8 \times 10^8 \times 10^8 \times 10^8 \times 10^8 \times 10^3 = 10^{51}$$

보다 적다고 말했다고 한다. 이것은 실제 모래알의 수라기보다는 무한에 대한 사상성 정립에 역점을 두고 그 사상을 설명한 것으로 보는 것이 맞을 것이다.

$\sqrt{\ }$: 이 기호는 1637년에 프랑스 수학자 데카르트에 의하여 처음 사용되었다. 그러나 이 근호가 그의 독창적인 고안은 아니었다. 1525년경 루돌프(Rudolff)라는 학자가 사용했던 기호의 개량인 것이다. 한편 거듭제곱근을 나타내기 위해서 근호 앞에 수를 작게 써넣어가는 방식은 1690년에 프랑스 수학자 롤(Rolle)이 시도하였으나 이미 그보다 훨씬 이전인 1629년에 지라드(Girad)가 제안한 것으로 알려져 있다.

5.2 지수함수

지수함수에 대한 이해를 위하여 다음과 같은 예제를 생각해보자. 평소 말수가 적은 아이에게 아빠와 하루에 하나씩 학교에서 있었던 일에 대하여 대화를 하기로 했다. 이때 아빠는 아이에게 첫날에 2원, 다음날에 4원씩 연속적으로 n번 대화를 할 때마다 2^n원을 준다고 약속했다. 즉, 열흘 동안 계속하여 대화를 하면 1024원을 주겠다고 했다. 20번을 빠짐없이 대화를 시도한 아빠는 이 아이에게 얼마를 주어야 하겠는가? 간단한 계산만으로도 1024×1024는 대략 $1000 \times 1000 = 1,000,000$원 이상의 액수가 된다. 이와 같이 어떤 수가 지수적으로 증가하는 것은 보통의 상상을 뛰어넘는 매우 커다란 수가 된다.

지수함수의 정확한 정의를 다음과 같이 나누어 생각해 보도록 하자.

1. 양의정수 n에 대하여 $a^n = a \cdot a \cdot \cdots \cdot a$, 즉 a를 n번 곱한 것을 의미한다.
2. 0이 아닌 수 a에 대하여, $a^0 = 1$이다.
3. 양의정수 n에 대하여 $a^{-n} = \dfrac{1}{a^n}$으로 정의한다.
4. 유리수 $x = \dfrac{q}{p}$에 대하여 $a^x = a^{\frac{p}{q}} = \sqrt[q]{a^p}$로 정의한다.
5. x가 무리수이면 어떠한 무리수도 유리수로 근사된다는 성질에서 $a^x = \lim_{r \to x} a^r$로 정의할 수 있다.

이 정의가 a^x를 유일하게 결정하고 함수 $f(x) = a^x$를 연속함수로 만든다는 것을 보일 수 있다. (증명은 이 책의 범위를 벗어나므로 생략한다.)

정의 5.3

a를 1이 아닌 임의의 양의 실수라고 하자. 이때 $y = a^x$로 정의된 함수를 a를 밑으로 하는 x의 **지수함수**(exponential function)라고 한다.

예제 5.8

$y = 3^x$, $y = 7^x$는 각각 밑이 3, 7인 지수함수이다. 그러나 $y = x^2$, $y = x^3$ 등은 지수함수가 아니다.

0이 아닌 실수 a를 n번 거듭 곱한 것을 a^n으로 나타내고, a의 n제곱이라 하며 a를 **밑**(base) 그리고 n을 **지수**(exponent)라 한다. 다항식의 곱셈과 나눗셈에는 다음의 지수 법칙이 많이 사용된다.

지수법칙

$a, \in \vec{R}$가 0이 아니고, m, n는 임의의 정수라 할 때, $a^0 = 1$, $a^{-n} = \dfrac{1}{a^n}$으로 정의하면

1. $a^m a^n = a^{m+n}$
2. $(a^m)^n = a^{mn}$
3. $(ab)^m = a^m b^m$

지수법칙에 의하여 다음과 같은 성질이 성립한다.

지수함수의 성질

$a > 0$, $b > 0$일 때, 임의의 실수 x, y에 대하여 다음이 성립한다.

1. $a^x a^y = a^{x+y}$
2. $\dfrac{a^x}{a^y} = a^{x-y}$
3. $(a^x)^y = a^{xy}$
4. $(ab)^x = a^x b^x$
5. $(\frac{a}{b})^x = \dfrac{a^x}{b^x}$

지수함수의 그래프는 다음과 같은 특성을 갖는다.

지수함수 $y = a^x$ $(a > 0,\ a \neq 1)$의 그래프

1. 정의역은 $\{x \mid -\infty < x < \infty\}$이고, 치역은 $\{y \mid y > 0\}$이다.
2. 그래프는 일대일 대응이고, 1, 2사분면에 있다.
3. 그래프는 세 점 $(0,\ 1)$, $(1,\ a)$, $\left(-1,\ \dfrac{1}{a}\right)$을 반드시 지나고, x축을 점근선으로 한다.
4. (a) $a > 1$일 때 x가 증가하면 y값도 증가한다.
   (b) $0 < a < 1$일 때 x가 증가하면 y값은 감소한다.
5. $a > b > 1$이면 $y = a^x$의 그래프가 $y = b^x$의 그래프보다 빠르게 증가한다.
6. $y = a^x$와 $y = \left(\dfrac{1}{a}\right)^x$는 y축에 대해 대칭이다.

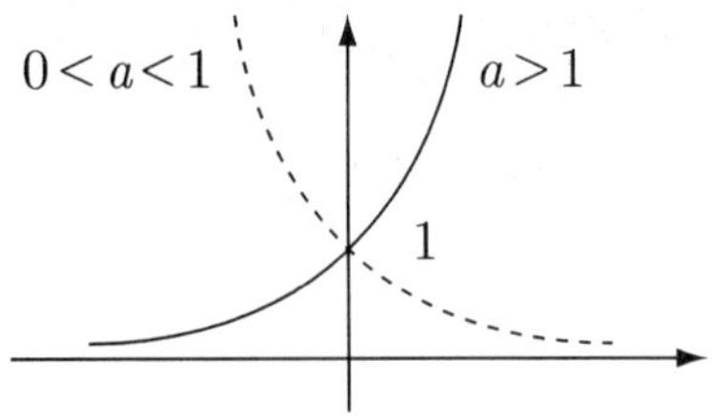

그림 5.1: 지수함수의 그래프

예제 5.9

다음은 밑 a에 따른 지수함수의 그래프이다.

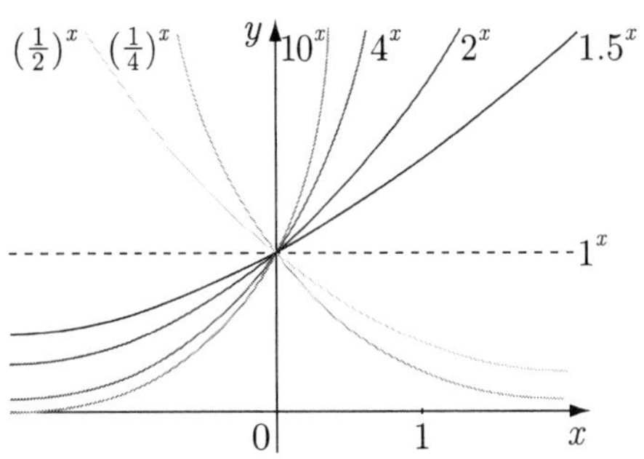

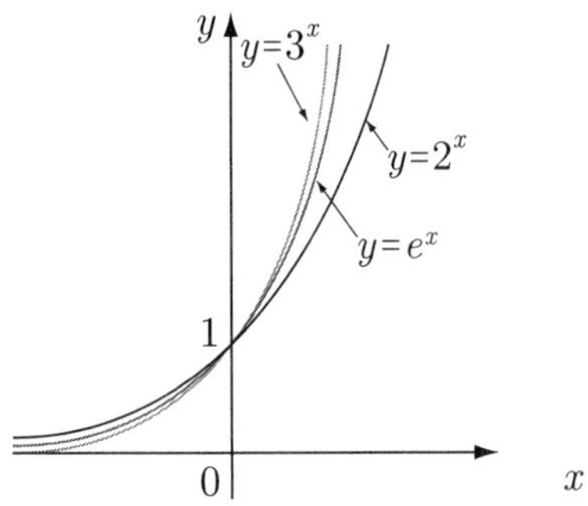

예제 5.10

$y = 3^x$ 의 그래프와 다음 함수의 그래프 사이의 관계를 설명하여라.

1. $y = -3^x$
2. $y = 3^{-x} + 2$
3. $y = (\frac{1}{3})^{x-3}$
4. $y = 3^{|x|}$

풀이

1. $-y = 3^x$ 이므로, $y = 3^x$ 의 그래프를 x축에 대하여 대칭이동하면 된다.
2. $y - 2 = 3^x$ 이므로, $y = 3^x$ 의 그래프를 y축에 대하여 대칭 이동한 다음 y축 방향으로 2만큼 평행 이동하면 된다.
3. $y = 3^{-(x-3)}$ 이므로, $y = 3^x$ 의 그래프를 y축에 대하여 대칭 이동한 다음 x축 방향으로 3만큼 평행 이동하면 된다.
4. $x \geq 0$일 때 $y = 3^x$ 의 그래프이고, $x < 0$일 때 $y = 3^{-x}$ 의 그래프이다.

정의 5.4

지수 함수에서 밑이 e인 경우 이 지수함수를 **자연 지수 함수**(natural exponential function) 라고 한다.

[**참고**]

수 e에 대한 여러 가지 성질과 특성은 다음 절에서 자세히 알아본다.

5.2 연습문제

1. 다음 계산을 하여라.

   (a) $\sqrt[3]{9}\sqrt[3]{3}$

   (b) $\sqrt[3]{\dfrac{1}{64}}$

   (c) $\sqrt{\sqrt{6}}$

   (d) $\sqrt[3]{25}\cdot\sqrt[3]{5}-\sqrt{\sqrt[3]{64}}$

   (e) $4^2\times 8^{-2}\div 16+32^{-\frac{4}{5}}-4^{2^{-1}}$

   (f) $a^2\div a^{\frac{1}{3}}\times a^{-2}$

   (g) $\dfrac{a^2b^6}{(a^{-4}b^2)^{-1}}$

2. $x=\sqrt[3]{4}-\sqrt[3]{2}$일 때, x^3+6x의 값을 구하여라.

3. $e^x=5$일 때 다음 값을 구하여라.

4. (a) $(e^{-2})^{4x}$ (b) $\dfrac{e^x+e^{-x}}{e^{2x}+e^{-2x}}$

5. $y=2^x$의 그래프를 바탕으로 하여 다음 각 함수의 그래프를 그려라.

6. (a) $y=-2^x$

   (b) $y=2^{-x}+1$

   (c) $y=\left(\dfrac{1}{2}\right)^{x-1}$

   (d) $y=2^{|x|}$

《등산로》

지수적 증가와 선형적 증가의 예로 금융 업무를 들 수 있다. 한 은행에 얼마 금액을 저축한 경우 그 이자 계산에 복리계산이 바로 지수적 증가를 의미하고 단리의 계산이 선형적 증가를 의미한다. 복리계산의 예를 들어보면 연 12%의 이자(연이율 0.12)로 최초 1,000원의 금액을 저금하였을 경우 nT년 후 원리합계는

$$1000 \times e^{0.12n}$$

원이 된다. 1년 후의 원리합계는

$$1000 \times (1 + 0.12)$$

이다. 반 년마다 복리일 때 원리합계는 6개월 후에는

$$1000 \times \left(1 + \frac{0.12}{2}\right)$$

이고, 1년 후에는

$$1000 \times \left(1 + \frac{0.12}{2}\right) \times \left(1 + \frac{0.12}{2}\right) = 1000 \times \left(1 + \frac{0.12}{2}\right)^2$$

이 된다. 따라서 $\frac{1}{n}$년 마다 복리이자가 지급된다면 1년 후에는 원리합계가

$$1000 \times \left(1 + \frac{0.12}{n}\right)^n$$

이 된다. 마찬가지로, 매일 복리 이자가 지급된다면 1년 후에는 원리합계가

$$1000 \times \left(1 + \frac{0.12}{365}\right)^{365}$$

원이 된다.

저축의 복리와 유사한 성질의 집단으로 인구 수와 박테리아의 수 등이 있고, 단리와 유사한 성질의 집단으로는 식량생산량 등이 있다. 19세기 초 영국의 경제학자 **맬서스**(Thomas Malthus, 1766~1834)는 **《인구론》**에서 인구의 지수적 증가는 $y = 2^x$을 따르고 식량공급의 선형적 증가는 $y = x + 6$으로부터 시작되므로 가난과 기근은 피할 수 없다고 주장하였다.

일반적으로 지수적 증가는 2^n, 선형적 증가는 n^2, n^3, $\cdots$ 형태를 띠고 있다. 따라서 컴퓨터로 어떤 문제의 처리 절차를 기획할 때 지수적 증가는 피하여야 한다. 예를 들어 행렬식을 구하는 문제는 시간이 오래 걸리는 현상이 발생할 수 있다. 지수적 감소의 형태를 보여주는 예제들에는 다음과 같은 것이 있다. 껌의 단맛, 수학 책을 보는 사람의 수는 방정식의 수에 대해 지수적으로

감소한다. 또, 방사성 원소의 붕괴 비율을 알면 물질이 반으로 줄어드는데 필요한 시간(반감기)을 계산할 수 있다. 모든 생명체는 그 속에 방사성 탄소를 일정 농도 포함하고 있다. 그리고 생명체가 죽으면 방사성 탄소는 붕괴를 시작한다. 그 잔류량으로 연대를 측정하는 연대 방사성 탄소 측정법도 지수적 감소의 유형이다.

5.3 로그

지수함수 $y = a^x (a > 0,\ a \neq 1)$의 정의역은 x의 범위는 실수의 집합이고, 치역인 y의 범위는 양수의 집합으로 일대일 대응이었다. 따라서 임의의 양수 b에 대하여 $a^x = b$인 실수 x는 단 하나로 정해진다. 이 x를 정의하도록 하자.

정의 5.5

지수 $a^x = b$에서 x를 $x = \log_a b$, 즉 $a^x = b \Leftrightarrow x = \log_a b$로 나타내고, x는 a를 **밑**(base)으로 하는 b의 **로그**(logarithm)라 하며, b를 $\log_a b$의 **진수**(anti-logarithm)라고 한다.

예제 5.11

다음 각 식에서 거듭제곱은 로그로, 로그는 거듭제곱으로 변형하여라.

1. $2^0 = 1$
2. $32^{-\frac{1}{5}} = \dfrac{1}{2}$
3. $\log_2 \dfrac{1}{8} = -3$
4. $\log_{\sqrt{2}} 4 = 4$

풀이

1. $\log_2 1 = 0$
2. $\log_{32} \dfrac{1}{2} = -\dfrac{1}{5}$
3. $2^{-3} = \dfrac{1}{8}$
4. $(\sqrt{2})^4 = 4$

한편, $a^0 = 1$, $a^1 = a$이므로 로그의 정의에 의하면 $\log_a 1 = 0$이고 $\log_a a = 1$이다. 또, $\log_a A = m$이고 $\log_a B = n$이라 놓으면 $A = a^m$이고 $B = a^n$이므로 $AB = a^m \cdot a^n = a^{m+n}$여서 $\log_a AB = m + n = \log_a A + \log_a B$이다. 마찬가지로 $\dfrac{A}{B} = \dfrac{a^m}{a^n} = a^{m-n}$여서 $\log_a \dfrac{A}{B} = m - n = \log_a A - \log_a B$ 이다. 한편, $A^r = a^{mr}$여서 $\log_a A^r = rm = r \log_a A$가 된다. 따라서 $a (a > 0,\ a \neq 1)$와 두 양수 A와 B 그리고 실수 r에 대하여 다음의 로그에 관한 성질이 성립한다.

로그의 성질

1. $\log_a 1 = 0$, $\log_a a = 1$
2. $\log_a AB = \log_a A + \log_a B$
3. $\log_a \dfrac{A}{B} = \log_a A - \log_a B$
4. $\log_a A^r = r \log_a A$

예제 5.12

다음 식의 값을 구하여라.

1. $\log 50 + \log 2$　　2. $\log_2 32 - \log_2 4$　　3. $\log_3^5 \sqrt{27}$

풀이

1. $\log 50 + \log 2 = \log(50 \cdot 2) = \log 100 = 2$이다.
2. $\log_2 32 - \log_2 4 = \log_2 \left(\frac{32}{4}\right) = \log_2 8 = 3$이다.
3. $\log_3^5 \sqrt{27} = \log_3 (27)^{\frac{1}{5}} = \frac{1}{5}\log_3 27 = \frac{3}{5}$이다.

로그를 밑으로 하는 변환 공식

1. $\log_a b = \dfrac{\log_c b}{\log_c a}$
2. $\log_a b = \dfrac{1}{\log_b a}$
3. $\log_a b \cdot \log_b c \cdot \log_c a = 1$
4. $\log_{a^n} a^m = \dfrac{m}{n}$

예제 5.13

삼각형의 세 변 a, b, c 사이에

$$\log_{a+b} c + \log_{a-b} c = 2\log_{a+b} c \cdot \log_{a-b} c$$

가 성립하면 이 삼각형은 직각 삼각형임을 보여라. (단, $c \neq 1$)

풀이

로그의 밑을 모두 c로 변형하면

$$\frac{1}{\log_c(a+b)} + \frac{1}{\log_c(a-b)} = \frac{2}{\log_c(a+b)} \cdot \frac{1}{\log_c(a-b)}$$

이다. 양변에 $\log_c(a+b) \cdot \log_c(a-b)$ 를 곱하면 $\log_c(a-b) + \log_c(a+b) = 2$로부터 $\log_c(a-b)(a+b) = 2$가 되어 $a^2 - b^2 = c^2$이 된다. 이때 $a^2 = b^2 + c^2$이므로 a를 빗변으로 하는 직각삼각형이다.

5.3 연습문제

1. 다음 로그의 값을 구하여라.

(a) $\log_{10} \dfrac{1}{1000}$ (b) $\log_{\sqrt{5}} 25$ (c) $\log_2 \sqrt[3]{2^2}$

2. 다음 값을 구하여라.

(a) $\log_2 32 + \log_3 81 - \log_3 \dfrac{1}{9}$ (b) $\log \sqrt{2} + \dfrac{1}{2} \log \dfrac{1}{3} - 3 \log \sqrt[3]{6}$

3. $\log 2 = p$, $\log 3 = q$일 때 $\log 28.8$을 p와 q로 나타내어라.

4. 양의 유리수 x, y, z가 $\log_2 x + 2\log_4 y + 3\log_8 z = 1$을 만족할 때 $\{(2^x)^y\}^z$의 값을 구하여라.

5. 세 실수 $a = 3^{\log_3 2}$, $b = \dfrac{1}{\log_2 3} + \dfrac{1}{\log_3 2}$, $c = \log_4 2 + \log_9 3$의 크기를 비교하여라.

《등산로》

과학과 수학의 관점에서 볼 때 지수함수에서 특별한 밑을 생각할 수 있다. 이 밑은 2와 3 사이의 무리수로서 e라고 쓰기로 한다. e는 1741년 스위스 수학자 **오일러**(Leonhard Euler)에 의하여 처음 소개되었다. 이 수의 소수점 값은 약 e 2.718281828459045$\cdots$ 이다. e는 다음과 같이 여러 가지로 정의된다.

- 다음 수열의 극한 값. $e = \lim_{n\to\infty}(1+\frac{1}{n})^n = \lim_{n\to 0}(1+n)^{\frac{1}{n}}$
- 다음의 극한값을 만족하는 a값. $\lim_{h\to 0}\frac{a^h-1}{h}=1$
- 다음의 급수 값. $e = \sum_{k=0}^{\infty}\frac{1}{k!}$

내용물과 봉투의 주소가 일치하는 서로 다른 50통의 편지를 여비서가 마구 흐트려 놓은 후에 다시 그 편지들을 무작위로 봉투 속에 집어 넣을 때 편지의 내용물과 주소가 적어도 한 통이라도 일치하게 될 확률을 구해보자.

먼저 50통의 서로 다른 편지를 무작위로 흐트려 놓고 다시 봉투 속에 넣을 때 단 하나의 내용물과 주소도 일치하지 않을 확률은

$$\frac{(-1)^2}{2!}+\frac{(-1)^3}{3!}+\frac{(-1)^4}{4!}+\cdots+\frac{(-1)^{50}}{50!}$$

이다. 이 값은 거의 $\frac{1}{e}$와 같다. 따라서 적어도 하나의 편지가 정확히 자기 봉투에 들어갈 확률은 $1-\frac{1}{e} \fallingdotseq 0.63$, 즉 63%이다.

5.4 로그함수

정의 5.6

a를 1이 아닌 양의 실수라 할 때, 임의의 양의 실수 x에 대하여 $\log_a x$의 값이 정해지므로, 함수 $y = \log_a x$ $(a > 0,\ a \neq 1)$를 a를 밑으로 하는 x의 **로그함수**(logarithmic function)라고 한다.

로그함수의 그래프의 특성에 대하여 알아본다.

로그함수 $y = \log_a x$ $(a > 0,\ a \neq 1)$의 그래프

1. 정의역은 $\{x | x > 0\}$이고, 치역은 $\{y | -\infty < y < \infty\}$이다.
2. 그래프는 $x > 0$에서 일대일 대응이고, 1, 4사분면에 있다.
3. 그래프는 두 점 $(1,\ 0)$, $(a,\ 1)$을 반드시 지나고, y축을 점근선으로 한다.
4. (a) $a > 1$일 때 x가 증가하면 y값도 증가한다.
   (b) $0 < a < 1$일 때 x가 증가하면 y값은 감소한다.
5. $y = \log_a x$와 $y = \log_{\frac{1}{a}} x$는 x축에 대해 대칭이다.
6. $y = a^x$의 그래프와 $y = \log_a x$의 그래프는 $y = x$에 대하여 대칭이다.

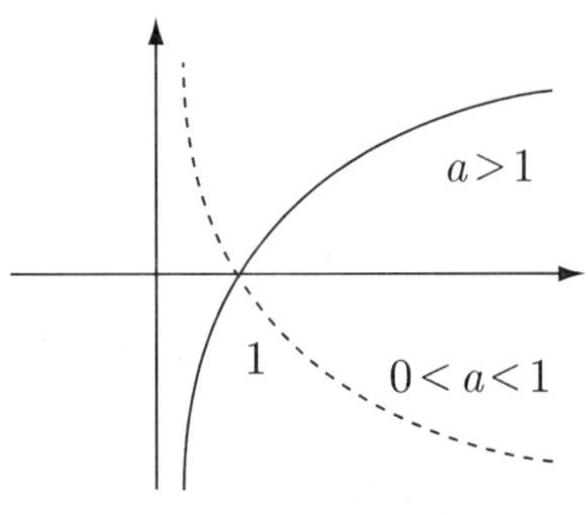

로그함수의 그래프

예제 5.14

다음은 밑 a에 따른 여러 로그함수의 그래프이다.

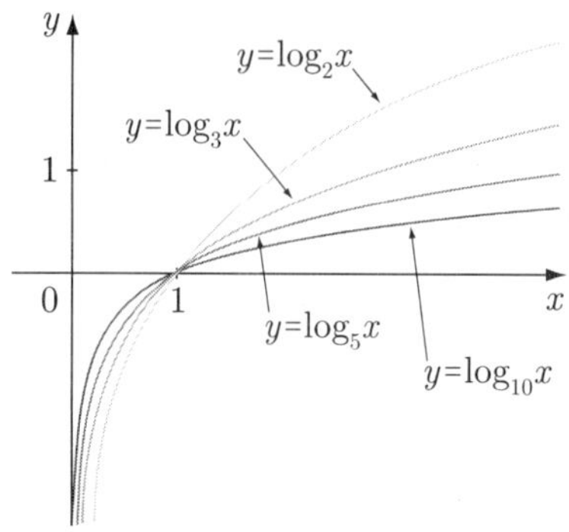

예제 5.15

로그함수 $y = \log_3 x$을 바탕으로 하여 다음 각 함수의 그래프 사이의 관계를 설명하여라.

1. $y = \log_3(x+1)$
2. $y = \log_{\frac{1}{3}}(1-x)$
3. $y = \log_3 |x|$

풀이

1. $y = \log_3(x+1)$은 $y = \log_3 x$의 그래프를 x축 방향으로 -1만큼 평행 이동한다.
2. $y = \log_{\frac{1}{3}}(1-x) = -\log_3\{-(x-1)\}$이므로 $y = \log_3 x$의 그래프를 원점에 대하여 대칭 이동한 다음 x축 방향으로 1만큼 평행 이동한다.
3. $x > 0$일 때 $y = \log_3 x$의 그래프이고, $x < 0$일 때 $y = \log_3(-x)$의 그래프이다.

로그함수의 그래프의 특성 중 (6)은 지수함수와 로그함수가 서로 역함수 관계에 있음을 알려 주고 있다.

> 일반 지수함수 $y = a^x$의 역함수는 일반 로그함수 $y = \log_a x$이다.

오일러가 로그함수 값이 1이 되는 수 e를 발견함에 따라 일반 지수함수인 $y = a^x$ 중에서 $a = e$인 경우의 지수함수인 **자연 지수 함수**(natural exponential function)인 $y = e^x$을 생각하게 되었다. 함수 $y = e^x$의 역함수를 **자연 로그 함수**(natural logarithmic function)라 하고 $y = \ln x$로 쓴다.

[참고]

$y = \log x$는 밑이 10인 **상용로그**(common logarithm)를 나타내는 것으로 $y = 10^x$의 역함수이다.

자연지수함수와 자연로그함수의 특성

$y = e^x$는 정의역 $(-\infty,\ \infty)$에서 증가함수이고, 치역은$(0,\ \infty)$이다. 그러므로 $y = e^x$의 역함수 $y = \ln x$는 정의역이 $(0,\ \infty)$이고 치역은 $(-\infty,\ \infty)$이다.

예제 5.16

지수함수 $y = 4 \cdot 3^{x-1}$의 역함수를 구하여라.

풀이

$y = 4 \cdot 3^{x-1}$에서 $y = 4 \cdot 3^{-1} \cdot 3^x$이다. 따라서 $3^x = \frac{3}{4}y$를 얻는다. 즉,

$$x = \log_3 \left(\frac{3}{4}y \right)$$

로 나타낼 수 있다. 이때 x와 y를 바꾼 $y = \log_3 \left(\frac{3}{4}x \right)$이 주어진 지수함수의 역함수이다.

예제 5.17

로그함수 $y = \log_3(x + \sqrt{x^2 - 4}) - 1$의 역함수를 구하여라.

풀이

주어진 식은 $y + 1 = \log_3(x + \sqrt{x^2 - 4})$이므로

$$3^{y+1} = x + \sqrt{x^2 - 4}$$

이다. 따라서 $3^{y+1} - x = \sqrt{x^2 - 4}$를 얻는다. 양변을 제곱하여 정리하면 $3^{2y} \cdot 3^2 - 6 \cdot 3^y \cdot x = -4$을 얻는다. 따라서

$$x = \frac{4 + 9 \cdot 3^{2y}}{6 \cdot 3^y} = \frac{2}{3}3^{-y} + \frac{3}{2}3^y$$

이다. 여기서 x와 y를 바꾸면 $y = \frac{2}{3}3^{-x} + \frac{3}{2}3^x$가 주어진 로그함수의 역함수이다.

일반로그와 자연로그와의 관계는 다음에서 알 수 있다.

일반로그함수와 자연로그함수의 관계

$y = \log_a x$ 이면 $x = a^y$ 이고 $\ln x = y \ln a$ 이다. 따라서 $y = \dfrac{\ln x}{\ln a}$ 가 성립한다. 즉,

$$\log_{ax} = \frac{\ln x}{\ln a}$$

이다.

예제 5.18

$\log_3 x = \dfrac{\ln x}{\ln 3}$ 이고 $\log x = \dfrac{\ln x}{\ln 10}$ 이다.

[참고]
정의에 의하여 다음이 성립함을 알 수 있다.

$$e^{\ln x} = x,\ x > 0,\ \ln(e^x) = x,\ x \in (-\infty,\ \infty).$$

$f(x) = e^x$ 로 $g(x) = \ln x$ 라 두면

(1) $g(f(x0)) = g(e^x) = \ln(e^x) = x \ln e = x$

(2) $f(g(x)) = f(\ln x) = e^{\ln x}$ 일 때

(1)에서 $\ln e^x = x$ 이므로 $\ln e^{\ln x} = \ln x$ 가 되어 $e^{\ln x} = x\ (x > 0)$ 가 성립한다. (1), (2) 두 함수는 역함수 관계임을 알 수 있다. 두 함수의 그래프는 아래와 같다.

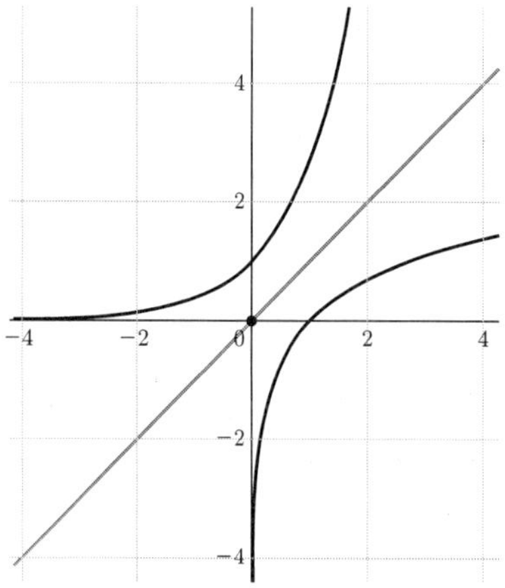

또 $y = a^x$ 와 $y = \log_a x$ 는 역함수 관계에 있음을 알 수 있다.

5.4 연습문제

1. $a > 0$에 대하여 $\log(x+a) = \log x + \log a$가 되도록 하는 x값을 구하여라.

2. $f(x) \equiv \ln x$, $g(x) = e^x$ 일 때 $g(f(x))$와 $f(g(x))$를 구하여라.

3. $f(x) = \log_3 x$일 때, $g(f(x)) = 3x$를 만족하는 $g(x)$를 구하여라.

4. 함수 $y = \log_3 x$의 그래프와 다음 함수의 그래프 사이에는 어떤 관계가 있는지 알아보아라.

   (a) $y = \log_{\frac{1}{3}} x$ (b) $y = \log_3 \frac{1}{x}$ (c) $y = 3^x$

《등산로》

1614년 에든버러에 살던 스코틀랜드의 한 귀족이었던 **네이피어**(Napier)는 **로그의 계산**(logarithm)에 대한 놀라운 사실들을 《**놀라운 로그체계의 기술**》이라는 책으로 발간하였다. 처음에는 **인위적인 수**(artifical number)라는 **표현**을 사용하다가 나중에 **비율의 수**(ratio number)라는 의미를 가진 로가리즘이라는 말을 택했다.

천문학자 **라플라스**(P.S. Laplace, 1749~1827)는

> "로그의 발명으로 일거리가 줄어서 천문학자의 수명은 두 배로 연장되었다."

라고 했다.

로그가 발표된 다음 해에 런던의 그레샴 대학의 기하학 교수인 **브리그스**(H. Briggs, 1561~1631)가 네이피어를 만나 1의 로그 값이 0, 10의 로그 값이 1, 그 외의 로그 값이 10의 적당한 거듭제곱이 되도록 수정하면 로그표가 더욱 유용하리라는 의견의 일치를 보고 브리그스의 로그 또는 **상용로그**(common logarithm)라고 불리는 오늘날의 로그가 탄생하였다.

네이피어의 상상력은 매우 뛰어나서 공상과학 소설을 쓰기도 했는데 설계도면과 도형들을 제시하면서 '반지름 4마일에 걸쳐 1피트 이상의 모든 물체를 전멸시키는 병기'와 '물밑을 다닐 수 있는 배' 그리고 '살아 있는 입을 가지고 모든 방향을 파괴할 수 있는 병기' 등이 개발될 거라고 했다. 이것들은 실제로 기관총, 잠수함, 탱크 등으로 실현되었다.

5.5 지수 방정식과 로그 방정식

정의 5.7

지수에 미지수를 포함하고 있는 방정식을 **지수 방정식**(exponential equations)이라 하고, 부등식을 **지수 부등식**(exponential inequality)이라 한다.

지수방정식의 해법

1. 항이 두 개인 경우
   (a) 밑을 같게 할 수 있는 경우는 $a^{f(x)} = a^{g(x)}$의 꼴로 정리한 후 $f(x) = g(x)$를 푼다.
   (b) 밑을 같게 할 수 없을 때에는 $a^{f(x)} = b^{g(x)}$의 꼴로 정리한 후 양변에 로그를 취해서 계산한다. (다음 절 참조)
2. 항이 세 개인 경우는 $a^x = t$로 치환한 후 t에 관한 정방정식을 푼다.

예제 5.19

$4 \cdot 2^x = 16$일 때 x의 값을 구하여라.

풀이

$2^2 \cdot 2^x = 16$이고 지수법칙에 의해 $2^{2+x} = 2^4$이다. 따라서 $2 + x = 4$, 즉 $x = 2$이다.

예제 5.20

$(3^x)^2 - (3^x) - 6 = 0$을 풀어라.

풀이

$3^x = t$라 하면 주어진 지수 방정식은 t에 관한 이차 방정식 $t^2 - t - 6 = 0$이 된다. $(t-3)(t+2) = 0$으로부터 $t = 3$과 $t = -2$이다. 이때 $t > 0$이므로 $t = 3$이 된다. 따라서 구하는 해는 $3^x = 3$에서 $x = 1$이다.

예제 5.21

다음 연립방정식을 풀어라.

$$\begin{cases} x-y=7 \\ 2^{x+y}=32 \end{cases}$$

풀이

$2^{x+y}=32$에서 $x+y=5$이다. 따라서 주어진 연립방정식은

$$\begin{cases} x-y=7 \\ x+y=5 \end{cases}$$

꼴이 되어 $x=6$이고 $y=-1$이다.

예제 5.22

지수 방정식 $\frac{1}{2^x-1}-\frac{4}{2^x+1}=\frac{2(2-4^x)}{4^x-1}$을 풀어라.

풀이

[해법: 밑이 같은 지수방정식으로 고친다.]

$(2^x-1)(2^x+1)=4^x-1$이므로 방정식의 양변에 4^x-1을 곱하면 $(2^x+1)-4(2^x-1)=2(2-4^x)$, 즉 $2\cdot 4^x-3\cdot 2^x+1=0$이 된다. 이때 $(2^x-1)(2\cdot 2^x-1)=0$에서 $2^x=-1$ 또는 $2^x=\frac{1}{2}$이다. 여기서, $2^x=-1$은 무연근이므로 $2^x=\frac{1}{2}$에서 $x=-1$이다.

예제 5.23

부등식 $\left(\frac{1}{2}\right)^x<4$를 풀어라.

풀이

$a^{f(x)}=a^{g(x)}$에서 $a>1$이면 $f(x)>g(x)$이고, $0<a<1$이면 $f(x)<g(x)$임을 이용하면 $\left(\frac{1}{2}\right)^x<4$에서 $2^{-x}<2^2$이므로 $-x<2$이다. 따라서 $x>-2$이다.

5.5 연습문제

1. 다음 지수 방정식을 풀어라.

   (a) $(2^x)^2 - 2(2^x) + 1 = 0$

   (b) $3^{2x} + 3^{3x} = 10 \cdot 3^{x+2}$

   (c) $6^x + 6 \cdot 6^{-x} = 7$

   (d) $8^{2x+3} = 4 \cdot \sqrt[3]{2}$

2. $2^m + 2^{-m} = t$, $A = 4^m + 4^{-m}$ 이고 $B = 8^m + 8^{-m}$ 일 때 $At - B$ 의 값을 구하여라.

3. 다음 연립방정식을 풀어라.

$$\begin{cases} x + y = 3 \\ 3^x + 3^y = 12 \end{cases}$$

4. 다음 지수 부등식을 풀어라.

   (a) $\left(\frac{1}{2}\right)^{x+1} > 0.125$

   (b) $2^x \geq \frac{1}{4}$

   (c) $(0.1)^x \leq 0.001$

5. 함수 $y = a^{x^2-4x+6}$ 의 최댓값이 0.25 일 때, a 의 값을 구하여라. (단, $0 < a < 1$)

6. $a = x^x$, $x > 1$ 일 때 $x^a = a^x$ 를 만족하는 x 의 해집합을 구하여라.

7. $3^{3-x} = 14$ 를 풀어라.

《등산로》

큰 수의 명칭

거듭제곱	한자	우리 말
1	一	일
10	十	십
10^2	百	백
10^3	千	천
10^4	萬	만
10^8	億	억
10^{12}	兆	조
10^{16}	京	경
10^{20}	垓	해
10^{24}	秭	시
10^{28}	穰	양
10^{32}	溝	구
10^{36}	澗	간
10^{40}	正	정
10^{44}	載	재
10^{48}	極	극
10^{52}	恒河沙	항하사
10^{56}	阿僧祇	아승지
10^{60}	那由他	나유타
10^{66}	不可思議	불가사의
10^{68}	無量大數	무량대수

작은 수의 명칭

10^{-1}	分	푼
10^{-2}	厘	리
10^{-3}	毛	모
10^{-4}	絲	사
10^{-5}	忽	홀
10^{-6}	微	미
10^{-7}	纖	섬
10^{-8}	沙	사
10^{-9}	塵	진
10^{-10}	埃	애
10^{-11}	渺	묘
10^{-12}	漠	막
10^{-13}	模湖	모호
10^{-14}	浚巡	준순
10^{-15}	須臾	수유
10^{-16}	瞬息	순식
10^{-17}	彈指	탄지
10^{-18}	刹那	찰나
10^{-19}	六德	육덕
10^{-20}	虛空	허공
10^{-21}	淸淨	청정
10^{-22}	永劫	영겁
10^{-23}	千載一遇	천재일우

5.6 지수방정식과 로그방정식

정의 5.8

로그의 진수에 미지수를 포함하는 방정식을 **로그 방정식**(logarithmic equations)이라 하고, 부등식을 **로그 부등식**(logarithmic inequality)이라 한다.

로그 방정식의 해법

1. $\log_a f(x) = \log_a g(x)$의 꼴 또는 $\log_a f(x) = b$의 꼴로 정리한 후

$$\log_a f(x) = \log_a g(x) \Leftrightarrow f(x) = g(x)$$

또는

$$\log_a f(x) = b \Leftrightarrow a^b = f(x)$$

를 이용한다.

2. $\log_a x = X$로 치환한다.

3. 양변에 로그를 취한다.

예제 5.24

방정식 $\log_3 x = 1 + \log_3(x-6)$을 풀어라.

풀이

$\log_3 x = \log_3 3 + \log_3(x-6) = \log_3 3(x-6)$이므로 $x = 3(x-6)$에서 $x = 9$이다.

예제 5.25

방정식 $\log x^3 - (\log x)^2 + 10 = 0$을 풀어라.

풀이

$(\log x)^2 - 3\log x - 10 = 0$에서 $\log x = X$라 하면 $X^2 - 3X - 10 = 0$에서 $X = 5$ 또는 $X = -2$이다. 이때 $\log x = 5$에서 $x = 10^5$이고 $\log x = -2$에서 $x = 10^{-2} = \frac{1}{100}$이다.

예제 5.26

다음 방정식 $\log_3(2x+4)(3x-1) = \log_3 8 + \log_3 5$를 풀어라.

풀이

$(2x+4)(3x-1) = 40$에서 $0 = 6x^2 + 10x - 44 = 2(3x+11)(x-2)$이므로 $x = 2$이다.

로그 방정식에서는 진수> 0, 밑$\neq 1$, 밑> 0을 만족해야 한다.

예제 5.27

$\log_2(x^2 + 5x + 2) - \log_2(x+3) = 1$을 풀어라.

풀이

$\log_2(x^2 + 5x + 2) = 1 + \log_2(x+3)$로 하면 $1 = \log_2 2$이므로

$$\log_2(x^2 + 5x + 2) = \log_2 2(x+3)$$

이 된다. 이때 $x^2 + 5x + 2 = 2x + 6$에서 $x^2 + 3x - 4 = (x+4)(x-1) = 0$ 이되어 $x = 1$과 $x = -4$을 얻는다. 이때 진수는 0보다 커야 하므로 구하는 $x = 1$이다.

로그 방정식에서 밑이 다를 경우 $\log_a b = \dfrac{\log_c b}{\log_c a}$ 또는 $\log_a b = \dfrac{1}{\log_b a}$을 이용하여 밑을 통일시킨다.

예제 5.28

로그 방정식 $\log x + \log_x 100 = 3$를 풀어라.

풀이

$$\log_x 100 = \frac{\log 100}{\log x} = \frac{2}{\log x}$$

이다. 이때 $\log x = X$ 로 놓으면 주어진 방정식은 $X + \dfrac{2}{X} - 3 = 0$, 즉 $X^2 - 3X + 2 = 0$ 이 된다. 이때 $X = 1$과 $X = 2$를 얻는다. 따라서 $\log x = 1$에서 $x = 10$이고 $\log x = 2$에서 $x = 100$이다.

예제 5.29

다음 방정식을 풀어라. (단, $a > 0$, $a \neq 1$)

$$(a^{\ln x})(x^{\ln a}) - (a^{\ln x} + x^{\ln a}) - 3 = 0$$

풀이

$\ln a^{\ln x} = \ln x \cdot \ln a = \ln a \cdot \ln x = \ln x^{\ln a}$ 이므로

$$a^{\ln x} = x^{\ln a}$$

이다. $a^{\ln x} = x^{\ln a} = X$ 라 하면 주어진 방정식은 $X^2 - 2X - 3 = 0$ 이고, 이때 $X = -1$ 또는 $X = 3$ 이다. 따라서 $x^{\ln a} = -1$ 일 때 $x = (-1)^{\frac{1}{\ln a}}$ 이고 $x^{\ln a} = 3$ 일 때,

$$x = 3^{\frac{1}{\ln a}}$$

이다.

예제 5.30

로그 부등식 $2\log_{0.1}(1-x) > \log_{10}\dfrac{1}{1+x}$ 을 풀어라.

풀이

[해법: 밑이 같은 로그로 고쳐서, 진수 조건을 확인한다.]

$$\log_{0.1}(1-x) = \frac{\log_{10}(1-x)}{\log_{10} 0.1} = -\log_{10}(1-x)$$

이므로 주어진 식은 $-2\log_{10}(1-x) > \log_{10}\dfrac{1}{1+x}$, 즉 $-2\log_{10}\dfrac{1}{(1-x)^2} > \log_{10}\dfrac{1}{1+x}$ 에서

$$\frac{1}{(1-x)^2} > \frac{1}{1+x}$$

이다. 이때 $(1+x)^2 > (1+x)(1-x)^2$ 에서

$$(1+x)\left\{(x-1)^2 - (x+1)\right\} < 0$$

이다. $(x+1)(x^2-3x) < 0$, 즉 $x(x+1)(x-3) < 0$ 에서 $x < -1$ 또는 $0 < x < 3$ 을 얻는다. 진수 조건이 $-1 < x < 1$ 이므로 구하는 해는 $0 < x < 1$ 이다.

5.6 연습문제

1. 다음 로그 방정식을 풀어라.

(a) $\log_4 \dfrac{x+1}{3} - \log_2(x+1) = \log_4 \dfrac{1}{x+3}$

(b) $\log_x 4 - \log_2 x = 1$

(c) $\log_2(\log_3 x) + 3\log_8(\log_{2n} 3) = 2$

(d) $\dfrac{1}{2}\log(2x+4) - \log\sqrt{3x-4} = \log 2$

(e) $\log_2(x-5) - \log_4(x-2) - 1 = 0$

(f) $\log_3(3x+4) + \log_3(5x+1) = 2(1+\log_3 10)$

2. 다음 로그 부등식을 풀어라.

(a) $\log_{0.1} x > 1$

(b) $\log_{\frac{1}{2}}(2x-1) > 1$

(c) $\log_2(x^3 - 5x^2 + 6x) < 1$

(d) $\log\sqrt{5x+5} > 1 - \dfrac{1}{2}\log(2x-1)$

3. x의 범위가 다음과 같을 때 $\log_{\frac{1}{2}} x$의 범위를 구하여라.

(a) $1 < x < 2$ (b) $x < 1$ (c) $2^n \leq x < 2^{n+1}$

《등산로》

뉴턴(Sir Isaac Newton)은 케임브리지 대학에 입학하였고 후에 그의 스승 **배로**(Barrow)가 가지고 있던 석좌교수직을 승계했다. 당시 뉴턴이 석좌교수로서 강의를 개설했을 때 그 강의를 듣기 위해 구름 같이 몰려든 학생들을 상상할지 모른다. 그러나 그의 강좌에는 너무나 적은 소수의 학생만이 듣고 있었다. 그마저도 그 강의의 내용을 이해한 사람은 거의 없었다. 때로는 학생이 아무도 오지 않아서 혼자 앉아 있기도 했을 정도였다.

뉴턴의 세 가지 법칙

1. 관성의 법칙
2. 중력의 법칙
3. 작용과 반작용의 법칙

그러나 이 3가지 법칙보다도 위대하다고 여겨지는 것이 바로 **미분적분학의 발견**이다.

5.7 쌍곡선 함수와 그 역함수

두 지수함수 e^x 와 e^{-x} 을 적당히 결합하여 얻은 함수들은 수학이나 다른 응용분야에서 자주 이용되기 때문에 이들 함수에 특별한 이름을 부여하고 있다. 이들 함수들은 삼각함수와 많은 점에서 그 성질이 비슷하여 $\sinh x$ 혹은 $\cosh x$ 등으로 표현한다.

지수함수의 특별한 형태로써 다음과 같은 함수를 생각해 보자.

정의 5.9

$$f_1(x) = \frac{e^x - e^{-x}}{2}, \quad f_2(x) = \frac{e^x + e^{-x}}{2}$$

라 하면, 이때 함수 f_1 을 **쌍곡선 사인**(hyperbolic Sine) 함수, f_2 를 **쌍곡선 코사인**(hyperbolic cosine) 함수라 하고 각각 $\sinh x$, $\cosh x$ 로 나타낸다.

[참고]

삼각함수가 원과 관계가 있는 것처럼 이들은 쌍곡선과 관련이 있어서 이들은 쌍곡선함수라고 불린다.

쌍곡선 사인함수와 쌍곡선 코사인함수의 그래프

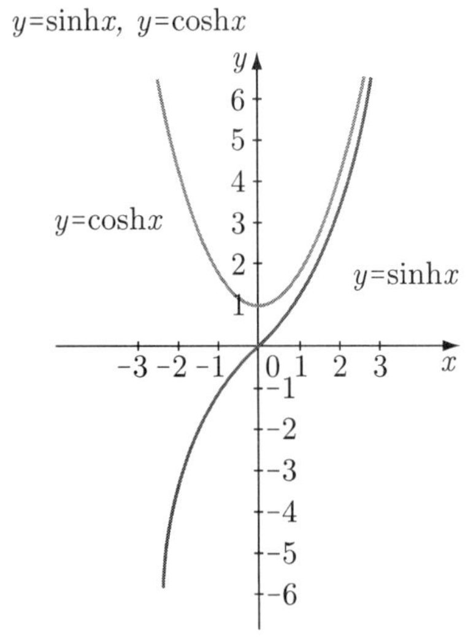

그 외의 쌍곡선 함수

$$\tanh x = \frac{\sinh x}{\cosh x} = \frac{e^x - e^{-x}}{e^x + e^{-x}},\ \text{sech}x = \frac{1}{\cosh x} = \frac{2}{e^x + e^{-x}}$$

$$\text{csch}x = \frac{1}{\sinh x} = \frac{2}{e^x - e^{-x}},\ \coth x = \frac{1}{\tanh x} = \frac{e^x + e^{-x}}{e^x - e^- x}$$

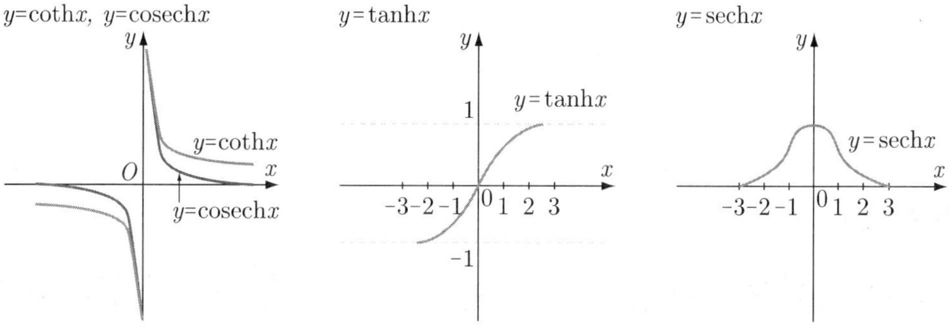

몇 가지 중요한 쌍곡선 함수의 항등식은 다음과 같다.

쌍곡선 함수의 항등식

1. $\sinh(-x) = \sinh x,\ \cosh(-x) = \cosh x$
2. $\cosh^2 x - \sinh^2 x = 1,\ 1 - \tanh^2 x = \text{sech}^2 x,\ \coth^2 x - 1 = \text{sech}^2 x$
3. $\sinh(x+y) = \sinh x \cosh y + \cosh x \sinh y$
4. $\cosh(x+y) = \cosh x \cosh y + \sinh x \sinh y$

증명 5.1

2. $\cosh^2 x - \sinh^2 x = \dfrac{e^{2x} + 2 + e^{-2x}}{4} - \dfrac{e^{2x} - 2 + e^{-2x}}{4} = 1$이다.

$$\begin{aligned}\sinh(x+y) &= \frac{e^{x+y} - e^{-(x+y)}}{2} = \frac{e^x e^y - e^{-x} e^{-y}}{2} \\ &= \frac{(\cosh x + \sinh x)(\cosh y + \sinh y) - (\cosh x - \sinh x)(\cosh y - \sinh y)}{2} \\ &= \sinh x \cosh y + \cosh x \sinh y\end{aligned}$$

이다.

예제 5.31

$\tanh x = \frac{3}{5}$일 때 $\sinh x$의 값을 구하여라.

풀이

$\mathrm{sech}^2 x + \tanh^2 x = 1$에서 $\mathrm{sech}x = \sqrt{1 - (\frac{3}{5})^2} = \frac{4}{5}$이고 $\cosh x = \frac{1}{\mathrm{sech}x} = \frac{5}{4}$이다. 따라서

$$\sinh x = \cosh x \tanh x = \frac{3}{4}$$

이다.

간단한 계산에 의하여 다음과 같은 성질을 알 수 있다.

지수함수 e^x와 e^{-x}와 쌍곡선 함수와의 관계

1. $\cosh x + \sinh x = e^x$

2. $\cosh x - \sinh x = e^{-x}$

한편, $\sinh x$와 $\tanh x$는 증가함수이기 때문에, 역함수를 갖고 $\cosh x$와 $\mathrm{sech}x$도 정의역을 $x \geq 0$로 제한하면 역함수를 갖는다. 따라서 그 역함수를 다음과 같이 정의할 수 있다.

역쌍곡선 함수

$$x = \sinh^{-1} y \ \Leftrightarrow \ y = \sinh x$$
$$x = \cosh^{-1} y \ \Leftrightarrow \ y = \cosh x \ (x \geq 0)$$
$$x = \tanh^{-1} y \ \Leftrightarrow \ y = \tanh x$$
$$x = \mathrm{sech}^{-1} y \ \Leftrightarrow \ y = \mathrm{sech}x \ (x \geq 0)$$
$$\coth^{-1} y \ \Leftrightarrow \ y = \coth x$$
$$x = \mathrm{sech}^{-1} y \ \Leftrightarrow \ y = \mathrm{sech}x$$

쌍곡선 함수는 삼각함수와 달리 지수함수로 정의되었으므로, 역쌍곡선 함수는 다음과 같이 로그함수로 표시할 수 있다.

역쌍곡선 함수

1. $\sinh^{-1} x = \ln(x + \sqrt{x^2+1})$

2. $\cosh^{-1} x = \ln(x + \sqrt{x^2-1}),\ x \geq 1$

3. $\tanh^{-1} x = \dfrac{1}{2}\ln\dfrac{1+x}{1-x},\ -1 < x < 1$

4. $\coth^{-1} x = \dfrac{1}{2}\ln\dfrac{x+1}{x-1},\ x^2 > 1$

5. $\operatorname{sech}^{-1} x = \ln\left(\dfrac{1+\sqrt{1-x^2}}{x}\right),\ 0 < x \leq 1$

6. $\operatorname{sech}^{-1} x = \ln\left(\dfrac{1}{x} + \sqrt{\dfrac{1}{x^2}+1}\right),\ x^2 > 0$

위의 첫 번째 공식 (1)을 유도해 보자. $y = \sinh^{-1} x$에서 $x = \sinh y = \dfrac{e^y - e^{-y}}{2}$이므로 양변에 e^y를 곱하여 정리하면

$$(e^y)^2 - 2x(e^y) - 1 = 0$$

이다. 이 식을 e^y에 관한 2차 방정식으로 생각하고 풀면 $e^y = x \pm \sqrt{1+x^2}$을 얻는다. 이때, y의 모든 값에 대하여 $e^y > 0$이므로

$$e^y = x + \sqrt{1+x^2}$$

이다. 양변에 자연로그 ln을 취하면 $y = \sinh^{-1} x = \ln(x + \sqrt{1+x^2})$을 얻는다.

역쌍곡선 함수들 사이에는 다음과 같은 관계가 성립한다.

역쌍곡선 함수의 성질

1. $\sinh^{-1}\left(\dfrac{1}{x}\right) = \operatorname{sech}^{-1} x$

2. $\cosh^{-1}\left(\dfrac{1}{x}\right) = \operatorname{sech}^{-1} x$

3. $\tanh^{-1}\left(\dfrac{1}{x}\right) = \coth^{-1} x$

증명은 연습문제로 남긴다.

[참고]

역쌍곡선 함수의 미분과 적분도 매우 유용한 도구로 쓰인다.

1. $\dfrac{d}{dx}\sinh^{-1}x = \dfrac{1}{\sqrt{x^2+1}}$

2. $\dfrac{d}{dx}\cosh^{-1}x = \dfrac{1}{\sqrt{x^2-1}}$ $(x > 1)$

3. $\dfrac{d}{dx}\tanh^{-1}x = \dfrac{1}{1-x^2}$ $(|A| < 1)$

4. $\displaystyle\int \frac{1}{\sqrt{x^2+a^2}}dx = \sinh^{-1}\frac{x}{a}$ 또는 $\ln(x+\sqrt{x^2+a^2})$

5. $\displaystyle\int \frac{1}{a^2-x^2}dx = \frac{1}{a}tanh^{-1}\frac{x}{a}$ 또는 $\displaystyle\frac{1}{2a}\ln\left|\frac{a+x}{a-x}\right|$

5.7 연습문제

1. 다음 값을 계산하여라.

   (a) $\sinh 0$ (b) $\cosh 0$ (c) $\sinh(\ln 2)$

2. $\tanh x = \dfrac{4}{5}$일 때 다른 쌍곡선 함수들의 값을 구하여라.

3. 다음을 증명하여라.

   (a) $\sinh^{-1}\left(\dfrac{1}{x}\right) = \operatorname{csch}^{-1} x$

   (b) $\cosh^{-1}\left(\dfrac{1}{x}\right) = \operatorname{sech}^{-1} x$

   (c) $\tanh^{-1}\left(\dfrac{1}{x}\right) = \coth^{-1} x$

《등산로》

자연에서 볼 수 있는 선은 거의 불규칙적이다. 물론 **수정**(水晶)이나 눈의 결정과 같이 규칙적인 경우도 있다. 그러나 규칙적인 곡선의 대부분은 인공적인 것이다. 그중에서 가장 대표적인 것이 **원추곡선**(圓錐曲線)이다. 이 이름은 원뿔을 여러 각도로 잘랐을 때 생기는 곡선이란 뜻으로 붙여진 것이다. 원, 타원, 포물선, 쌍곡선 등이 그것이다.

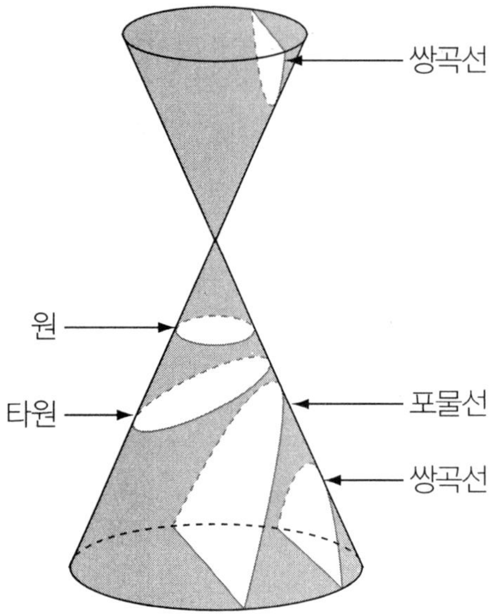

그 외에 또 다른 여러 가지 규칙적인 곡선을 알아보자.

1. A 지점에 있는 사람에게 B 지점에 있던 강아지가 달려가고 있고, 사람은 직선 위를 같은 속도로 달린다고 할 때 강아지가 쫓아 달린 자취를 **추적선**(追跡線)이라 한다.

2. 평면 위에 A점에 있는 물체 P에 길이 AO인 밧줄이 달려 있고, 밧줄 아래쪽 끝 O를 사람이 잡고 직선상을 걸어갈 때, 밧줄의 위쪽 끝 A에 매달린 물체 P가 지나간 자취를 **견인곡선**(堅靭曲線, tractrix)이라 한다.

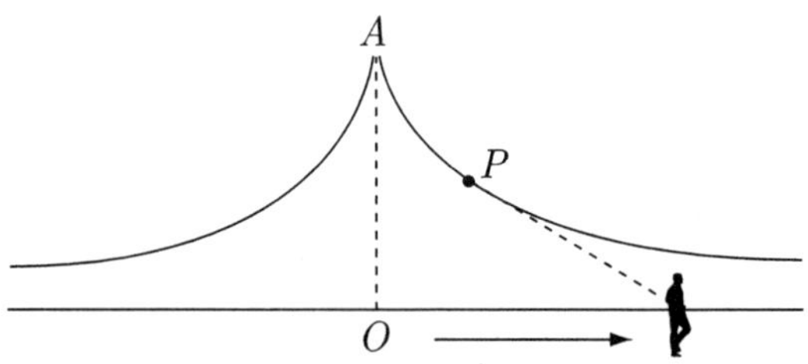

3. 밧줄의 양 끝을 천장의 두 점에 고정시키면 줄은 자신의 무게 때문에 밑으로 쳐지게 된다. 이때 생기는 줄의 모양을 **현수선**(懸垂線)이라고 한다.

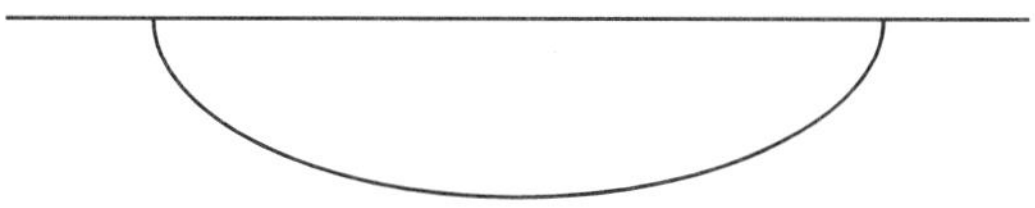

4. 자전거 바퀴에 전등을 달고 달릴 때 전등 빛이 그리는 곡선을 **트로코이드**(trochoid)라고 한다. 이 전등이 바퀴의 가장 자리에 있을 때 이 곡선을 **사이클로이드**(cycloid)라 부른다.

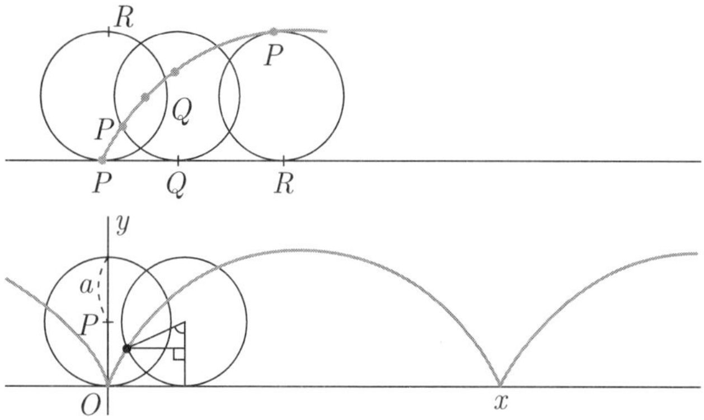

제 6 장
벡터

물리학이나 공학에서 많이 다루는 주제들의 해법을 위해 벡터의 기본성질, 내적과 외적의 계산법 등을 알아보고, 직선과 평면의 의미를 자세히 다룬다.

6.1 좌표 공간

서로 수직으로 만나는 두 **실직선**(real line)은 **평면**을 4등분한다. 이 두 실직선이 만나는 점을 **원점**(origin)이라 하며, 수평인 직선을 x축(x-axis), 수직인 직선을 y축(y-axis)이라 한다. 또한 4등분된 영역을 각각 제1사분면, 제2사분면, 제3사분면, 제4사분면이라 한다.(그림 1)

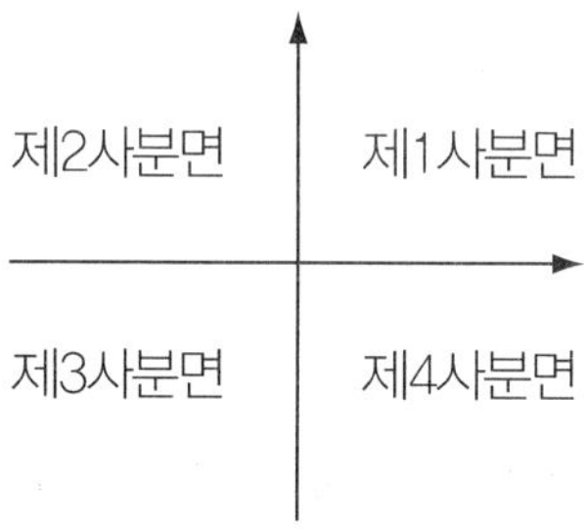

[그림 1]

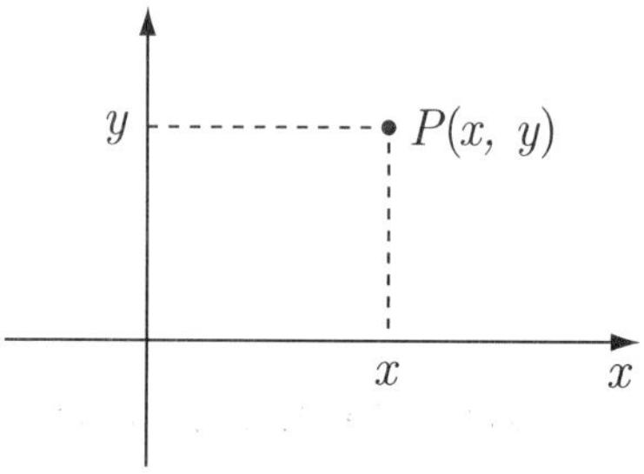

[그림 2]

평면 위의 점 P에 대응하는 점은 P점이 놓인 x축 위의 수 $\boldsymbol{x}$ **좌표**(x-coordinate)와 y축 위의 수 $\boldsymbol{y}$ **좌표**(y-coordinate)의 **순서쌍**(ordered pair) $(x,\ y)$로 나타낸다. 즉, 임의의 점은 한 개의 순서쌍에 대응하고 역으로 임의의 순서쌍은 한 점에 대응한다(그림 2).

밑변이 a이고 높이가 b 그리고 빗변이 c인 직각삼각형에 대해 다음과 같은 관계가 있다.

피타고라스 정리 $a^2 + b^2 = c^2$

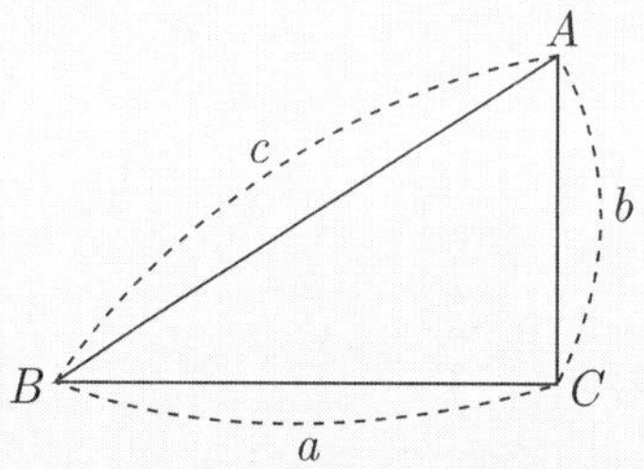

위의 피타고라스 정리를 이용하여 평면 위의 두 점 사이의 거리를 구할 수 있다.

두 점 사이의 거리

직선 위의 두 점 x_1과 x_2 사이의 거리는 $|x_2 - x_1|$이고, 평면 위의 두 점 $(x_1,\ y_1)$과 $(x_2,\ y_2)$ 사이의 거리는

$$d = \sqrt{(x_2 - x_1)^2 + (y_2 - y_1)^2}$$

예제 6.1

피타고라스 정리를 이용하여 점$(1,\ 3)$과 $(5,\ 1)$ 사이의 거리를 구하여라.

풀이

구하는 거리를 d라 하면 피타고라스 정리에 의하여

$$d^2 = (5-1)^2 + (3-1)^2 = 4^2 + 2^2 = 20$$

이다. 따라서 구하는 거리는 $d = 2\sqrt{5}$이다.

예제 6.2

세 점 $A(-2,\ -1)$, $B(4,\ 1)$, $C(3,\ 4)$를 세 꼭지점으로 하는 삼각형은 직각삼각형임을 밝혀라.

풀이

각 변의 길이를 구해보면

$$\begin{aligned}\overline{AB} &= \sqrt{(4+2)^2 + (1+1)^2} = \sqrt{40},\\ \overline{BC} &= \sqrt{(3-4)^2 + (4-1)^2} = \sqrt{10},\\ \overline{CA} &= \sqrt{(-2-3)^2 + (-1-4)^2} = \sqrt{50}\end{aligned}$$

이므로

$$(\overline{AB})^2 + (\overline{BC})^2 = (\sqrt{40})^2 + (\sqrt{10})^2 = (\sqrt{50})^2 = (\overline{CA})^2$$

인 관계가 성립한다. 따라서 주어진 세 점으로 이루어진 삼각형은 변 CA가 빗변인 직각삼각형이다.

예제 6.3

다음 중 원점에서 더 멀리 떨어져 있는 점을 구하여라.

1. $(3,\ 2)$, $\left(4,\ \frac{1}{4}\right)$
2. $(-5,\ 2)$, $(-3,\ 1)$

풀이

1. 원점 $(0,\ 0)$에서 점 $(3,\ 2)$ 사이의 거리는

$$\sqrt{(3-0)^2+(2-0)^2}=\sqrt{13}$$

이고, 원점 $(0,\ 0)$에서 점 $\left(4,\ \frac{1}{4}\right)$ 사이의 거리는

$$\sqrt{(4-0)^2+(\frac{1}{4}-0)^2}=\frac{\sqrt{257}}{4}$$

이다. 이때 $\sqrt{13}=\frac{4\sqrt{13}}{4}<\frac{\sqrt{257}}{4}$이므로 점 $\left(4,\ \frac{1}{4}\right)$이 원점에서 더 멀리 떨어져 있다.

2. 원점 $(0,\ 0)$에서 점 $(-5,\ 2)$ 사이의 거리는

$$\sqrt{(0+5)^2+(0-2)^2}=\sqrt{29}$$

이고, 원점 $(0,\ 0)$에서 점 $(-3,\ 1)$ 사이의 거리는

$$\sqrt{(0+3)^2+(0-1)^2}=\sqrt{10}$$

이다. 이때 $\sqrt{10}<\sqrt{29}$이므로 점$(-5,\ 2)$가 원점에서 더 멀리 떨어져 있다.

예제 6.4

세 점 $O(0,\ 0)$, $A(0,\ a)$, $B(3,\ 1)$이 변$\overline{AB}$가 빗변인 직각삼각형을 이루고 있다고 하자. $\overline{AB}=\sqrt{10}$일 때, a의 값을 구하여라.

풀이

$\overline{AB}=\sqrt{(3-0)^2+(1-a)^2}=\sqrt{10}$이므로

$$9+a^2-2a+1=10 \text{ 이고 } a^2-2a=a(a-2)=0$$

이다. 따라서 $a\neq 0$이므로 $a=2$이다.

6.1 연습문제

1. 다음 두 점 사이의 거리를 구하여라.

   (a) $(2,\ -2)$, $\left(3,\ -\dfrac{1}{4}\right)$

   (b) $(1,\ 5)$, $(3,\ -1)$

   (c) $(\sin\theta,\ \cos\theta)$, $(\cos\theta,\ -\sin\theta)$

   (d) $(a^2,\ -a)$, $(1,\ a)$

2. 꼭지점이 $A(-1,\ 0)$, $B(0,\ 4)$, $C(1,\ -1)$인 삼각형의 넓이를 구하여라.

3. 두 점 $A(x,\ 1)$, $B(1,\ -x)$ 사이의 거리가 $\sqrt{27}$일 때 x값을 구하여라.

4. 원점과 점 $A(2,\ 6)$로 부터 같은 거리에 있는 x축 위의 점을 구하여라.

5. 직선 위의 두 점 x_1과 x_2를 $m : n\ (m,\ n > 0)$으로 내분하는 점 P와 외분하는 점 Q를 구하여라.

6. 평면 위의 두 점 $(x_1,\ x_2)$와 $(y_1,\ y_2)$를 $m : n\ (m,\ n > 0)$으로 내분하는 점 P를 구하여라.

7. 평면 위의 두 점 $(x_1,\ x_2)$와 $(y_1,\ y_2)$를 $m : n\ (m,\ n > 0,\ m \neq n)$으로 외분하는 점 Q를 구하여라.

《등산로》

- **해석기하학**(Analytic Geometry)이란 **데카르트**(Descartes)가 발견했고 또한 변호사 출신의 **페르마**(Pierre Fermat: 1601~1665)가 17세기 초에 독자적으로 발견한 분야로써 좌표라는 수단을 통하여 삼각형 등 각종 도형의 성질을 수식으로 나타내어 대수학적으로 연구하는 분야이다.

- 프랑스의 철학자이자 수학자인 데카르트는 대단한 잠꾸러기라서 언제나 침대 속에서 누워 있는 것을 즐기는 사람이었다. 30년 전쟁 중 병사의 침대에 누워 명상을 하던 중 천장을 기어다니는 파리를 보고 좌표를 떠올렸다고 한다. 이것이 사실인가의 여부보다는 언제나 기하학과 대수학을 이어줄 방법을 찾던 중에 이런 착상이 떠올랐다고 보는 것이 옳을 것이다.

- 고대 그리스 수학자 **피타고라스**(Pythagoras, 585?~500? B.C.)와 그의 스승 **탈레스**(Tales, 640?~546? B.C.)가 최초의 수학자라는 것은 누구도 의심하지 않는 정설이다. 그러나 그들에 대하여 알려진 바는 매우 드물다. 특히 피타고라스에 대해서는 기록이 거의 남아 있지 않다. 피타고라스는 많은 곳을 여행하였고 신비주의적인 피타고라스 학파를 결성하였다. 콩을 먹지 않았으며 **만물은 수**(all is number)라고 주창했다.

◦ **love of wisdom**(지혜 사랑): 철학

◦ **matters learned**(배움의 길): 학문

이라는 단어를 피타고라스가 만들었다고 전해진다. 피타고라스의 정리는 너무나 중요한 정리이다. 그 증명법도 2,500여 년 동안 기하학적 미학의 전형이 되어오고 있다. 실제로 그 증명법은 백여 가지가 넘는 것으로 알려져 있다. 이로 인하여 무리수의 발견이 이루어지고 그의 제자 히파수스가 죽음을 맞게 된다.

6.2 공간벡터의 합과 차

벡터(vector)의 개념은 **뉴턴**(I. Newton), **갈릴레이**(G. Galilei) 등에 의하여 처음으로 생겨났으며 그 이름은 **해밀턴**(Hamilton)에 의해 붙여졌다. 이러한 벡터는 현대 물리학이나 공학의 여러 분야에서 널리 사용되고 있으며, 수학의 많은 부분에서 벡터의 개념을 기초로 하고 있다.

넓이, 길이, 질량, 온도와 같은 물리적 **양**(量)은 그 양의 크기만 주어지면 충분히 나타낼 수 있다. 이와 같은 양을 **스칼라**(scalar)라 한다. 물리적인 양과 크기까지 같이 정해 주어야만 하는 것을 **벡터**(vector)라 한다. 예를 들어 어떤 물체의 무게는 스칼라이지만 바람의 이동은 보통 주어진 바람의 속력과 방향으로 나타내기 때문에 하나의 벡터를 이루게 된다.

벡터는 기하학적으로 2차원, 3차원 공간의 유향성분이라든지 화살표로 표현된다. 화살표에 의하여 그 벡터를 표현하는 경우 주어진 벡터는 4가지로 구성된다. 즉 화살표의 꼬리는 벡터의 **시점**(initial point)을, 화살표의 머리는 벡터의 **종점**(terminal point)을 나타내며, 화살표의 길이는 벡터의 **길이**(length)를 나타내고 벡터의 **방향**(direction)도 함께 표현하고 있는 것이다.

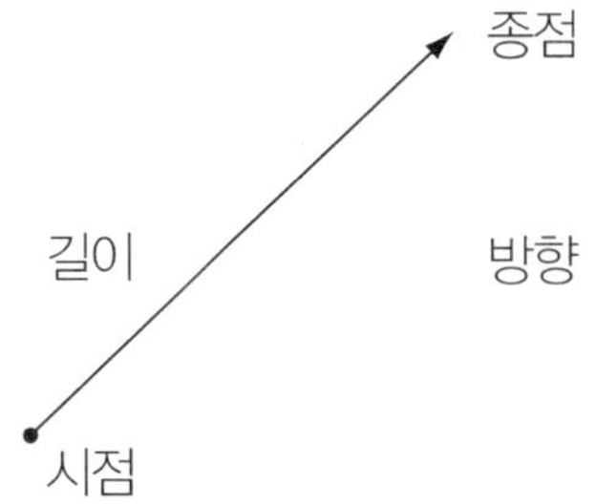

여기서는 벡터를 나타내는 기호로 a, b, k, i, v, $\cdots$ 와 같은 소문자 고딕을 사용하고 특별히 언급이 없는 한 모든 스칼라는 실수로 생각하기로 한다.

벡터 v의 시점이 A이고, 종점이 B인 경우 $v = \overrightarrow{AB}$로 쓰기로 한다(그림 1). 두 벡터가 단지 길이와 방향만 같을 때 두 벡터는 **동치**(equivalent)라 한다(그림 2). 즉, 두 벡터가 서로 다른 위치에 있다 할지라도 단지 방향과 크기만 같은 것을 의미하며 두 벡터가 동치라는 것은 두 벡터의 **성질**(property)이 같다는 것을 의미한다. 동치인 두 벡터를 $v \approx w$와 같이 나타낸다.

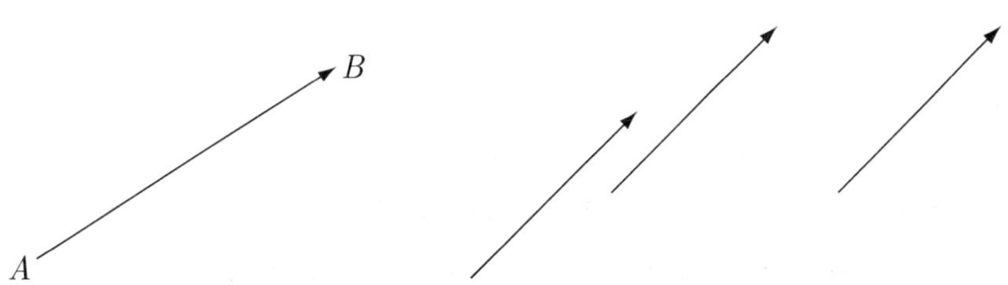

[그림 1] [그림 2]

동치인 두 벡터가 시점과 종점까지 같은 경우 두 벡터는 **같다**(equal)고 하고 $v = w$로 나타낸다. 그러나 벡터의 본질적인 요소가 길이와 방향이므로 두 벡터가 동치라는 것은 두 벡터가 같다는 것을 의미하는 것으로 하기도 한다. 앞으로 본 교재에서는 두 벡터가 동치라는 것은 두 벡터가 동일한 것을 나타내는 것으로 하겠다.

벡터를 포함하는 여러 가지 문제는 직교 좌표계를 이용하면 간단하게 나타낼 수 있다.

2차원 평면 벡터: 그림 3과 같이 2차원 평면상에 나타난 4개의 벡터는 모두 동치이다. 이를 표시하면

$$\overrightarrow{AB} \approx \overrightarrow{CD} \approx \overrightarrow{OP} \approx \overrightarrow{EF}$$

이다.

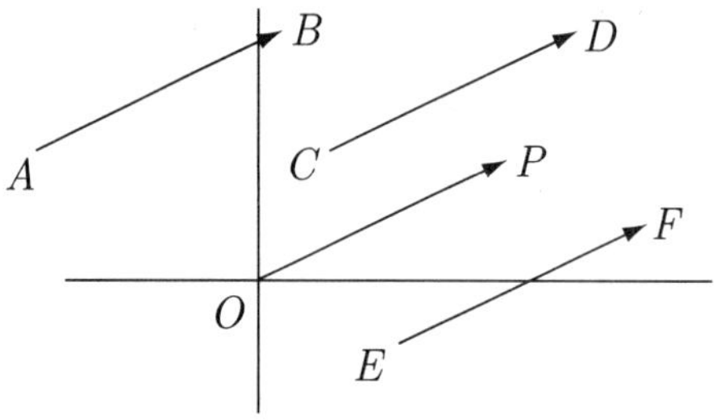

[그림 3]

그림 3에서 4개의 벡터 중에서 시점이 $O(0,\ 0)$이고 종점이 $P(p_1,\ p_2)$인 벡터 $\overrightarrow{OP}$를 사용하고자 할 때 단지 종점만을 나타내도 충분하므로 앞으로는 벡터 $v = \langle p_1,\ p_2 \rangle$와 같이 종점만 쓰기로 한다. 이 벡터 v를 주어진 4개의 벡터의 **대표벡터**(또는 위치벡터)라 하자. 만약 시점이 원점이 아닌 $C(c_1,\ c_2)$이고 종점이 $D(d_1,\ d_2)$인 벡터 $\overrightarrow{CD}$의 취급이 필요한 경우라면 $(d_1 - c_1,\ d_2 - c_2)$를 계산함으로써 위치 벡터로 만들 수 있다.

예제 6.5

시점이 $C(-3,\ 1)$이고 종점이 $D(-1,\ 4)$인 벡터 $\overrightarrow{CD}$의 위치 벡터는

$$< -1 + 3,\ 4 - 1 >=< 2,\ 3 >$$

이다.

두 수 a_1, a_2를 벡터 $a = \langle a_1,\ a_2 \rangle$의 **성분**(component)이라 한다. 따라서 두 벡터 $a = \langle a_1,\ a_2 \rangle$와 $b = \langle b_1,\ b_2 \rangle$가 같을 필요충분조건은 $a_1 = b_1$이고 $a_2 = b_2$인 것이다.

3차원 공간 벡터: 평면상의 벡터가 두 개의 실수를 나열하여 표시할 수 있는 것과 마찬가지로 3차원 공간 내의 벡터에 대해서도 직교 좌표계를 도입함으로써 3개의 실수를 나열하여 표시할

수 있다. 이를 위하여 먼저 고정된 점 O(원점, origin)를 정하고, O에서 서로 수직으로 만나는 세 개의 방향을 가진 직선을 **좌표축**(coordinate axes)이라 부르고, 각각 x축, y축, z축이라 이름 붙인다. 보통 x축과 y축은 수평으로, z축은 연직으로 생각한다. 즉, 그림과 같이 3차원 **좌표계**를 구성하고 각 축의 양의 방향을 지정하여 단위에 의한 길이를 정함으로써 하나의 벡터가 정해지게 된다. 단 본 교재에서는 **오른손 법칙**(right-handed system)만 사용할 것이다.

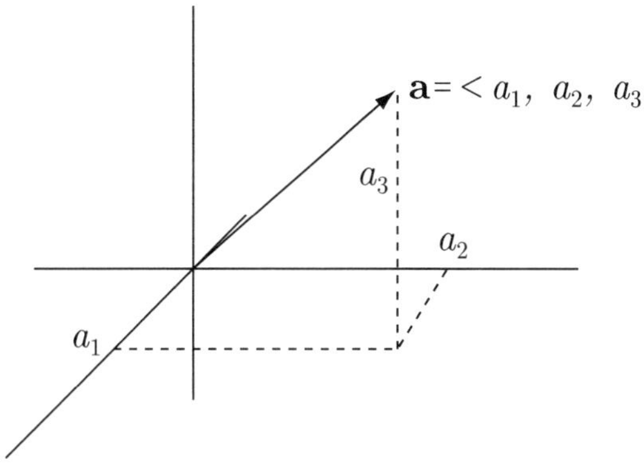

평면벡터와 마찬가지로 두 벡터 $a = \langle a_1,\ a_2,\ a_3 \rangle$와 $b = \langle b_1,\ b_2,\ b_3 \rangle$가 같을 필요충분조건은 $a_1 = b_1$, $a_2 = b_2$이고 $a_3 = b_3$이다.

예제 6.6

시점이 $P_1(-3,\ 1,\ 2)$이고 종점이 $P_2(-1,\ 4,\ 1)$인 벡터 $v = \overrightarrow{P_1P_2}$는 $< -1+3,\ 4-1,\ 1-2 > = < 2,\ 3,\ -1 >$이다.

이제 벡터의 합과 차에 대하여 알아보도록 하자.

> 임의의 두 벡터 v와 w에 대하여 $v+w$를 두 벡터의 **합**(sum)은 벡터 v의 종점에 벡터 w의 시점을 일치시켰을 때 벡터 v의 시점에서 벡터 w의 종점에 이르는 벡터를 의미한다.

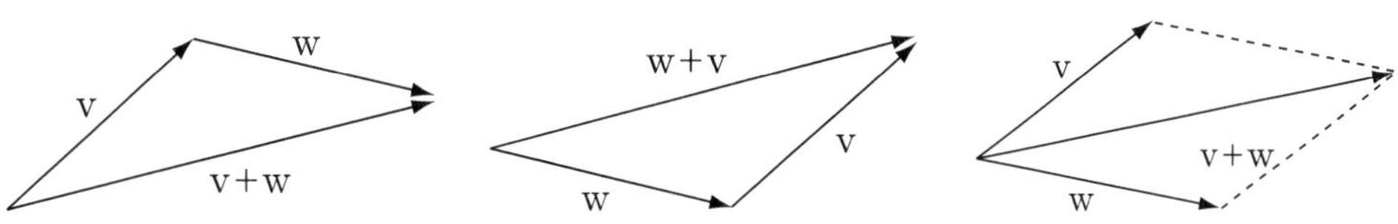

위 그림에서 $v+w = w+v$가 성립함을 알 수 있다. 즉, 두 벡터의 합은 두 벡터가 이루는 평행사변형의 대각선과 일치한다는 것을 알 수 있다. 이것을 **평행 사변형의 법칙**(parallelogram law)이라고 한다.

정의 6.1

길이가 0인 벡터를 **영벡터**(zero vector)라 하고 0으로 표시하며, 모든 벡터 v에 대하여 다음과 같이 정의한다.

$$v + 0 = 0 + v = v$$

벡터 v에 대하여 $2v$라는 것은 벡터 v와 방향은 같지만 길이가 2배인 벡터이다. 또한 $-3v$라는 것은 길이가 3배이지만 방향이 반대인 벡터를 말한다. 특히 $(-1)v$는 대부분의 경우 $-v$라 쓰고 벡터 v와 길이는 같지만 방향이 반대인 벡터를 말한다. 이 벡터는 다음과 같은 성질을 갖는다.

$$\mathrm{v} + (-\mathrm{v}) = (-textv) + \mathrm{v} = 0$$

또한 $-0 = 0$으로 약속한다.

위의 성질에 의해 두 벡터 v와 w의 **차**(difference)를 다음과 같이 정의한다.

$$\mathrm{v} - \mathrm{w} = \mathrm{v} + (-\mathrm{w})$$

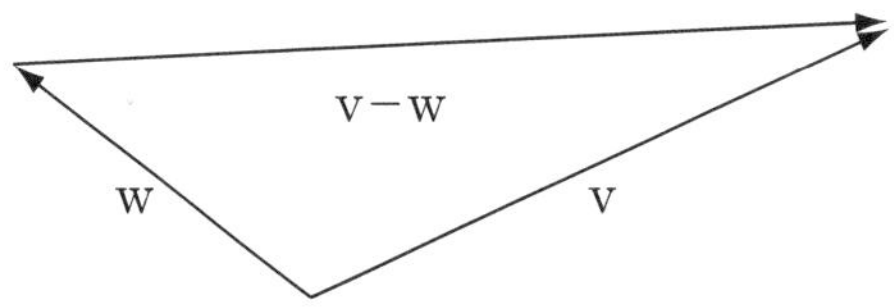

일반적으로 두 벡터는 대응하는 성분을 합함으로써 대수적으로 합할 수 있다. 즉, 두 벡터 $a = \langle a_1,\ a_2,\ \cdots,\ a_n \rangle$와 $b = \langle b_1,\ b_2,\ \cdots,\ b_n \rangle$ 그리고 스칼라 k에 대하여 그 합 $a+b$와 스칼라 배 ka를 다음과 같이 정의한다.

- **합**(addition): $a + b = \langle a_1 + b_1,\ a_2 + b_2,\ \cdots,\ a_n + b_n \rangle$
- **스칼라 배**(scalar multiplication): $ka = \langle ka_1,\ ka_2,\ \cdots,\ ka_n \rangle$

예제 6.7

$a =< 1,\ 2,\ 4 >$이고 $b =< -2,\ 5,\ 3 >$일 때

$$a + b =< -1,\ 7,\ 7 >,\ 3a =< 3,\ 6,\ 12 > \text{ 이고 } a - b =< 3,\ -3,\ 1 >$$

이다.

벡터를 대수적으로 사용하여 벡터의 연산에 관한 다음 법칙들이 성립함을 쉽게 확인할 수 있다.

성질

임의의 벡터 $\mathbf{u}$, $\mathbf{v}$, $\mathbf{w}$와 임의의 스칼라 a, b에 대하여 다음이 성립한다.

1. $\mathbf{u}+\mathbf{v}=\mathbf{v}+\mathbf{u}$
2. $(\mathbf{u}+\mathbf{v})+\mathbf{w}=\mathbf{u}+(\mathbf{v}+\mathbf{w})$
3. $\mathbf{u}+\mathbf{0}=\mathbf{0}+\mathbf{u}=\mathbf{u}$
4. $\mathbf{u}+(-\mathbf{u})=(-\mathbf{u})+\mathbf{u}=\mathbf{0}$
5. $a(b\mathbf{u})=(ab)\mathbf{u}=\mathbf{u}(ab)$
6. $a(\mathbf{u}+\mathbf{v})=a\mathbf{u}+a\mathbf{v}$
7. $(a+b)\mathbf{u}=a\mathbf{u}+b\mathbf{u}$
8. $1\cdot\mathbf{u}=\mathbf{u}$

증명 6.1

공식 6번을 증명한다.

$$\begin{aligned} a(u+v) &= a(\langle u_1+u_2\rangle + \langle v_!,\ v_2\rangle) = a\langle u_1+v_1,\ u_2+v_2\rangle \\ &= \langle a(u_1+v_1),\ a(u_2+v_2)\rangle = \langle au_1+av_1,\ au_2+av_2\rangle \\ &= \langle au_1,\ au_2\rangle + \langle av_1,\ av_2\rangle = a\langle u_1,\ u_2\rangle + a\langle v_1,\ v_2\rangle \\ &= au+av \end{aligned}$$

벡터의 길이와 방향

일반적으로 벡터 $a=\langle a_1, a_2, \cdots, a_n\rangle$의 **길이**(length)를 $|a|$으로 표시하고, 주어진 벡터의 **크기**(norm)라고도 한다. 주어진 벡터의 크기는 다음과 같이 계산한다.

$$|a|=\sqrt{a_1^2+a_2^2+\cdots+a_n^2}$$

예제 6.8

1. 벡터 $a=<1,\ 2>$의 크기는 $|a|=\sqrt{1^2+2^2}=\sqrt{5}$이다.
2. 벡터 $a=<1,\ -2,\ 3>$의 크기는 $|a|=\sqrt{1^2+(-2)^2+3^2}=\sqrt{14}$ 이다.

벡터 $a=\langle a_1,\ a_2,\ \cdots,\ a_n\rangle$ 와 실수 k에 대하여, $ka=\langle ka_1,\ ka_2,\ \cdots,\ ka_n\rangle$이므로 다음이 성립한다.

성질

$$\begin{aligned}|ka| &= \sqrt{(ka_1)^2+(ka_2)^2+\cdots+(ka_n)^2} \\ &= |k|\sqrt{a_1^2+a_2^2+\cdots+a_n^2} \\ &= |k|\ |a|\end{aligned}$$

실수 k가 양이면 벡터 ka는 벡터 a 의 방향과 일치하고, k가 음이면 벡터 a와 반대 방향이다. 또한 $k=0$이면 벡터 ka는 아무 방향도 없다.

정의 6.2

길이가 1인 벡터를 **단위벡터**(unite vector)라 한다.

예제 6.9

벡터 $a = <1,\ 0>$, $a = <1,\ 0,\ 0>$ 등은 단위벡터이다.

어떤 벡터와 방향은 같지만 길이가 1인 벡터에 대하여 생각해 보도록 하자. 앞의 예제 2에서 벡터 $a = <1,\ -2,\ 3>$과 방향이 같으면서 길이가 1인 벡터를 구하려면 주어진 벡터를 그 벡터의 크기로 나누면 된다. 즉, $|a| = \sqrt{14}$이므로 벡터

$$\frac{a}{\sqrt{14}} = \left\langle \frac{1}{\sqrt{14}},\ \frac{-2}{\sqrt{14}},\ \frac{3}{\sqrt{14}} \right\rangle$$

의 크기는 1이다. 일반적으로 어떤 벡터를 그 벡터의 크기로 나누면 그 길이가 1인 단위벡터가 되는데, 이것을 주어진 벡터의 **방향**(direction)이라 정의하고 있다.

정의 6.3

벡터 a의 방향은 $\dfrac{a}{|a|}$이다.

[주의]

단위 벡터 $\dfrac{a}{|a|}$은 벡터 a의 방향을 나타낸다고 보기보다는 그 단위벡터가 벡터 "a의 방향이다" 라고 말한다. $\dfrac{a}{|a|}$가 단위벡터임을 보이기 위하여 그 길이를 계산해보면 다음이 성립한다.

$$\left|\frac{a}{|a|}\right| = \left|\frac{1}{|a|}a\right| = \frac{1}{|a|}|a| = 1$$

6.2 연습문제

1. 좌표공간에서 점 P를 시점으로 하고 점 Q를 종점으로 하는 벡터의 위치벡터를 구하여라.

(a) $P(0,\ 0,\ 0),\ Q(2,\ 1,\ -3)$　　(b) $P(3,\ 2,\ -1),\ Q(5,\ -1,\ -2)$

2. 두 벡터 $a =< 3,\ 1,\ 4 >$와 $b =< 1,\ 5,\ 3 >$에 대하여 다음을 구하여라.

(a) $a + 3b$　　(b) $2a - b$　　(c) $|-a + 2b|$

3. 다음 벡터의 길이와 방향을 구하여라.

(a) $< -1,\ -2,\ 3 >$　　(c) $4j - 2k$

(b) $< -3,\ 4,\ 5 >$　　(d) $3i + 4j - 2k$

《등산로》

큰 수와 작은 수를 나타내는 지수 표기법 대신에 가끔은 접두어가 사용되기도 한다. 가장 일반적인 것으로 **킬로**(kilo, 10^3), **메가**(mega, 10^6), **기가**(giga, 10^9), **테라**(tera, 10^{12})를 사용한다. 또한 **밀리**(milli, 10^{-3}), **마이크로**(micro, 10^{-6}), **나노**(nano, 10^{-9}), **피코**(pico, 10^{-9})를 사용한다. 따라서 1나노초라는 것은 10억분의 1초를 의미하며, 32년을 초로 환산하면 1기가초와 거의 같다. 수학자 **캐스너**(E. Kasner)가 만든 용어 **구글**(googol)은 1 이후에 0을 100개 나열한 수(10^{100})이다. **구글플렉스**(googolplex)는 1 이후에 0을 구글 개만큼 늘어 놓은 수로써 10^{googol}로 정의된다.

공정한 동전을 1,000번 연속해서 던졌을 때 앞면과 뒷면이 나오는 경우의 수는 2^{1000}가지이다. 이 수는 10^{300}으로 표현되며 구글의 세제곱과 같다.

6.3 공간벡터의 내적과 외적

이제 두 벡터의 곱셈에 대하여 다루어 보자. 벡터의 곱셈에는 두 가지(내적, 외적)가 있다. 특히 외적의 경우는 3차원 공간상의 벡터에 대하여만 정의하고 있음에 주의해야 한다. 먼저 두 벡터의 내적을 정의하도록 한다.

정의 6.4

두 벡터 $a = \langle a_1,\ a_2,\ \cdots,\ a_n \rangle$와 $b = \langle b_1,\ b_2,\ \cdots,\ b_n \rangle$의 **내적**(inner product)은 $a \cdot b$로 나타내고 다음과 같이 정의한다.

$$a \cdot b = a_1 b_1 + a_2 b_2 + \cdots + a_n b_n$$

[주의]

벡터의 내적을 **점적**(dot product) 또는 **스칼라 적**(scalar product)이라고도 한다. 두 벡터의 내적의 결과는 스칼라(실수)임에 주목해야 한다.

예제 6.10

다음 벡터의 내적을 구하여라.

1. $a =< 1,\ 2 >,\ b =< 2,\ -3 >$
2. $a =< 0,\ 1,\ 4 >,\ b =< 2,\ 3,\ 2 >$

풀이

1. $a \cdot b = 1 \cdot 2 + 2 \cdot (-3) = 2 - 6 = -4$이다.
2. $a \cdot b = 0 \cdot 2 + 1 \cdot 3 + 4 \cdot (2) = 11$

벡터의 내적에 대하여 다음의 성질들이 성립한다.

정리 6.1

임의의 벡터 u, v, w와 임의의 스칼라 k에 대하여 다음이 성립한다.

1. $u \cdot v = v \cdot u$
2. $u \cdot (v + w) = u \cdot v + u \cdot w$
3. $a(u \cdot v) = (au) \cdot v = u \cdot (av)$
4. $u \cdot 0 = 0$
5. $u \cdot u = |u|^2$

[주의]
마지막 5번 공식으로부터 벡터의 크기는 $|u| = \sqrt{u \cdot u}$로 계산될 수 있음을 알 수 있다.

벡터의 사영(projection)

0이 아닌 두 벡터 a와 b에 대하여 벡터 a를 지나는 직선 위에 벡터 b를 사영하여 얻는 벡터를 a 위로의 b의 사영이라 하고 $proj_a b$ 로 나타낸다.

이때 두 벡터가 이루는 각을 θ라 하면 다음이 성립함을 일 수 있다. a 위로의 b의 사영을 $proj_a b = w$라 할 때

1. $0 \leq \theta \leq \frac{\pi}{2}$인 경우: 벡터 w는 벡터 a와 같은 방향이므로 어떤 스칼라 k가 있어서 $w = ka$이다. 이때 벡터w의 크기 $|w|$는 $|b| \cos\theta$가 되어야 한다. 그러므로

$$|b| \cos\theta = |w| = |ka| = k|a|$$

이다. 따라서

$$k = \frac{|b|}{|a|} \cos\theta = \frac{|b|}{|a|} \frac{a \cdot b}{|b|\ |a|} = \frac{a \cdot b}{|a|^2},$$

즉

$$w = \left(\frac{a \cdot b}{|a|^2}\right) a$$

이다.

2. $\frac{\pi}{2} < \theta \leq \pi$인 경우: 벡터 w를 벡터 a와 반대 방향이라고 하자. 이 벡터의 크기는 $-|b| \cos\theta = k|a|$이다. 그러므로

$$k = -\frac{|b|}{|a|} \cos\theta = -\frac{a \cdot b}{|a|^2}$$

이다. 이때 벡터 w는 a와 반대 방향이므로

$$w = -ka$$

이다. 따라서

$$w = \left(\frac{a \cdot b}{|a|^2}\right) a$$

이다.

즉, 어떤 경우라 하더라도 a 위로의 b의 사영은 $proj_a b = \left(\frac{a \cdot b}{|a|^2}\right) a$ 이다.

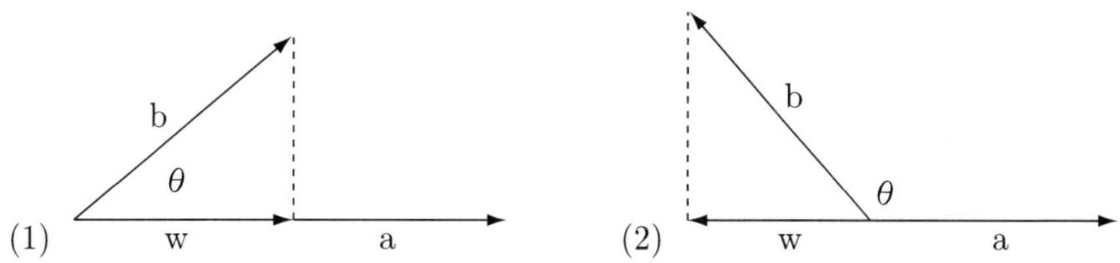

한편 벡터 $proj_a b$의 크기는

$$|proj_a b| = \left| \left(\frac{a \cdot b}{|a|^2} \right) a \right| = \left| \frac{a \cdot b}{|a|^2} \right| |a| = \frac{a \cdot b}{|a|} \tag{6.1}$$

이고 또한

$$|proj_a b| = |b| \cos\theta \tag{6.2}$$

이므로 (1.1)과 (1.2)에서 $\dfrac{a \cdot b}{|a|} = |b|\cos\theta$임을 알 수 있다. 따라서 두 벡터 a와 b의 내적에 대하여 다음이 성립한다.

$$a \cdot b = |a|\ |b| \cos\theta$$

[주의]

위의 공식으로부터 $\dfrac{a \cdot b}{|a|\ |b|} = \cos\theta$임을 알 수 있다. 이것을 이용하여 두 벡터가 이루는 사이의 각의 크기를 구할 수 있다. 이때 각의 크기는 $0 \le \theta \le \pi$로 한다.

예제 6.11

두 벡터 $a =< 2,\ 1 >$ 와 $b =< 3,\ -1 >$가 이루는 각의 크기를 구하여라.

풀이

$\dfrac{a \cdot b}{|a|\ |b|} = \cos\theta$로부터 $\cos\theta = \dfrac{1}{\sqrt{2}}$을 얻는다. 따라서 구하는 각의 크기는 $\theta = \dfrac{\pi}{4}$이다.

두 벡터 사이의 각이 $\theta = \dfrac{\pi}{2}$일 때 $\cos\dfrac{\pi}{2} = 0$이므로 두 벡터가 **직교**(orthogonal)하기 위한 필요충분조건은 그들의 내적이 0인 것이다.

성질 1

두 벡터 a와 b가 서로 수직이다. $\Leftrightarrow a \cdot b = 0$

예제 6.12

두 벡터 $a = < 8,\ 6 >$와 $b = < 3,\ -4 >$의 내적이 0이므로 서로 수직이다.

영벡터가 아닌 서로 평행한 두 벡터 a와 b가 이루는 각의 크기를 θ라 할 때

- a와 b의 방향이 같으면 $\theta = 0$이므로 $\cos\theta = 1$이다.
- a와 b의 방향이 반대라면 $\theta = 2\pi$이므로 $\cos\theta = -1$이다.

따라서 평행한 두 벡터에 대하여 다음이 성립한다.

성질 2

두 벡터 a와 b가 평행이다. $\Leftrightarrow a \cdot b = \pm|a|\ |b|$

좌표 공간에서 두 벡터의 내적은 그 결과가 실수로 양수, 음수 또는 0으로 나타난다. 그러나 물리학이나 공학에서 유용하게 사용되는 벡터의 연산 중에는 그 결과가 다시 벡터로 나타나는 연산이 있다 이것을 벡터의 외적이라 한다.

정의 6.5

3차원 공간의 두 벡터 $a = \langle a_1,\ a_2,\ a_3\rangle$와 $b = \langle b_1, 2, 3\rangle$의 **외적**(outer product)은 $a \times b$로 나타내고 다음과 같이 정의한다.

$$a \times b = \langle a_2b_3 - a_3b_2,\ a_3b_1 - a_1b_3,\ a_1b_2 - a_2b_1\rangle$$

[주의]

벡터의 외적을 **크로스적**(cross product) **또는 벡터 적**(vector product)이라고도 한다. 두 벡터의 외적의 결과는 반드시 3차원 공간의 벡터임에 주목해야 한다.

예제 6.13

다음 두 벡터 $a = < 1,\ 2,\ 3 >$ 와 $b = < -1,\ 3,\ 1 >$의 외적을 구하여라.

풀이

$$a \times b = < 2 \cdot 1 - 3 \cdot 3,\ 3 \cdot (-1) - 1 \cdot 1,\ 1 \cdot 3 - 2 \cdot (-1) >$$
$$= < -7,\ -4,\ 5 >$$

지금까지 벡터를 $a = \langle a_1,\ a_2,\ a_3 \rangle$와 같이 성분으로 표시하였다. 3차원 공간의 벡터 중에는 특별한 역할을 하는 3개의 벡터가 있다.

$$i =< 1,\ 0,\ 0 >,\ j =< 0,\ 1,\ 0 >,\ k =< 0,\ 0,\ 1 >$$

이 3개의 벡터는 길이가 1인 단위 벡터이고 각각 x축, y축, z축의 양의 방향을 가리키는 벡터이다. 이 3개의 벡터를 사용하여

$$\begin{aligned} a = \langle a_1,\ a_2,\ a_3 \rangle &= \langle a_1,\ 0,\ 0 \rangle + \langle 0,\ a_2,\ 0 \rangle + \langle 0,\ 0,\ a_3 \rangle \\ &= a_1 < 1,\ 0,\ 0 > + a_2 < 0,\ 1,\ 0 > + a_3 < 0,\ 0,\ 1 > \\ &= a_1 i + a_2 j + a_3 k \end{aligned}$$

와 같이 쓸 수 있다. 즉, 3차원 공간의 임의의 벡터는 **표준기저벡터**(standard basis vectors) i, j, k의 **일차 결합**(linear combination)으로 나타낼 수 있다.

예제 6.14

두 벡터 $a =< 0,\ 1,\ 4 >$, $b =< 2,\ 3,\ 2 >$에 대하여 $a+b$를 표준기저벡터 i, j, k를 사용하여 나타내어라.

풀이

$a =< 0,\ 1,\ 4 >= j+4k$이고 $b =< 2,\ 3,\ 2 >= 2i+3j+2k$이므로 $a+b = 2i+4j+6k$로 쓸 수 있다.

두 벡터 $a = \langle a_1,\ a_2,\ a_3 \rangle$와 $b = \langle b_1,\ b_2,\ b_3 \rangle$의 외적은 행렬식을 이용하여 다음과 같이 구할 수 있다.

$$a \times b = \begin{vmatrix} i & j & k \\ a_1 & a_2 & a_3 \\ b_1 & b_2 & b_3 \end{vmatrix} = i \begin{vmatrix} a_2 & a_3 \\ b_2 & b_3 \end{vmatrix} - j \begin{vmatrix} a_1 & a_3 \\ b_1 & b_3 \end{vmatrix} + k \begin{vmatrix} a_1 & a_2 \\ b_1 & b_2 \end{vmatrix}$$

이것은 벡터의 외적을 기억하고 계산하는 가장 쉬운 방법일 것이다.

예제 6.15

3차원 공간의 모든 벡터 a에 대하여 $a \times a = 0$임을 보여라.

풀이

$a = \langle a_1,\ a_2,\ a_3 \rangle$라 하면

$$a \times a = \begin{vmatrix} i & j & k \\ a_1 & a_2 & a_3 \\ a_1 & a_2 & a_3 \end{vmatrix} = i\begin{vmatrix} a_2 & a_3 \\ a_2 & a_3 \end{vmatrix} - j\begin{vmatrix} a_1 & a_3 \\ a_1 & a_3 \end{vmatrix} + k\begin{vmatrix} a_1 & a_2 \\ a_1 & a_2 \end{vmatrix} = 0i - 0j + 0k = 0$$

이다.

벡터의 외적에서 가장 중요한 성질 중의 하나는 다음과 같다.

성질

벡터 $a \times b$는 a와 b 모두와 직교한다.

증명 6.2

$a \times b$가 a와 직교함을 보이기 위하여 다음과 같이 두 벡터의 내적이 0임을 보인다.

$$\begin{aligned}(a \times b) \cdot a &= \langle a_2b_3 - a_3b_2,\ a_3b_1 - a_1b_3,\ a_1b_2 - a_2b_1 \rangle \cdot \langle a_1,\ a_2,\ a_3 \rangle \\ &= a_1(a_2b_3 - a_3b_2) - a_2(a_1b_3 - a_3b_1) + a_3(a_1b_2 - a_2b_1) \\ &= 0\end{aligned}$$

마찬가지로 $(a \times b) \cdot b = 0$임을 확인할 수 있다. 따라서 벡터 $a \times b$는 a와 b 모두와 직교한다.

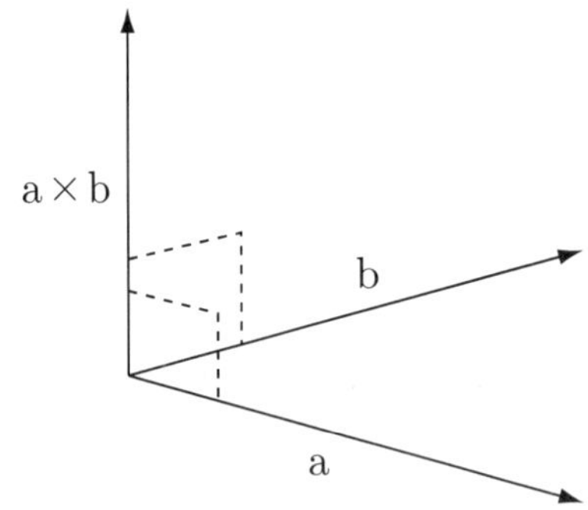

- 벡터 $a \times b$의 방향: a와 b가 시점이 같은 유향 성분으로 표현된다면 두 벡터의 외적 $a \times b$는 a와 b를 지나는 평면에 수직인 방향을 가리킨다. $a \times b$의 방향은 오른손 법칙에 따라 주어진다. 즉, 오른손의 손가락을 a에서 b 방향으로 구부리면 엄지 손가락이 $a \times b$의 방향을 가리킨다.

- 벡터 $a \times b$의 길이: 벡터 $a \times b$의 길이 $|a \times b|$는 다음과 같이 주어진다.

정리 6.2

$\theta(0 \le \theta \le \pi)$가 두 벡터 a와 b 사이의 각이라면

$$|a \times b| = |a|\ |b| \sin\theta$$

이 성립한다.

[주의]

벡터는 그 크기와 방향에 의하여 결정되므로 $a \times b$는 오른손 법칙에 의하여 결정되는 방향에 따라 a와 b에 동시에 수직이고 그 크기가 $|a|\ |b| \sin\theta$인 벡터이다.

기하학적인 관점에서 볼 때 a와 b가 시점이 같은 유향 성분이라면 두 벡터가 이루는 평행사변형에서 $|a|$는 밑변을 나타내고, $|b| \sin\theta$는 높이를 나타낸다. 따라서 외적의 크기를 다음과 같이 설명할 수 있다.

성질

벡터 $a \times b$의 크기는 a와 b에 의하여 결정되는 평행사변형의 넓이와 같다.

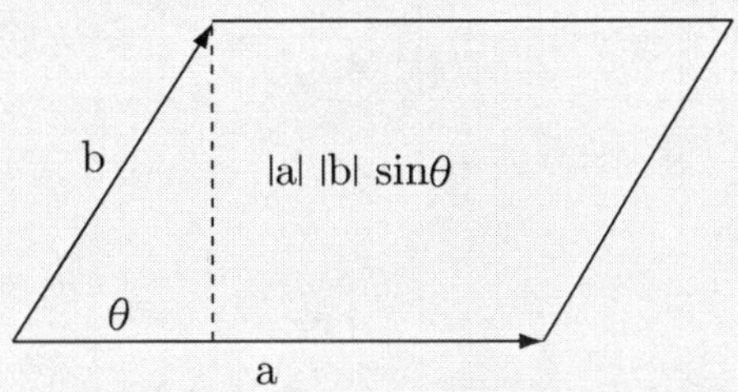

예제 6.16

세 점 $P(1,\ 4,\ 1)$, $Q(-1,\ 2,\ 3)$ 과 $R(1,\ -1,\ 2)$을 꼭지점으로 하는 삼각형의 넓이를 구하여라.

풀이

$\overrightarrow{PQ} = a$이고 $\overrightarrow{PR} = b$라 하자. 이때

$$a =< -2,\ -2,\ 2 >,\ b =< 0,\ -5,\ 1 >$$

이므로 이들 벡터의 외적을 구하면

$$a \times b = \begin{vmatrix} i & j & k \\ -2 & -2 & 2 \\ 0 & -5 & 1 \end{vmatrix} = i\begin{vmatrix} -2 & 2 \\ -5 & 1 \end{vmatrix} - j\begin{vmatrix} -2 & 2 \\ 0 & 1 \end{vmatrix} + k\begin{vmatrix} -2 & -2 \\ 0 & -5 \end{vmatrix} = 8i + 2j + 10k$$

이다. 이때

$$|a \times b| = \sqrt{64 + 4 + 100} = \sqrt{168}$$

이다. 따라서 삼각형 PQR의 넓이는 $\dfrac{\sqrt{168}}{2}$ 이다.

두 벡터가 수직일 조건은 두 벡터의 내적이 0임을 알고 있다. 이제 두 벡터가 평행할 조건을 알아보면 다음과 같다.

정리 6.3

0이 아닌 두 벡터 a와 b가 평행 $\Leftrightarrow a \times b = 0$

벡터의 외적에는 다음과 같이 몇 가지 유용한 대수적 법칙들이 성립한다.

정리 6.4

a, b, c가 벡터이고, k가 스칼라일 때

1. $a \times b = -b \times a$
2. $(ka) \times b = a \times (kb) = k(a \times b)$
3. $a \times (b + c) = a \times b + a \times c$
4. $(a + b) \times c = a \times c + b \times c$
5. $a \cdot (b \times c) = (a \times b) \cdot c$
6. $a \times (b \times c) = (a \cdot c)b - (a \cdot b)c$

위의 정리 중에서 5번째 나타나는 곱 $a \cdot (b \times c)$를 벡터 a, b, c의 스칼라 삼중적이라 한다. 삼중적은 행렬식

$$a \cdot (b \times c) = \begin{vmatrix} a_1 & a_2 & a_3 \\ b_1 & b_2 & b_3 \\ c_1 & c_2 & c_3 \end{vmatrix}$$

으로 나타낼 수 있다. 스칼라 삼중적의 기하학적인 의미는 벡터 a, b, c에 의하여 결정되는 평행육면체로부터 찾아볼 수 있다. 그림과 같은 평행육면체의 밑면의 넓이는 $|A| = |b \times c|$이다. θ를 벡터 a와 $b \times c$ 사이의 각이라 하면 평행 육면체의 높이는 $h = |a|\ |\cos\theta|$이다. 따라서

평행육면체의 부피는

$$V = Ah = |b \times c|\ |a|\ |\cos\theta| = |a \cdot (b \times c)|$$

이다.

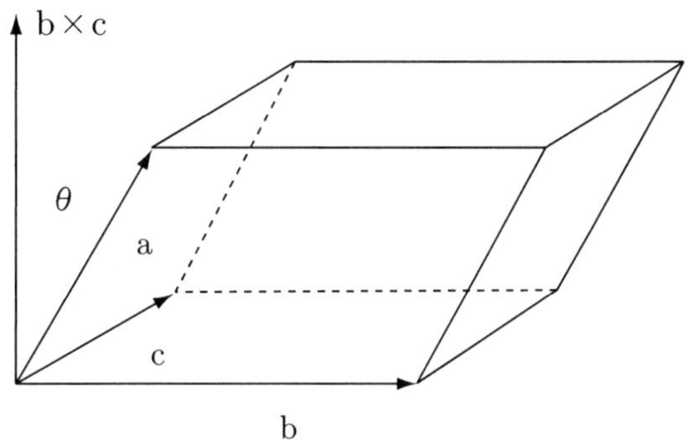

6.3 연습문제

1. 다음 주어진 벡터에 대하여 $a \cdot b$ 와 두 벡터가 이루는 사이의 각 θ의 $\cos\theta$값을 구하여라.

   (a) $a =< 1,\ 1,\ 1 >$, $b =< -2,\ 3,\ -4 >$

   (b) $a =< \sqrt{2},\ 4,\ \sqrt{3} >$, $b =< -\sqrt{2},\ -\sqrt{3},\ 2 >$

2. 두 공간 벡터 $a =< 1,\ -2,\ 3 >$, $b =< 2,\ 2,\ -1 >$에 대하여 벡터 $a + tb$가 a에 수직이기 위한 실수 t의 값을 구하여라.

3. 다음 두 벡터에 대하여 $proj_a b$를 구하여라.

   (a) $a =< 2,\ 1,\ 2 >$, $b =< 1,\ 2,\ 4 >$ (b) $a =< 1,\ 1,\ 0 >$, $b =< 1,\ 2,\ 4 >$

4. 두 벡터 $a =< 2,\ 1,\ 2 >$, $b =< 1,\ 2,\ 4 >$에 대하여 다음을 구하여라.

   (a) $a \times b$ (b) $|a \times b|$ (c) 벡터 $a \times b$의 방향

5. 세 점 $P(2,\ 0,\ -1)$, $Q(1,\ -2,\ 3)$과 $R(1,\ 1,\ 2)$를 꼭지점으로 하는 삼각형의 넓이를 구하여라.

6. 세 벡터 $a =< -1,\ 1,\ 1 >$, $b =< 1,\ 2,\ 1 >$, $c =< 4,\ 1,\ -1 >$를 세 모서리로 하는 평행사변형의 부피를 구하여라.

《등산로》

페르마의 마지막 정리

"3제곱을 그보다 작은 두 수의 3제곱의 합으로 나눌 수 없고, 4제곱을 어떤 두 수의 각각의 4제곱의 합으로 나눌 수 없으며, 일반적으로 2차를 넘는 제곱은 같은 제곱의 두 수로 나눌 수 없다. 나는 이것에 대한 놀라운 증명을 알고 있는데, 여기에 이 증명을 쓰기에 여백이 너무 좁다."

페르마는 당시 읽고 있던 디오판토스의 **《산학》**이라는 책의 명제 2권의 문제 8번 옆의 빈칸에 다음과 같이 적었다고 하다.

n이 정수로써 $n > 2$일 때 $a^n + b^n = c^n$을 만족하는 정수 a, b, c는 존재하지 않는다.

이 정리는 **앤드류 존 와일스**(Andrew John Wiles)에 의해 1991년 마침내 참이라는 것이 증명되었다.

6.4 직선과 평면의 방정식

xy평면에서 직선은 직선 위의 한 점과 직선의 방향(기울기 또는 경사각)이 주어지면 결정된다. 마찬가지로 삼차원 공간의 직선 L의 식은 한 점 $P(a,\ b,\ c)$와 L의 방향을 알 때 결정된다.

점 $P(a,\ b,\ c)$를 지나면서 벡터 $u(l,\ m,\ n)$에 평행한 직선 L의 방정식을 구하여 보자. x와 p를 각각 $X=(x,\ y,\ z)$와 P의 위치 벡터라 하자. a를 그 표현이 $\overrightarrow{PX}$인 벡터라 하면 벡터의 합에 관한 법칙에 의하여 $x=p+a$를 얻는다. 이때 a와 u가 평행 하므로 $a=tu$를 만족하는 스칼라 t가 존재한다. 따라서 직선 L의 방정식은 $x=P+tu$이다.

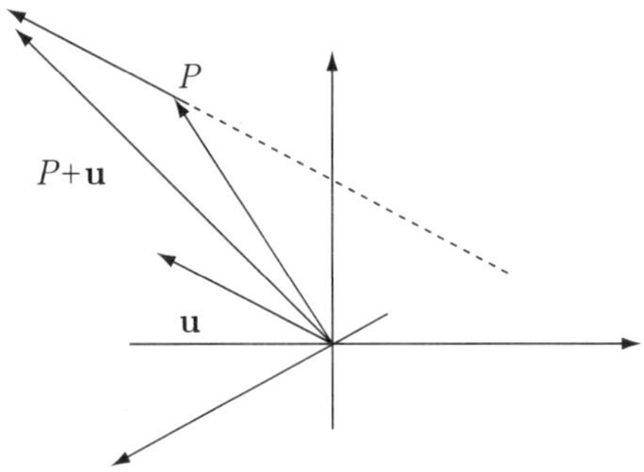

직선의 방정식 $x=P+tu$으로부터

$$
\begin{aligned}
(x,\ y,\ z) &= (a,\ b,\ c)+t(l,\ m,\ n) \\
&= (a,\ b,\ c)+(tl,\ tm,\ tn) \\
&= (a+tl,\ b+tm,\ c+tn)
\end{aligned}
$$

이므로 방정식

$$
\begin{cases}
x=a+tl \\
y=b+tm \\
z=c+tn
\end{cases}
$$

을 얻는다. 이 방정식을 점 $P(a,\ b,\ c)$를 지나고, 벡터 $u(l,\ m,\ n)$에 평행인 직선의 **매개방정식**(parametric equation)이라 한다. 주어진 직선의 매개방정식에서 매개변수 t를 소거하면

$$
\frac{x-a}{l}=\frac{y-b}{m}=\frac{z-c}{n}
$$

를 얻는다. 이것을 직선의 **대칭방정식**(symmetric equation)이라 한다.

예제 6.17

점 $(1,\ 1,\ 3)$을 지나며 벡터 $\langle 2,\ 3,\ -5\rangle$와 평행한 직선의 방정식을 구하여라.

풀이

구하는 직선의 방정식을 벡터 방정식으로 나타내면

$$\frac{x-1}{2}=\frac{y-1}{3}=\frac{z-3}{-5}$$

이다.

예제 6.18

점 $(1,\ 1,\ 3)$을 지나며 벡터 $\langle 2,\ 0,\ -5\rangle$와 평행한 직선의 방정식을 구하여라.

풀이

구하는 직선의 방정식은 벡터 방정식의 형태로 쓸 수 없다. 따라서 매개변수 t를 사용하여 나타내면

$$\begin{cases} x=1+2t \\ y=1 \\ z=3-5t \end{cases}$$

이다.

- **평면방정식**: 이제 점 $P(a,\ b,\ c)$를 지나면서 벡터 $u(l,\ m,\ n)$에 수직인 평면의 방정식을 구하여 보자. x를 $X(x,\ y,\ z)$와 $P(a,\ b,\ c)$의 위치 벡터라 하자. 이때 벡터 x는 $(x-a,\ y-b,\ z-c)$로 표현된다.

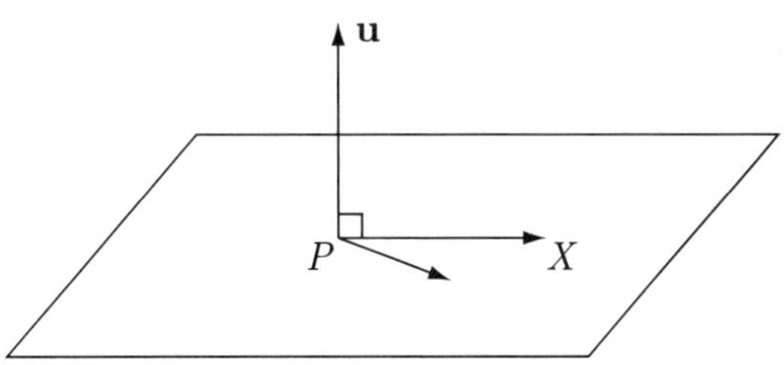

벡터 $u(l,\ m,\ n)$와 벡터 $x=(x-a,\ y-b,\ z-c)$가 수직이므로

$$(x-a,\ y-b,\ z-c)\cdot(l,\ m,\ n)=0$$

으로부터 평면의 방정식

$$l(x-a)+m(y-b)+n(z-c)=0$$

을 얻는다. 이 방정식을 점 $P(a,\ b,\ c)$를 지나고, 벡터 $u(l,\ m,\ n)$에 수직인 b평면의 스칼라 방정식이라 한다. 주어진 평면의 방정식은

$$lx+my+nz=d$$

와 같이 고쳐 쓸 수 있고 이 방정식을 평면의 선형 방정식이라 부른다.

예제 6.19

세 점 $P(1,\ 3,\ 2)$, $Q(2,\ 3,\ 1)$ 그리고 $R(-1,\ 0,\ 2)$을 지나는 평면의 방정식을 구하여라.

$\overrightarrow{PQ}$와 $\overrightarrow{PR}$에 대응되는 벡터를 각각 a, b라 하면 $a(1,\ 0,\ -1)$이고 $b(-2,\ -3,\ 0)$이다. a와 b 모두 구하는 평면에 놓여있으므로 두 벡터의 외적 $a\times b$를 수직인 벡터로 택할 수 있다. 따라서

$$u=a\times b=\begin{vmatrix} i & j & k \\ 1 & 0 & -1 \\ -2 & -3 & 0 \end{vmatrix}=3i+2j-3k$$

로 주어지므로 점 $P(1,\ 3,\ 2)$를 지나고 벡터 $u=(4,\ 2,\ -3)$에 수직인 평면의 방정식은 $-3(x-1)+2(y-3)-3(z-2)=0$ 또는 $-3x+2y-3z=-3$이다.

예제 6.20

두 평면 $x+2y-2z=5$와 $3x-5y+4z=2$ 사이의 각을 구하여라.

풀이

주어진 두 평면에 각각 수직인 벡터는 $a(1,\ 2,\ -2)$이고 $b(3,\ -5,\ 4)$이므로 이 벡터 사이의 각을 θ라 하면 θ는 두 평면 사이의 각이다. 따라서

$$\cos\theta=\frac{a\cdot b}{|a|\ |b|}=-\frac{1}{\sqrt{2}} \text{ 에서 } \theta=45^\circ$$

이다.

일반적으로 x, y, z의 1차식으로 표현된 식은 평면의 방정식을 나타낸다.

예제 6.21

평면 $2x+3y+4z=12$와 xy평면, yz평면 그리고 zx평면으로 둘러싸인 도형은 사면체이다. 즉

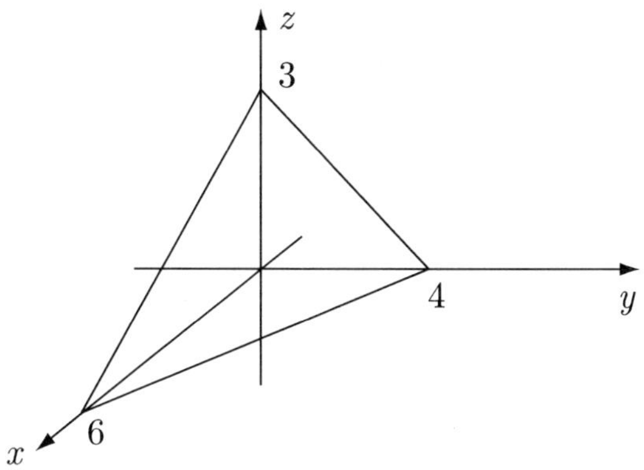

이제 공간 상의 점 $P_1(x_1,\ y_1,\ z_1)$에서 평면 $ax+by+cz+d=0$까지의 거리에 대하여 알아보도록 하자. 점 $P_0(x_0,\ y_0,\ z_0)$를 주어진 평면의 임의의 점이라 하고 b를 $\overrightarrow{P_0P_1}$에 대응하는 벡터라 하면 $b=(x_1-x_0,\ y_1-y_0,\ z_1-z_0)$이다. 이때 P_1에서 평면까지의 거리 D는 평면에 수직인 벡터 $u(a,\ b,\ c)$ 위로의 b의 스칼라 사영의 절댓값과 같음을 알 수 있다(그림 참조). 따라서

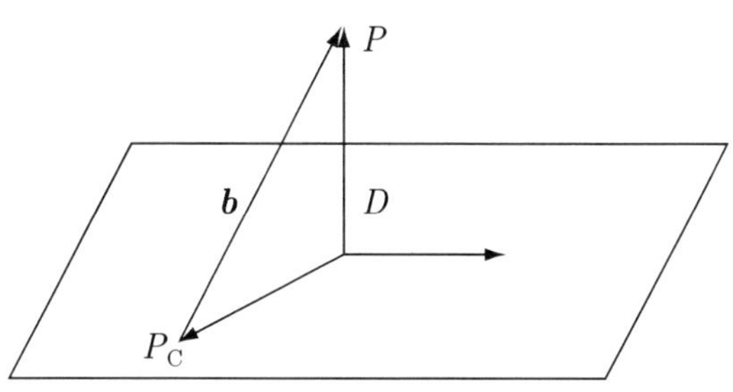

이때

$$D=|proj_u b|=\frac{|u\cdot b|}{|u|}$$

$$=\frac{a(x_1-x_0)+b(y_1-y_0)+c(z_{1-}z_0)|}{\sqrt{a^2+b^2+c^2}}$$

$$=\frac{|(ax_1+by_1+cz_1)-(ax_0+by_0+cz_0)|}{\sqrt{a^2+b^2+c^2}}$$

이고, P_0는 평면 위에 놓여 있으므로 그 자표들은 평면의 방정식을 만족하고 따라서

$$ax_{0+by_0} + cz_0 + d = 0$$

을 얻는다. 그러므로 거리 D에 관한 공식은 다음과 같다.

점 $P_1(x_1,\ y_1,\ z_1)$에서 평면 $ax + by + cz + d = 0$까지의 거리

$$D = \frac{|ax_1 + by_1 + cz_1 + d|}{\sqrt{a^2 + b^2 + c^2}}$$

예제 6.22

두 평면 $x + 2y - 2z = 1$와 $2x + 4y - 4z = 2$ 사이의 거리를 구하여라.

풀이

두 평면 각각에 수직인 벡터 $(1,\ 2,\ -2)$와 $(2,\ 4,\ -4)$이 평행이므로 두 평면은 평행이다. 두 평면 사이의 거리를 구하기 위하여 첫 번째 평면 위의 한 점 $(1,\ 0,\ 0)$을 택하면 구하는 거리는

$$D = \frac{|2 \cdot 1 + 4 \cdot 0 - 4 \cdot 0 - 1|}{\sqrt{2^2 + 4^2 + (-4)^2}} = \frac{1}{\sqrt{34}}$$

이다.

6.4 연습문제

1. 공간상의 직선 $l = \frac{x-1}{2} = \frac{y+2}{-1} = z$와 두 평면 $p_1 : x + y + 2z - 3 = 0$과 $p_2 : -2x + y - z + 5 = 0$에 대하여 다음을 구하여라.

    (a) 직선 l과 평면 p_1이 이루는 각

    (b) 두 평면 p_1과 p_2 사이의 각

2. 두 직선 $g_1 : \frac{x-1}{2} = \frac{y-1}{\sqrt{3}} = \frac{z-2}{\sqrt{2}}$와 $g_2 : x + 1 = \frac{z-3}{\sqrt{2}}$, $y = 1$이 이루는 각 θ에 대하여 $\cos\theta$ 값을 구하여라.

3. 직선 $x - 2 = \frac{y-3}{2} = \frac{z-4}{3}$와 점 $(3,\ 1,\ 4)$를 지나는 평면의 방정식을 구하여라.

4. 점 $(1,\ 5,\ 3)$에서 평면 $2(x+1) + 2(y-3) + (z+1) = 0$에 이르는 거리를 구하여라.

《등산로》

가우스(Gauss)가 위대한 수학자라고 믿고 있던 탐험가 **홈볼트**(Humboldt)가 프랑스의 유명한 수학자 라플라스에게 물었다.

"독일에서 가장 위대한 수학자는 누구입니까?"

"독일에서 가장 위대한 수학자는 **파프**(H.F. Pfaff, 1765~1825)입니다."

라고 답했고, 이에 실망한 홈볼트는 다시 물었다.

"가우스는 어떻습니까?"

라플라스는 어떤 망설임도 없이 바로 답했다.

"가우스는 이 세상에서 가장 위대한 수학자입니다."

당시 상황이 프랑스와 독일은 적대 관계임에도 불구하고 라플라스는 가우스를 칭찬하는데 주저하지 않았다.

제 7 장

행렬

행렬에 대한 연구는 1851년 영국의 수학자 **케일리**(Arthur Cayley: 1821~1895)에 의하여 처음으로 체계적으로 이루어졌으며, 행렬이라는 용어는 영국의 수학자 **실베스터**(James Joseph Sylvester: 1814~1897)가 처음 사용하였다.

7.1 행렬

정의 7.1

수(numbers)를 직사각형으로 **배열**(array)하여 **괄호**(bracket)로 묶어 나타낸 것을 **행렬**(matrix)이라고 한다. 이때 행렬을 이루는 수를 그 행렬의 **성분**(entries)이라고 하며, **행**(row)은 위에서 아래로, **열**(column)은 왼쪽에서 오른쪽으로의 수의 배열을 말한다. 이 행의 수와 열의 수로써 주어진 행렬의 **차원**(dimension) 또는 **크기**(size)을 말한다.

예제 7.1

$$A = \begin{pmatrix} -2 & 3 \\ -1 & 0 \end{pmatrix},\ B = \begin{pmatrix} 1 & 2 & 3 & 4 \\ 4 & 5 & 6 & 7 \end{pmatrix},\ C = \begin{pmatrix} 1 \\ 2 \\ 3 \end{pmatrix}$$ 등은 행렬이다.

일반적으로 m행과 n열을 갖는 행렬을 $m \times n$ 행렬이라 한다. 위의 예제 1에서 A는 2×2, B는 2×4, C는 3×1 행렬이다. 또한 행렬 A의 2행의 성분은 -1과 0이고, B의 2행 3열의 성분은 $a_{23} = 6$과 같이 쓴다.

정의 7.2

한 행렬의 i번째 행과 j번째 열에 있는 성분을 a_{ij}로 나타내고, 특히 행의 수와 열의 수가 같은 행렬을 $n \times n$ **정방행렬**(square matrix) 또는 n차 정방행렬이라고 한다. 행렬 A가 정방행렬일 때 대각선에 있는 성분 $a_{ij}(i = j)$를 **대각성분**(diagonal entry)이라고 한다.

예제 7.2

2차 정방행렬 $A = \begin{pmatrix} 5 & 3 \\ 1 & 7 \end{pmatrix}$의 대각성분과 행렬 $C = \begin{pmatrix} 0 \\ 3 \\ -5 \end{pmatrix}$의 3행 2열의 성분을 말하여라.

풀이

행렬 $A = \begin{pmatrix} 5 & 3 \\ 1 & 7 \end{pmatrix}$의 대각성분은 5, 7이고, 행렬 C의 3행 2열의 성분은 $c_{32} = 3$이다.

[참고]

두 행렬 A와 B가 같은 차원을 갖는다는 것은 두 행렬의 행의 수와 열의 수가 같을 때를 의미한다.

정의 7.3

두 행렬 A, B 에 대하여 A와 B가 **같다**(equal)라는 것은

- 두 행렬의 차원이 같다.
- 각 대응하는 성분이 같다.

예제 7.3

두 행렬 $A = \begin{pmatrix} 1 & 2 & 3 \\ 1 & 2 & 4 \\ 3 & 1 & 2 \end{pmatrix}$ 와 $B = \begin{pmatrix} a & 2 & d \\ b & 2 & 3 \\ 3 & 1 & c \end{pmatrix}$ 에 대하여 $A = B$일 때 $a+b+c+d$의 값을 구하여라.

풀이

$a = 1,\ b = 1,\ c = 2,\ d = 3$이므로 $a+b+c+d = 7$이다.

정의 7.4

A를 행렬, k를 실수라고 할 때, kA는 A의 각 성분에 k를 곱하여 얻어진 행렬이다. 즉, $kA = (ka_{ij})$이다.

예제 7.4

$A = \begin{pmatrix} 2 & 0 \\ 4 & 3 \end{pmatrix}$ 일 때 $2A = \begin{pmatrix} 4 & 0 \\ 8 & 6 \end{pmatrix}$ 이고 $-A = \begin{pmatrix} -2 & 0 \\ -4 & -3 \end{pmatrix}$ 이다.

임의의 $n \times m$행렬의 행과 열을 바꾼 $m \times n$ 행렬에 대하여 알아보도록 하자.

정의 7.5

$n \times m$ 행렬 A에 대하여 A의 행과 열을 바꾼 행렬을 A의 **전치행렬**(transpose matrix)이라 하며, 이 전치행렬은 $m \times n$ 행렬이고 A^T로 쓴다.

[참고]

정사각행렬 A의 주대각성분은 A^T의 주대각성분과 같다.

예제 7.5

행렬 $A = \begin{pmatrix} 1 & 1 & 3 \\ 4 & 5 & 2 \end{pmatrix}$의 전치행렬 A^T를 구하여라.

풀이

A가 2×3행렬이므로 A^T는 3×2행렬로써 $A^T = \begin{pmatrix} 1 & 4 \\ 1 & 5 \\ 3 & 2 \end{pmatrix}$이다.

두 행렬 A, B가 같은 차원을 갖고 있을 때 다음이 성립한다.

전치행렬의 성질 I

1. $(A^T)^T = A$
2. $(kA)^T = kA^T$, 단 k는 실수

예제 7.6

$A = \begin{pmatrix} 1 & 2 & 3 \\ a & b & c \end{pmatrix}$일 때

$$A^T = \begin{pmatrix} 1 & a \\ 2 & b \\ 3 & c \end{pmatrix} \text{ 이고 } 3A = \begin{pmatrix} 3 & 6 & 9 \\ 3a & 3b & 3c \end{pmatrix}$$

이다. 따라서

$$(3A)^T = \begin{pmatrix} 3 & 3a \\ 6 & 3b \\ 9 & 3c \end{pmatrix} = 3\begin{pmatrix} 1 & a \\ 2 & b \\ 3 & c \end{pmatrix} = 3A^T$$

이다.

정의 7.6

$A^T = A$이 성립할 때 A를 **대칭행렬**(symmetric)이라 하고, $-A = A^T$이 성립할 때 A를 **반대칭행렬**(skew symmetric)이라 한다.

[참고]

대칭행렬과 반대칭 행렬은 정방행렬에서만 나타나며 대각성분을 중심으로 위쪽과 아래쪽의 성분이 같은 경우는 대칭행렬이고, 대각성분이 모두 0이며 위쪽과 아래쪽의 대칭되는 성분의 부호가 반대인 경우가 반대칭행렬이다.

예제 7.7

행렬 $A = \begin{pmatrix} 1 & 2 & 3 \\ 2 & 0 & 7 \\ 3 & 7 & 5 \end{pmatrix}$는 대칭행렬이고, 행렬 $B = \begin{pmatrix} 0 & 5 & 1 \\ -5 & 0 & 2 \\ -1 & -2 & 0 \end{pmatrix}$는 반대칭행렬이다.

예제 7.8

다음 행렬이 반대칭행렬이 되도록 a, b, c의 값을 구하여라.

$$\begin{pmatrix} 0 & \text{a} & -5 \\ 7 & 0 & 3 \\ 5 & \text{b} & \text{c} \end{pmatrix}$$

풀이

$a = -7$, $b = 3$, $c = 0$이다.

7.1 연습문제

1. 두 행렬 $A = \begin{pmatrix} -1 & 2 \\ \text{a} & 3 \end{pmatrix}$과 $B = \begin{pmatrix} \text{b} & 2 \\ 4 & 3 \end{pmatrix}$이 같을 때, $a+b$의 값을 구하여라.

2. 두 행렬 $A = \begin{pmatrix} 2x-1 & -2 \\ -1 & 2y \end{pmatrix}$, $B = \begin{pmatrix} x & -2 \\ -1 & -y+6 \end{pmatrix}$에 대하여 $A = B$일 때 xy를 구하여라. (단, x, y는 상수)

3. 행렬 $A = \begin{pmatrix} 2 & 6 & 0 \\ 10 & 4 & 4 \\ 8 & 2 & 6 \end{pmatrix}$에 대하여 $\frac{1}{2}A^T$를 구하여라.

4. 정방행렬 A에 대하여 $\frac{1}{2}(A+A^T)$는 대칭행렬이고 $\frac{1}{2}(A-A^T)$는 반대칭행렬임을 보이고 $A = \begin{pmatrix} 2 & 0 & 7 \\ 4 & 3 & 1 \\ 8 & 2 & 9 \end{pmatrix}$를 대칭행렬과 반대칭 행렬의 합으로 나타내어라.

《등산로》

1. **행렬**(matrix)은 원래 라틴어로 자궁 또는 모태라는 뜻을 가지고 있다. 그 의미를 더 확대하면 내부에서 무엇인가를 발생하거나 발달하고 있다는 뜻이 된다. 물론 수학에서의 행렬은 이것과 아무런 연관이 없다.

2. 일반적으로 벡터는 2차원 또는 그 이상 고차원의 양을 나타내기 위해 사용된다. 벡터의 종류에 상관없이 벡터의 **변환**(transformation)을 행렬로 나타낼 수 있다. 즉, 어떤 벡터에 행렬을 곱하면 다른 벡터로 변환된다. 이러한 선형변환은 벡터를 늘리고, 줄이고, 회전하고, 대칭이동하는 결과를 낳는다.

3. 대칭행렬의 중요한 예로서 공분산행렬을 들 수 있다. 두 변수 X와 Y의 공분산은

$$\mathrm{cov}(x,\ y) = \frac{1}{n}\sum_{i=1}^{n}(X_i - \overline{X})(Y_n - \overline{Y})$$

로 정의한다. 여기에서 n은 데이터의 개수이고, X와 Y는 각각 X와 Y의 평균이다. 공분산행렬이란 여러 변수들의 공분산을 포함한 행렬로써 n개의 변수 $X_1,\ X_2,\ \cdots\ X_n$에 대하여

$$\sum = \begin{pmatrix} \mathrm{cov}(X_1,\ X_1) & \mathrm{cov}(X_1,\ X_2) & \cdots & \mathrm{cov}(X_1,\ X_n) \\ \mathrm{cov}(X_2,\ X_1) & \cdots & \cdots & \vdots \\ \mathrm{cov}(X_n,\ X_1) & \mathrm{cov}(X_n,\ X_2) & \cdots & \mathrm{cov}(X_n,\ X_n) \end{pmatrix}$$

으로 정의되며 대칭행렬을 이루고 있다.

7.2 행렬의 계산

행렬의 덧셈

두 $n \times m$ 행렬 $A = (a_{ij})$, $B = (b_{ij})$에 대하여, $A + B$는 각각에 대응하는 성분끼리의 덧셈으로 계산한다. 즉 $A + B = (c_{ij})$를 말한다. 여기서 각 $c_{ij} = a_{ij} + b_{ij}$ $(1 \le i \le n,\ 1 \le j \le m)$이다.

예제 7.9

다음 세 행렬에 대하여, $A + B$ 와 $A + C$ 를 계산하여라.

$$A = \begin{pmatrix} 1 & 1 \\ -1 & 0 \end{pmatrix},\ B = \begin{pmatrix} 3 & 4 \\ 0 & 5 \end{pmatrix},\ C = \begin{pmatrix} -1 & 2 & 3 \\ 1 & 3 & 0 \end{pmatrix}$$

풀이

$$A + B = \begin{pmatrix} 1+3 & 1+4 \\ -1+0 & 0+5 \end{pmatrix} = \begin{pmatrix} 4 & 5 \\ -1 & 5 \end{pmatrix}$$

이다. 또한 A와 C는 서로 차원이 다르므로 $A + C$를 계산할 수 없다.

예제 7.10

두 행렬 $A = \begin{pmatrix} 2 & -3 \\ 4 & 1 \\ -1 & 5 \end{pmatrix}$와 $B = \begin{pmatrix} 1 & 0 & -4 \\ 3 & -1 & 2 \end{pmatrix}$에 대하여 다음을 구하여라.

1. $3A$
2. $A + B^T$

풀이

1. $3A = \begin{pmatrix} 6 & -9 \\ 12 & 3 \\ -3 & 15 \end{pmatrix}$이다.

2. $A+B^T=\begin{pmatrix}2 & -3\\ 4 & 1\\ -1 & 5\end{pmatrix}+\begin{pmatrix}1 & 3\\ 0 & -1\\ -4 & 2\end{pmatrix}=\begin{pmatrix}3 & 0\\ 4 & 0\\ -5 & 7\end{pmatrix}$ 이다.

행렬의 곱셈

A가 $m\times n$ 행렬이고, B가 $n\times k$ 행렬일 때 두 행렬 A와 B의 곱 AB는 A의 i번째 행과 B의 j번째 열의 스칼라 곱을 $(i,\ j)$-성분으로 갖는 $m\times k$ 행렬로 정의한다. AB의 $(i,\ j)$-성분의 계산은 A의 i번째 행의 왼쪽에서 오른쪽으로와 B의 j번째 열의 위에서 아래로의 스칼라 곱으로 한다.

[참고]

A의 행의 수와 B의 열의 수가 같을 때에만 A와 B의 곱 AB를 정의할 수 있다. 즉, A가 $m\times n$ 행렬이고 B가 $p\times k$ 행렬일 때 $n=p$인 경우에 AB는 $m\times k$ 행렬이 된다.

예제 7.11

두 행렬 $A=\begin{pmatrix}1 & 1 & 0\\ 2 & -3 & 1\end{pmatrix}$, $B=\begin{pmatrix}2 & 0\\ 0 & 1\\ -1 & 1\end{pmatrix}$ 에 대하여 AB와 BA를 구하여라.

풀이

1. $$\begin{aligned} AB &= \begin{pmatrix}1 & 1 & 0\\ 2 & -3 & 1\end{pmatrix}\begin{pmatrix}2 & 0\\ 0 & 1\\ -1 & 1\end{pmatrix}\\ &= \begin{pmatrix}1\times 2+1\times 0+0\times(-1) & 1\times 0+1\times 1+0\times 1\\ 2\times 2+(-3)\times 0+1\times(-1) & 2\times 0+(-3)\times 1+1\times 1\end{pmatrix}\\ &= \begin{pmatrix}1 & 1\\ 3 & -2\end{pmatrix}\end{aligned}$$

2. $$BA = \begin{pmatrix} 2 & 0 \\ 0 & 1 \\ -1 & 1 \end{pmatrix} \begin{pmatrix} 1 & 1 & 0 \\ 2 & -3 & 1 \end{pmatrix}$$
$$= \begin{pmatrix} 2\times 1+0\times 2 & 2\times 1+0\times(-3) & 2\times 0+0\times 1 \\ 0\times 1+1\times 2 & 0\times 1+1\times(-3) & 0\times 0+1\times 1 \\ (-1)\times 1+1\times 2 & (-1)\times 1+1\times(-3) & (-1)\times 0+1\times 1 \end{pmatrix}$$
$$= \begin{pmatrix} 2 & 2 & 0 \\ 2 & -3 & 1 \\ 1 & -4 & 1 \end{pmatrix}$$

전치행렬의 덧셈과 곱셈에 대하여 다음이 성립한다.

전치행렬의 성질 II

1. $(A+B)^T = A^T + B^T$
2. $(AB)^T = B^T A^T$

예제 7.12

$A = \begin{pmatrix} 1 & 2 \\ 3 & 4 \end{pmatrix}$ 이고 $B = \begin{pmatrix} 2 & 4 \\ 1 & 3 \end{pmatrix}$ 일 때 다음을 구하여라.

1. $(AB)^T$
2. $A^T B^T$
3. $B^T A^T$
4. $(A+B)^T$
5. $A^T + B^T$
6. $B^T + A^T$

풀이

주어진 두 행렬에 대하여

$$AB = \begin{pmatrix} 4 & 10 \\ 10 & 24 \end{pmatrix} \text{ 이고 } A+B = \begin{pmatrix} 3 & 6 \\ 4 & 7 \end{pmatrix}$$

이다. 또한,

$$A^T = \begin{pmatrix} 1 & 3 \\ 2 & 4 \end{pmatrix} \text{ 이고 } B^T = \begin{pmatrix} 2 & 1 \\ 4 & 3 \end{pmatrix}$$

이므로 다음을 알 수 있다.

1. $(AB)^T = \begin{pmatrix} 4 & 10 \\ 10 & 24 \end{pmatrix}$

2. $A^T B^T = \begin{pmatrix} 14 & 10 \\ 20 & 14 \end{pmatrix}$

3. $B^T A^T = \begin{pmatrix} 4 & 10 \\ 10 & 24 \end{pmatrix}$

4. $(A+B)^T = \begin{pmatrix} 3 & 4 \\ 6 & 7 \end{pmatrix}$

5. $A^T + B^T = \begin{pmatrix} 3 & 4 \\ 6 & 7 \end{pmatrix}$

6. $B^T + A^T = \begin{pmatrix} 3 & 4 \\ 6 & 7 \end{pmatrix}$

따라서 $(AB)^T \neq A^T B^T$ 이지만 $(AB)^T = B^T A^T$ 임을 알 수 있다.

예제 7.13

두 n차 정방행렬 A, B가 대칭행렬일 때 $A+B$도 대칭행렬임을 보여라.

풀이

$A^T = A$이고 $B^T = B$이므로 전치행렬의 성질 (2)에 의하여

$$(A+B)^T = A^T + B^T = A + B$$

이 성립한다.

일반적으로 두 행렬 A, B의 곱셈에서는 다음에 주의해야 한다.

1. $AB \neq BA$이 성립하지 않는다.
2. $AB = O$이라도 반드시 $A = O$이거나 $B = O$는 아니다.
3. $AB = AC$이고 $A \neq O$일지라도 $B = C$라고 할 수 없다.

예제 7.14

1. $A = \begin{pmatrix} 0 & 0 \\ 1 & 0 \end{pmatrix} (\neq O)$이고 $B = \begin{pmatrix} 0 & 0 \\ 0 & 1 \end{pmatrix} \neq (O)$이지만 $AB = O$이다.

2. $A = \begin{pmatrix} 0 & 1 \\ 0 & 2 \end{pmatrix}$, $B = \begin{pmatrix} 1 & 1 \\ 3 & 4 \end{pmatrix}$, $C = \begin{pmatrix} 2 & 5 \\ 3 & 4 \end{pmatrix}$ 일 때, $AB = \begin{pmatrix} 3 & 4 \\ 6 & 8 \end{pmatrix} = AC$이다.

다음은 특별한 행렬인 단위행렬을 정의한다.

정의 7.7

대각성분은 모두 1이고 그 외의 성분은 모두 0인 행렬을 **단위행렬**(unit matrix)이라 하고 I 또는 E로 나타낸다.

[참고]

1. 행렬 A에 대하여 $AI = A = IA$가 성립한다.
2. A가 정방행렬일 때, $A^0 = I$, $A^n = A \cdot A \cdot \cdots \cdot A (n > 0)$으로 정의한다.

예제 7.15

$I = \begin{pmatrix} 1 & 0 \\ 0 & 1 \end{pmatrix}, \begin{pmatrix} 1 & 0 & 0 \\ 0 & 1 & 0 \\ 0 & 0 & 1 \end{pmatrix}, \begin{pmatrix} 1 & 0 & 0 & 0 \\ 0 & 1 & 0 & 0 \\ 0 & 0 & 1 & 0 \\ 0 & 0 & 0 & 1 \end{pmatrix}$은 각각 2차, 3차, 4차 단위행렬이다.

예제 7.16

$A = \begin{pmatrix} 1 & 1 \\ 1 & 1 \end{pmatrix}$에 대하여

$$A^2 = \begin{pmatrix} 1 & 1 \\ 1 & 1 \end{pmatrix} \begin{pmatrix} 1 & 1 \\ 1 & 1 \end{pmatrix} = \begin{pmatrix} 2 & 2 \\ 2 & 2 \end{pmatrix} \text{ 이고 } A^3 = \begin{pmatrix} 1 & 1 \\ 1 & 1 \end{pmatrix} \begin{pmatrix} 2 & 2 \\ 2 & 2 \end{pmatrix} = \begin{pmatrix} 4 & 4 \\ 4 & 4 \end{pmatrix}$$

이다. 일반적으로

$$A^n = \begin{pmatrix} 2^{n-1} & 2^{n-1} \\ 2^{n-1} & 2^{n-1} \end{pmatrix}$$

이다.

다음은 행렬의 덧셈과 곱셈에 관한 연산법칙을 모은 것이다. 여기서 행렬 A, B, C는 잘 정의되어 있고, h와 k는 실수라 하면 다음이 성립한다.

1. $(A + B) + C = A + (B + C)$
2. $A + B = B + A$

3. 모든 성분이 0인 행렬 O가 존재하여

$$A + O = O + A = A$$

를 만족한다. 이때 O를 **영행렬**(zero matrix)이라 한다.

4. 모든 행렬 A에 대하여

$$A + (-A) = (-A) + A = O$$

인 행렬 $-A$가 존재한다.

5. $k(A+B) = kA + kB$
6. $(h+k)A = hA + kA$
7. $(hk)A = h(kA)$
8. $1A = A$
9. $(AB)C = A(BC)$
10. $A(B+C) = AB + AC$
11. $(A+B)C = AC + BC$

n차 정방행렬의 역행렬을 다음과 같이 정의한다.

정의 7.8

n차 정방행렬 A에 대하여 $AB = BA = I$를 만족하는 행렬 B가 존재할 때 A는 **가역적**(invertible)이라 하고, 행렬 B를 행렬 A의 **역행렬**(inverse matrix)이라 하며 $B = A^{-1}$로 쓴다.

[참고]
가역적인 행렬을 **정칙행렬**(nonsingular matrix)이라 한다.

예제 7.17

영행렬 $O = \begin{pmatrix} 0 & 0 & 0 \\ 0 & 0 & 0 \\ 0 & 0 & 0 \end{pmatrix}$과 $A = \begin{pmatrix} 0 & 0 \\ 1 & 0 \end{pmatrix}$은 역행렬이 없다.

일반적으로 어떤 행렬의 역행렬은 항상 존재한다고 할 수 없다. 그러므로 역행렬이 존재할 조건과 역행렬이 존재한다면 몇 개나 존재하는가 하는 것에 대한 결과는 다음과 같다.

역행렬의 유일성

임의의 정방행렬의 역행렬이 존재한다면 그 역행렬은 유일하다.

증명 7.1

B와 C가 정방행렬A의 두 역행렬이라 하자. 이때,

$$AB = I = BA \text{ 이고 } AC = I = CA$$

이다. 따라서

$$B = IB = (CA)B = C(AB) = CI = C$$

이다.

모든 정방행렬이 역행렬을 갖는 것이 아니므로 먼저 2차 가역행렬의 역행렬이 존재할 조건을 알아보고, 그 역행렬을 구해 보도록 하자.

2차 정방행렬 $A = \begin{pmatrix} a & b \\ c & d \end{pmatrix}$은 $ad - bc \neq 0$일 때 가역이고, 이때 A의 역행렬은

$$A^{-1} = \frac{1}{ad - bc}\begin{pmatrix} d & -b \\ -c & a \end{pmatrix}$$

으로 주어진다.

[참고]
만일 $ad - bc = 0$이면 역행렬은 존재하지 않는다.

예제 7.18

$$A = \begin{pmatrix} 4 & 2 \\ 2 & -1 \end{pmatrix} \text{ 에서 } ad - bc = 4 \cdot (-1) - 2 \cdot 2 = -8 \neq 0$$

이므로 역행렬이 존재하고, 그 역행렬은

$$A^{-1} = -\frac{1}{8}\begin{pmatrix} -1 & -2 \\ -2 & 4 \end{pmatrix} = \begin{pmatrix} \frac{1}{8} & \frac{1}{4} \\ \frac{1}{4} & -\frac{1}{2} \end{pmatrix}$$

이다.

예제 7.19

행렬 $\begin{pmatrix} -a & -2 \\ a+1 & 6 \end{pmatrix}$ 의 역행렬이 존재하지 않을 때, 상수 a의 값을 구하여라.

풀이

$-6a + 2(a+1) = -4a + 2 = 0$에서 $a = \frac{1}{2}$이다.

A, B를 차원이 같은 두 가역행렬이라 하자. 이때 다음이 성립한다.

(1) AB도 가역행렬이다. (2) $(AB)^{-1} = B^{-1}A^{-1}$이 성립한다.

증명 7.2

(2)의 증명 :

$$(B^{-1}A^{-1})(AB) = B^{-1}(A^{-1}A)B = B^{-1}(IB) = B^{-1}B = I$$

이고

$$(AB)(B^{-1}A^{-1}) = A(BB^{-1})A^{-1} = (AI)A^{-1} = AA^{-1} = I$$

이므로 AB는 가역이다.

예제 7.20

$A = \begin{pmatrix} 1 & 2 \\ 1 & 3 \end{pmatrix}$ 이고 $B = \begin{pmatrix} 0 & 1 \\ -1 & 2 \end{pmatrix}$ 일 때,

$$AB = \begin{pmatrix} -2 & 5 \\ -3 & 7 \end{pmatrix}$$

이다. 또한 $A^{-1} = \begin{pmatrix} 3 & -2 \\ -1 & 1 \end{pmatrix}$ 이고 $B^{-1} = \begin{pmatrix} 2 & -1 \\ 1 & 0 \end{pmatrix}$ 이므로

$$(AB)^{-1} = \begin{pmatrix} 7 & -5 \\ 3 & -2 \end{pmatrix} = B^{-1}A^{-1}$$

이다.

일반적으로 역행렬은 다음과 같은 성질이 성립한다.

역행렬의 성질

1. $A^{-n} = (A^{-1})^n = A^{-1}A^{-1}\cdots A^{-1}$
2. $(A^{-1})^{-1} = A$
3. $(kA)^{-1} = \dfrac{1}{k}A^{-1}$ (단, k는 상수)
4. $(A^T)^{-1} = (A^{-1})^T$

예제 7.21

$A = \begin{pmatrix} 2 & 5 \\ 1 & 3 \end{pmatrix}$ 이라 하자. 이때

$$A^{-1} = \begin{pmatrix} 3 & -5 \\ -1 & 2 \end{pmatrix} \text{ 이고, } 2A = \begin{pmatrix} 4 & 10 \\ 2 & 6 \end{pmatrix}$$

이므로

$$(2A)^{-1} = \frac{1}{4\cdot 6 - 10\cdot 2}\begin{pmatrix} 6 & -10 \\ -2 & 4 \end{pmatrix} = \frac{1}{4}\begin{pmatrix} 6 & -10 \\ -2 & 4 \end{pmatrix} = \frac{1}{2}\begin{pmatrix} 3 & -5 \\ -1 & 2 \end{pmatrix} = \frac{1}{2}A^{-1}$$

가 성립한다.

7.2 연습문제

1. 다음을 계산하여라.

(a) $\begin{pmatrix} 1 & 0 \\ -4 & 3 \end{pmatrix} + \begin{pmatrix} 7 & 1 \\ -2 & 8 \end{pmatrix}$

(b) $\begin{pmatrix} 1 & 0 \\ -4 & 3 \end{pmatrix} \times \begin{pmatrix} 7 & 1 \\ -2 & 8 \end{pmatrix}$

(c) $3\begin{pmatrix} 1 & 0 \\ -4 & 3 \end{pmatrix} \times \begin{pmatrix} 7 & 1 \\ -2 & 8 \end{pmatrix}^T$

2. $A = \begin{pmatrix} 2 & 0 \\ 1 & 5 \end{pmatrix}$이고 $B = \begin{pmatrix} 2 & 1 \\ 1 & 4 \end{pmatrix}$일 때

(a) AB와 BA를 계산하고 $AB = BA$인지 조사하여라.

(b) $(AB)^T$, $A^T B^T$ 그리고 $B^T A^T$를 구하여라.

(c) $(A+B)^T$를 구하여라.

3. $\begin{pmatrix} b & 2 \\ 4 & 3 \end{pmatrix}\begin{pmatrix} 2 \\ -1 \end{pmatrix} - \begin{pmatrix} -1 \\ 1 \end{pmatrix} = \begin{pmatrix} a \\ b \end{pmatrix}$일 때, $a+b$의 값을 구하여라.

4. 다음 행렬 중 역행렬이 존재하는 것을 찾고 그 역행렬을 구하여라.

(a) $\begin{pmatrix} -4 & 3 \\ 2 & 5 \end{pmatrix}$ (b) $\begin{pmatrix} -5 & 1 \\ 4 & 2 \end{pmatrix}$ (c) $\begin{pmatrix} \frac{3}{2} & 3 \\ -1 & -2 \end{pmatrix}$ (d) $\begin{pmatrix} 2 & -3 \\ -4 & 6 \end{pmatrix}$

5. 다음 행렬의 역행렬을 구하여라.

$$A = \begin{pmatrix} \cos\theta & \sin\theta \\ -\sin\theta & \cos\theta \end{pmatrix}$$

《등산로》

수학적 훈련과 몸에 배인 습성 때문에 수학자들은 가끔 어떤 진술이나 주장을 원문 그대로 해석하는 경우가 있다. 이럴 경우 실제 통용되는 의미와 맞지 않는 경우가 생겨 주위를 난처하게 (또는 우습게) 만들곤 한다. 예를 들어 아이가 아빠에게 "용돈이 떨어졌습니다"라고 한 말을 "빨리 주워!!"로, 또는 "공공 장소에서는 목소리 좀 낮추세요"라고 하는 말을 "저음의 바리톤으로 이야기하세요."로 해석하거나, "나는 그 일을 하려고 피나는 노력을 했다."는 것에 대해 "피를 너무 많은 양을 흘릴 경우 사망하지 않을까?"라고 걱정하곤 한다는 것이다. (웃자고 만든 이야기겠지만~~)

수학과 유머는 둘 다 정신적인 활동이다. 머리를 싸매게 하는 무수히 많은 문제들을 해결해 나가는 과정이 바로 인간의 정신 활동이라고 할 때, 수학은 그 활동의 지성적 측면을, 유머는 그 감성적 측면을 담당한다. 다만 수학적 개념을 가지고 유머에서와 같은 장난을 하려고 한다면 이미 일정한 수학적 사고와 지식이 뒷받침되어야 하기 때문에 쉽게 접근하지 못하는 것이다.

"수학의 매듭이론은 대칭행렬과 같다."는 것이 유머로 들리십니까? 그렇다면 당신은 이미 상당한 수학적 교양을 지니신 분입니다.

7.3 가우스 소거법

정의 7.9

n개의 변수 $x_1, x_2, \cdots, x_n$으로 이루어진 하나의 **선형방정식**(linear equation) 은 $a_1x_1 + a_2x_2 + \cdots + a_nx_n = b$꼴로 표현되는데, 이때 각 실수 a_i를 x_i의 **계수**(coefficient)라 한다. 선형방정식이 여러 개로 주어졌을 때, 이 방정식들의 모임을 **선형방정식계**(system of linear equations) 또는 연립 1차 방정식, 간단히 연립방정식이라 한다.

이제 연립방정식을 행렬로 표현하는 방법에 대하여 알아보도록 하자. 예를 들어 다음 연립방정식

$$\begin{cases} 3x - 2y + z + 2w = 1 \\ x + y - z - w = -2 \\ 2x - y + 3z = 4 \end{cases}$$

에서 계수들만으로 이루어진 행렬 $\begin{pmatrix} 3 & -2 & 1 & 2 \\ 1 & 1 & -1 & -1 \\ 2 & -1 & 3 & 0 \end{pmatrix}$ 을 **계수행렬**(coefficient matrix)이라 한다. 이 방정식에 대한 **확대행렬**(augmented matrix)이란 마지막 열에 다음의 열을 첨가한 행렬인

$$\begin{pmatrix} 3 & -2 & 1 & 2 & 1 \\ 1 & 1 & -1 & -1 & -2 \\ 2 & -1 & 3 & 0 & 4 \end{pmatrix}$$

을 말한다.

일반적으로 다음과 같은 형태의 연립방정식을 동차연립방정식이라고 한다.

$$\begin{cases} a_{11}x_1 + \cdots + a_{1n}x_n = b_1 \\ a_{21}x_1 + \cdots + a_{2n}x_n = b_2 \\ \qquad\qquad \vdots \\ a_{m1}x_1 + \cdots + a_{mn}x_n = b_m \end{cases}$$

위 동차 연립방정식의 확대행렬은 다음과 같다.

$$\begin{pmatrix} a_{11} & a_{12} & \cdots & a_{1n} & b_1 \\ a_{21} & a_{22} & \cdots & a_{2n} & b_2 \\ \vdots & & & \vdots & \vdots \\ a_{m1} & a_{m2} & \cdots & a_{mn} & b_m \end{pmatrix}$$

이제 연립방정식의 여러 가지 해법 중에서 행렬의 기본행 연산을 이용하여 해를 구하는 방법에 대하여 알아본다.

다음 세 가지 연산을 **기본행연산**기본행연산(elementary row operation)이라 부른다.

1. 0이 아닌 수를 한 행에 **곱한다**.(constant multiplication)
2. 한 행에 0이 아닌 수를 곱하여 다른 행에 **더한다**.(row replacement)
3. 두 행을 **교환한다**.(row interchange)

[참고]

한 행렬이 여러 번 수행된 기본행 연산에 의하여 다른 행렬로부터 얻어질 때, 이 두 행렬을 **행동치**(row equivalent)라고 한다.

연립방정식의 확대행렬이 기본행 연산에 의하여 변화되었다고 하더라도 새로운 연립방정식의 해는 원래의 연립방정식의 해와 일치한다. 이와 같은 이유로, 주어진 연립방정식의 확대행렬을 몇 차례의 기본행 연산을 통하여 해를 구하기 위한 가장 편리한 형태로 변화시키는 것이 우리의 목표다.

예제 7.22

다음의 방정식을 기본행 연산에 의하여 풀어보자.

$$\begin{cases} x+y+z & =2 \\ 2x+3y-z & =3 \\ 3x-2y+z & =-1 \end{cases}$$

풀이

이 연립방정식의 확대행렬은

$$\begin{pmatrix} 1 & 1 & 1 & 2 \\ 2 & 3 & -1 & 3 \\ 3 & -2 & 1 & -1 \end{pmatrix}$$

②−①×2한 후, ③−①×3①를 시행하면

$$\begin{pmatrix} 1 & 1 & 1 & 2 \\ 0 & 1 & -3 & -1 \\ 0 & -5 & -2 & -7 \end{pmatrix}$$

다시 ③+②×5하면

$$\begin{pmatrix} 1 & 1 & 1 & 2 \\ 0 & 1 & -3 & -1 \\ 0 & 0 & -17 & -12 \end{pmatrix}$$

③$\times\left(-\dfrac{1}{17}\right)$하면

$$\begin{pmatrix} 1 & 1 & 1 & 2 \\ 0 & 1 & -3 & -1 \\ 0 & 0 & 1 & \dfrac{12}{17} \end{pmatrix}$$

이다. 이 마지막으로 변형된 행렬은 사다리꼴 모양이 되므로, 이러한 형태의 행렬을 **행사다리꼴**(row echelon form)이라 한다. 이 예제에서 마지막 행에서 마지막 변수 z에 대한 계수가 0이 아니므로 $z=\dfrac{12}{17}$을 구할 수 있다. 또 그 바로 위의 행에서 $y-3z=-1$이므로 $y=\dfrac{19}{17}$을 구하고, 끝으로 $x+y+z=2$에서 $x=\dfrac{3}{17}$을 차례로 얻는다.

위 과정에서 해를 구하는 순서가 z, y, x의 순서로서 변수가 늦은 것부터 구하게 되므로 이러한 방법을 **후진대입법**(backward substitution)이라 한다. 또 이러한 방법으로 해를 구하는 가정을 **가우스 소거법**(Gauss elimination)이라 한다. 즉, 가우스 소거법은 행사다리꼴로의 변환과 후진 대입법으로 나눌 수 있다.

앞의 [예제 1]에서 행사다리꼴로의 변환을 위해서는 다음과 같은 성질에서 시작하여야 한다.

행사다리꼴의 성질

(1) 연속된 두 행이 모두 0으로 되어 있지 않으면 두 번째 행의 0이 아닌 성분은 바로 위의 행의 0이 아닌 성분보다 오른쪽에서 시작한다.

(2) 모든 성분이 0이 아닐 때, 0이 아닌 첫 성분은 1이다.

(3) 모든 성분이 0인 행은 제일 아래쪽에 위치한다.

[참고]
조건 (2)에서의 성분 "1"을 그 행의 **선행성분**(leading entry)라고 한다.

예제 7.23

다음은 행사다리꼴 행렬이다.

1. $\begin{pmatrix} 1 & 3 & 1 \\ 0 & 1 & 2 \\ 0 & 0 & 1 \end{pmatrix}$ 2. $\begin{pmatrix} 1 & 2 & 2 \\ 0 & 0 & 1 \\ 0 & 0 & 0 \end{pmatrix}$

행사다리꼴에서 다음 조건을 만족할 경우 기약 행사다리꼴이라 한다.

기약 행사다리꼴

조건 (2)와 "1"을 포함하는 각 열의 다른 성분들은 모두 "0"이다.

예제 7.24

다음은 기약 행사다리꼴 행렬이다.

1. $\begin{pmatrix} 1 & 0 & 1 \\ 0 & 1 & 7 \end{pmatrix}$ 2. $\begin{pmatrix} 1 & 0 & 0 \\ 0 & 1 & 0 \\ 0 & 0 & 1 \end{pmatrix}$

예제 7.25

다음 행렬은 2열이 조건을 만족하지 못하므로 기약 행사다리꼴이 아니다.

$$\begin{pmatrix} 1 & 0 & 0 \\ 0 & 1 & 0 \\ 0 & 1 & 1 \\ 0 & 0 & 0 \end{pmatrix}$$

7.3 연습문제

1. $\begin{cases} y - 4z &= 8 \\ 2x - 3y + 2z &= 3 \\ 5x - 8y + 7z &= 1 \end{cases}$ 에 대응하는 확대행렬을 구하여라.

2. $\begin{cases} 2x - y + z &= 6 \\ 4x + y - 2z &= 3 \\ 2x - 2y - z &= -1 \end{cases}$ 의 해를 가우스 소거법을 이용하여 구하여라.

3. 다음 중 행사다리꼴 행렬을 고르시오.

(a) $\begin{pmatrix} 0 & 1 & 1 \\ 0 & 0 & 1 \\ 0 & 0 & 0 \end{pmatrix}$ (b) $\begin{pmatrix} 1 & 1 & 0 \\ 0 & 1 & 0 \\ 0 & 0 & 0 \end{pmatrix}$ (c) $\begin{pmatrix} 1 & 0 & 3 \\ 0 & 1 & 2 \\ 0 & 0 & 0 \end{pmatrix}$

4. $\begin{pmatrix} 1 & 2 & 3 \\ 1 & 0 & 1 \\ 0 & 1 & 1 \\ 1 & 1 & 1 \end{pmatrix}$ 을 기약행사다리꼴로 변형하여라.

《등산로》

히포크라데스는 밤하늘에 떠 있는 초승달을 보고 그 넓이를 구하는 방법을 생각해 냈다. OABC는 반지름이 $2a$인 사분원이고 ABD는 반원이다. 직각 삼각형 OAB의 한 변의 길이가 $2a$이므로 사분원의 넓이는

$$\frac{1}{4}(2a)^2\pi = \pi a^2$$

이다. 이때 반원의 ABD의 반지름은 **피타고라스의 정리**에 의해

$$\frac{1}{2}(\overline{AB}) = \frac{1}{2}\sqrt{(2a)^2 + (2a)^2} = \sqrt{2}a$$

이고 따라서 반원 ABD의 넓이는

$$\pi a^2$$

이다. 그러므로 사분원의 넓이와 반원의 넓이는 같다. 이때 삼각형 OAB의 넓이는

$$2a \times 2a \times \frac{1}{2} = 2a^2$$

이므로

$$\begin{aligned}(\text{활꼴 } ABC \text{의 넓이}) &= (\text{사분원 } OABC \text{의 넓이}) - (\text{삼각형 } OAB \text{의 넓이}) \\ &= \pi a^2 - 2a^2 = (\pi - 2)a^2\end{aligned}$$

이다. 따라서 구하려는 초승달의 넓이는

$$(\text{반원의 넓이}) - (\text{활꼴의 넓이}) = \pi a^2 - \pi a^2 + 2a^2 = 2a^2$$

이다.

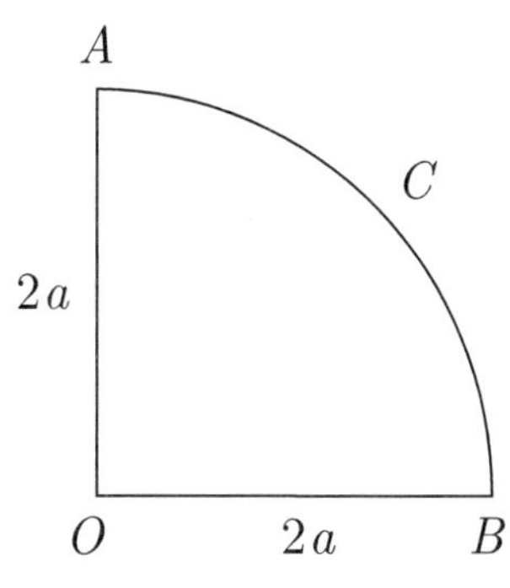

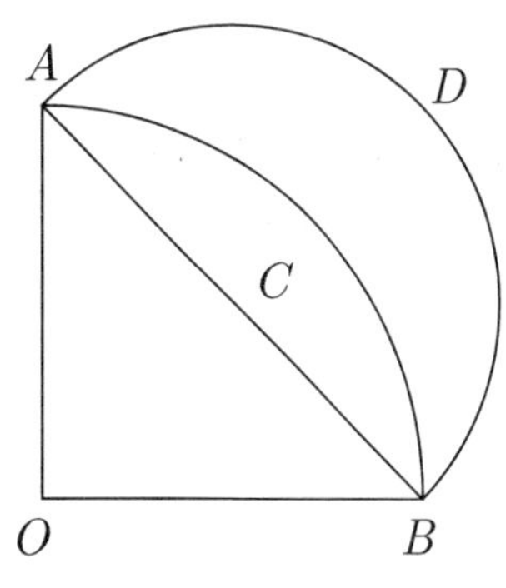

7.4 행렬식

정의 7.10

n차 정방 행렬 A가 주어졌을 때, 일정한 규칙에 따라 행렬 A의 성분을 합한 스칼라 양을 A의 **행렬식**(determinant)라 하고, $|A|$ 또는 $\det A$로 표시한다.

[참고]

행렬과는 달리 행렬식은 일정한 값을 갖는다.

먼저 1차 행렬과 2차 행렬의 행렬식 $\det A$의 값을 구하여 보자.

1. (a)의 행렬식 $|a| = a$이다.
2. $A = \begin{pmatrix} a & b \\ c & d \end{pmatrix}$일 때, $\begin{vmatrix} a & b \\ c & d \end{vmatrix} = ad - bc$

예제 7.26

$\begin{vmatrix} 3 & 5 \\ 2 & 4 \end{vmatrix} = 12 - 10 = 2$이고 $\begin{vmatrix} -1 & 1 \\ 4 & 2 \end{vmatrix} = -2 - 4 = -6$이다.

3차 이상의 행렬의 행렬식의 값을 구하기 위하여 다음과 같이 여인자를 정의한다.

정의 7.11

A를 n차 정방 행렬이라 하자. 행렬 A의 i번째 행과 j번째 열을 제외한 $n-1$차 행렬의 행렬식을 A의 $(i,\ j)-$**소행렬식**(minor)이라 하고. $M_{ij}(A)$로 나타낸다. 또한

$$A_{ij} = (-1)^{i+j} M_{ij}(A)$$

를 A의 **여인자**(cofactor)로 정의한다.

예제 7.27

3차 정방행렬

$$A = \begin{pmatrix} 1 & 2 & 3 \\ 0 & 1 & 2 \\ -1 & 2 & 1 \end{pmatrix}$$

에 대하여 $M_{12}(A)$와 A_{12}를 구하여라.

풀이

$M_{12}(A)$는 행렬 A의 1행과 2열을 제외한 행렬 $\begin{pmatrix} 0 & 2 \\ -1 & 1 \end{pmatrix}$의 행렬식이므로

$$\begin{vmatrix} 0 & 2 \\ -1 & 1 \end{vmatrix} = 2$$

이다. 따라서

$$A_{12} = (-1)^{1+2}2 = -2$$

이다.

n차 정방행렬 A의 행렬식의 값은 다음과 같이 구할 수 있다.

$$\det A = a_{i1}A_{i1} + a_{i2}A_{i2} + \cdots + a_{in}A_{in}$$

또는

$$\det A = a_{1j}A_{1j} + a_{2j}A_{2j} + \cdots + a_{nj}A_{nj}$$

예제 7.28

3차 정방행렬

$$A = \begin{pmatrix} -1 & 0 & 1 \\ 2 & 1 & 1 \\ -1 & 3 & 0 \end{pmatrix}$$

의 행렬식의 값을 구하여라.

풀이

두 가지 방법으로 계산해 보자.

1. 먼저 2행을 중심으로 전개하면

$$\begin{aligned}\det A &= a_{21}A_{21} + a_{22}A_{22} + a_{23}A_{23} \\ &= 2\cdot(-1)M_{21}(A) + 1\cdot M_{22}(A) + 1\cdot(-1)M_{23}(A) \\ &= (-2)\begin{vmatrix} 0 & 1 \\ 3 & 0 \end{vmatrix} + \begin{vmatrix} -1 & 1 \\ -1 & 0 \end{vmatrix} + \begin{vmatrix} -1 & 0 \\ -1 & 3 \end{vmatrix} = 6+1+3 = 10\end{aligned}$$

   이다.

2. 이제 3열을 중심으로 전개하면

$$\begin{aligned}\det A &= a_{13}A_{13} + a_{23}A_{23} + a_{33}A_{33} \\ &= 1\cdot M_{13}(A) + (-1)\cdot M_{23}(A) + 0\cdot M_{33}(A) \\ &= \begin{vmatrix} 2 & 1 \\ -1 & 3 \end{vmatrix} - \begin{vmatrix} -1 & 0 \\ -1 & 3 \end{vmatrix} = 7+3 = 10\end{aligned}$$

   이다.

[참고]

위의 예제에서와 같이 행렬식의 값은 어느 행이나 열을 중심으로 계산하여도 같은 값을 얻을 수 있다.

4차 이상의 행렬식을 그 계산해야 하는 경우 계산 자체가 대단히 지루해지므로 특별한 경우는 다음과 같이 계산하면 편리할 때도 있다.

A를 n차 정방행렬이라 하자.

1. A의 한 행이나 열이 모두 0이면 $\det A = 0$이다.
2. 서로 다른 두 행이나 열이 서로 바뀌면 행렬식의 값은 $-\det A$.
3. 행렬 A의 한 행 또는 한 열에 상수 k를 곱하면 행렬식의 값은 $k(\det(A))$이다.
4. 두 행 또는 두 열의 성분이 같으면 $\det A = 0$이다.
5. 대각성분의 상부 또는 하부의 성분이 모두 0 이면 행렬식의 값은 대각성분의 곱이다.

6. 행렬A와 그 전치행렬 A^T의 행렬식의 값은 같다. 즉, $\det A = \det(A^T)$

예제 7.29

1. $\begin{vmatrix} 0 & 1 & -1 \\ 0 & 2 & 2 \\ 0 & 3 & 5 \end{vmatrix} = 0$

2. $\begin{vmatrix} 1 & 2 & 3 \\ -1 & 2 & 5 \\ 0 & 6 & 3 \end{vmatrix} = \begin{vmatrix} 3 & 2 & 1 \\ 5 & 2 & -1 \\ 3 & 6 & 0 \end{vmatrix}$

3. $\begin{vmatrix} 2 & 4 \\ 6 & 8 \end{vmatrix} = 2\begin{vmatrix} 1 & 4 \\ 3 & 8 \end{vmatrix} = 2\cdot 2\begin{vmatrix} 1 & 2 \\ 3 & 4 \end{vmatrix} = 2\cdot 2\cdot 2\begin{vmatrix} 1 & 1 \\ 3 & 2 \end{vmatrix} = -8.$

4. $\begin{vmatrix} 1 & 2 & 3 \\ -1 & 4 & 6 \\ 1 & 2 & 3 \end{vmatrix} = 0$

5. $\begin{vmatrix} 2 & 0 & 0 \\ -2 & 5 & 0 \\ 5 & 6 & 3 \end{vmatrix} = 2\times 5\times 3 = 30$

6. $\begin{vmatrix} 1 & 5 & 7 \\ 0 & -1 & 2 \\ 0 & 0 & 1 \end{vmatrix} = -1$이고 $\begin{vmatrix} 1 & 0 & 0 \\ 2 & 1 & 0 \\ 3 & 2 & 1 \end{vmatrix} = 1.$

[참고]

$\begin{vmatrix} 2 & 4 \\ 6 & 8 \end{vmatrix} \neq 2\begin{vmatrix} 1 & 2 \\ 3 & 4 \end{vmatrix} = 2\cdot(-2) = -4$임에 주의해야 한다.

예제 7.30

$\begin{vmatrix} a & b & c \\ 1 & 2 & 3 \\ 3 & 4 & 5 \end{vmatrix} = 5$일 때 다음 값을 계산하여라.

1. $\begin{vmatrix} a+1 & b+2 & c+3 \\ 1 & 2 & 3 \\ 3 & 4 & 5 \end{vmatrix}$

2. $\begin{vmatrix} 2a & 2b & 2c \\ 2 & 4 & 6 \\ 6 & 8 & 10 \end{vmatrix}$

풀이

1. $\begin{vmatrix} a+1 & b+2 & c+3 \\ 1 & 2 & 3 \\ 6 & 7 & 8 \end{vmatrix} = \begin{vmatrix} a & b & c \\ 1 & 2 & 3 \\ 6 & 7 & 8 \end{vmatrix} + \begin{vmatrix} 1 & 2 & 3 \\ 1 & 2 & 3 \\ 6 & 7 & 8 \end{vmatrix} = 5 + 0 = 5$

2. $\begin{vmatrix} 2a & 2b & 2c \\ 2 & 4 & 6 \\ 6 & 8 & 10 \end{vmatrix} = 2\begin{vmatrix} a & b & c \\ 2 & 4 & 6 \\ 6 & 8 & 10 \end{vmatrix} = 2 \cdot 2\begin{vmatrix} a & b & c \\ 1 & 2 & 3 \\ 6 & 8 & 10 \end{vmatrix} = 2 \cdot 2 \cdot 2\begin{vmatrix} a & b & c \\ 1 & 2 & 3 \\ 3 & 4 & 5 \end{vmatrix} = 40$

예제 7.31

다음 방정식을 풀어라(단 $x > 0$).

$$\begin{vmatrix} x & 7 & -4 \\ 0 & 1 & 1 \\ 0 & 0 & x \end{vmatrix} = 1$$

풀이

삼각행렬의 행렬식이므로 대각성분으로부터 해를 구할 수 있다. 즉, $x^2 = 1$에서 $x = \pm 1$이다. 이때 $x > 0$이므로 구하는 해는 $x = 1$이다.

정의 7.12

n차 정방행렬 A에 대하여 A_{ij}를 그 여인자라고 하자. 이때 행렬

$$\begin{pmatrix} A_{11} & A_{21} & \cdots & A_{n1} \\ A_{12} & A_{22} & \cdots & A_{n2} \\ \vdots & \vdots & \vdots & \vdots \\ A_{1n} & A_{2n} & \cdots & A_{nn} \end{pmatrix}$$

을 행렬 A의 **수반행렬**(adjoint matrix of A)이라 하고 adj(A)로 표시한다.

예제 7.32

다음 행렬의 수반행렬을 구하여라.

$$A = \begin{pmatrix} 3 & 2 & -1 \\ 1 & 6 & 3 \\ 1 & 4 & 0 \end{pmatrix}$$

풀이

$$A_{11} = M_{11} = \begin{vmatrix} 6 & 3 \\ 4 & 0 \end{vmatrix} = -12, \quad A_{12} = -M_{12} = -\begin{vmatrix} 1 & 3 \\ 2 & 0 \end{vmatrix} = 6,$$

$$A_{13} = M_{13} = \begin{vmatrix} 1 & 6 \\ 1 & 0 \end{vmatrix} = -6,$$

$$A_{21} = -M_{21} = -\begin{vmatrix} 2 & -1 \\ 4 & 0 \end{vmatrix} = -4, \quad A_{22} = M_{22} = \begin{vmatrix} 3 & -1 \\ 1 & 0 \end{vmatrix} = 1,$$

$$A_{23} = -M_{23} = -\begin{vmatrix} 3 & 2 \\ 1 & 4 \end{vmatrix} = -10,$$

$$A_{31} = M_{31} = \begin{vmatrix} 2 & -1 \\ 6 & 3 \end{vmatrix} = 12, \quad A_{32} = -M_{32} = -\begin{vmatrix} 3 & -1 \\ 1 & 3 \end{vmatrix} = -10,$$

$$A_{33} = M_{33} = \begin{vmatrix} 3 & 2 \\ 1 & 6 \end{vmatrix} = 16$$

이므로 $\mathrm{adj}A = \begin{pmatrix} -12 & -4 & 12 \\ 6 & 1 & -10 \\ -6 & -10 & 16 \end{pmatrix}$ 이다.

2차 이상의 가역행렬에 대하여 그 역행렬은 다음과 같다.

$$A^{-1} = \frac{1}{\det(A)}\mathrm{adj}(A)$$

예제 7.33

행렬 $A = \begin{pmatrix} 3 & 2 & -1 \\ 1 & 6 & 3 \\ 1 & 4 & 0 \end{pmatrix}$ 의 역행렬을 구하여라.

풀이

$$\det(A) = 3 \cdot (-12) + 2 \cdot 6 + (-1) \cdot (-6) = -36 + 12 + 6 = 18$$

이고

$$\text{adj}A = \begin{pmatrix} -12 & -4 & 12 \\ 6 & 1 & -10 \\ -6 & -10 & 16 \end{pmatrix}$$

이므로 구하는 역행렬은

$$A^{-1} = \frac{1}{18} \begin{pmatrix} -12 & -4 & 12 \\ 6 & 1 & -10 \\ -6 & -10 & 16 \end{pmatrix}$$

이다.

이제 역행렬을 이용하여 주어진 연립방정식의 해를 구하여 보자. 일반적으로 다음과 같이 주어진 연립방정식

$$\begin{cases} a_{11}x_1 + \cdots + a_{1n}x_n &= b_1 \\ a_{21}x_1 + \cdots + a_{2n}x_n &= b_2 \\ &\vdots \\ a_{m1}x_{1+} \cdots + a_{mn}x_n &= b_m \end{cases} \quad \cdots \ (1)$$

에서 계수행렬 $A = \begin{pmatrix} a_{11} & a_{12} & \cdots & a_{1n} \\ a_{21} & a_{22} & \cdots & a_{2n} \\ \vdots & & & \vdots \\ a_{m1} & a_{m2} & \cdots & a_{mn} \end{pmatrix}$ 와 $X = \begin{pmatrix} x_1 \\ x_2 \\ \vdots \\ x_n \end{pmatrix}$ 그리고 $B = \begin{pmatrix} b1 \\ b_2 \\ \vdots \\ b_n \end{pmatrix}$ 로 주어진 연립방정식 (1)을 다시 나타내면 $AX = B$의 꼴로 표현할 수 있다. 계수행렬 A의 역행렬 A^{-1}을 구하여 양변에 곱하면 $A^{-1}AX = A^{-1}B$가 되어, 이로부터 $X = A^{-1}B$이 됨을 알 수 있고,

여기서 $x_1, x_2, \cdots, x_n$을 구할 수 있다.

예제 7.34

다음의 연립방정식의 해를 구하여라.

$$\begin{cases} x+y+z &= 2 \\ 2x+3y-z &= 3 \\ 3x-2y+z &= -1 \end{cases}$$

풀이

주어진 연립방정식의 계수행렬 $A = \begin{pmatrix} 1 & 1 & 1 \\ 2 & 3 & -1 \\ 3 & -2 & 1 \end{pmatrix}$에 대하여 $\det(A) = -17$이므로

A역행렬은

$$A^{-1} = -\frac{1}{17}\begin{pmatrix} 1 & -3 & -4 \\ -5 & -2 & 3 \\ -13 & 5 & 1 \end{pmatrix} = \begin{pmatrix} -\frac{1}{17} & \frac{3}{17} & \frac{4}{17} \\ \frac{5}{17} & \frac{2}{17} & -\frac{3}{17} \\ \frac{13}{17} & -\frac{5}{17} & -\frac{1}{17} \end{pmatrix}$$

이다. 이때

$$X = A^{-1}B = \begin{pmatrix} -\frac{1}{17} & \frac{3}{17} & \frac{4}{17} \\ \frac{5}{17} & \frac{2}{17} & -\frac{3}{17} \\ \frac{13}{17} & -\frac{5}{17} & -\frac{1}{17} \end{pmatrix}\begin{pmatrix} 2 \\ 3 \\ -1 \end{pmatrix} = \begin{pmatrix} \frac{3}{17} \\ \frac{19}{17} \\ \frac{12}{17} \end{pmatrix}$$

이므로

$$x = \frac{3}{17},\ y = \frac{19}{17},\ z = \frac{12}{17}$$

이다.

7.4 연습문제

1. 다음 행렬식의 값을 계산하여라.

(a) $\begin{vmatrix} -2 & 3 \\ 3 & 2 \end{vmatrix}$ (b) $\begin{vmatrix} -4 & 0 & 2 \\ 8 & 0 & 4 \\ 3 & 0 & 5 \end{vmatrix}$ (c) $\begin{vmatrix} -2 & 0 & 3 \\ 7 & 2 & 1 \\ 0 & 4 & 5 \end{vmatrix}$

2. $\begin{vmatrix} a & b & c \\ 1 & 2 & 3 \\ v & w & u \end{vmatrix} = 1$일 때 다음 값을 계산하여라.

(a) $\begin{vmatrix} 4+a & 8+b & 12+c \\ 1 & 2 & 3 \\ v & w & u \end{vmatrix}$ (b) $\begin{vmatrix} 3a & 3b & 3c \\ 2 & 4 & 6 \\ 3v & 3w & 3u \end{vmatrix}$

3. 행렬 $A = \begin{pmatrix} 1 & -1 & 1 \\ 0 & 2 & 1 \\ 1 & 3 & 0 \end{pmatrix}$에 대하여 다음을 구하여라.

(a) 행렬 A의 수반 행렬 (b) 행렬 A의 역행렬

4. $A^{-1} = \dfrac{1}{\det(A)}\mathrm{adj}(A)$를 이용하여 $A = \begin{pmatrix} 1 & 0 & 2 \\ 2 & -1 & 3 \\ 4 & 1 & 8 \end{pmatrix}$의 역행렬을 구하여라.

5. 연립방정식 $\begin{cases} x - y + z & = 3 \\ 2y - z & = 1 \\ 2x + 3y & = 4 \end{cases}$ 해를 역행렬을 이용하여 구하여라.

《등산로》

특이점 연구의 하나로 **파국이론** 또는 **카타스트로피**(Catastrophe) 이론이라고 불리는 분야가 있다. 프랑스의 **르네 톰**(1923~)과 영국의 지만 교수에 의해 창시된 이론으로 지만 교수는 개의 심리와 행동에 관한 분석을 다음과 같이 제시하였다. 개를 내몰면, 처음에는 공포심이 강하기 때문에 꼬리를 감추고 도망가려 하지만 자꾸 몰아붙이면 오히려 상대에게 덤벼들게 된다는 것이다. 하지만 교수는 이러한 방법으로 나라의 국방 문제나 남녀 간의 애정 문제까지 보기를 들어 설명했다. 그러나 카타스트로피 이론을 사회과학 분야에 응용하는 것은 흥미롭기는 하지만 충분한 것이 되지 못한다. 따라서 현재로서는 주로 자연과학 분야에서 다뤄지고 있다.

뫼비우스 띠, 매듭놀이, 사람의 가마는 왜 생겼는가? 겁먹은 개가 왜 덤비는가 등등에 관한 연구를 해서 뭐하려고 그러는가? 하는 이야기를 자주 듣곤 한다. 수학이 당장 어느 곳에선가 긴요하게 쓰이게 되는 경우도 있지만 그렇지 못한 경우도 있다. (먼 훗날 반드시 쓰이게 되겠지만 ...) 수학자들은 말한다. 최고의 학문인 수학이란 이러한 싱거운 일에 정열을 불태우는 것 그 자체에 더할 나위 없는 가치가 있다고~~

김용욱, 《**김용국의 재미있는 수학여행**》중에서

진리가 너희를 자유케 하리라! - 요한복음 8장 2절

7.5 크래머의 공식

앞 절에서 다루었던 n개의 미지수를 갖는 n개의 1차 방정식으로 이루어진 연립방정식을 해결하는 방법인 역행렬을 이용하는 방법 외에 또 다른 해법을 소개하도록 한다.

크래머(Cramer) 공식

연립방정식의 계수 행렬 A에 대하여 $\det(A) \neq 0$이면 주어진 연립방정식은 유일한 해

$$x_1 = \frac{\det(C_1)}{\det A},\ x_2 = \frac{\det(C_2)}{\det A},\ \cdots,\ x_n = \frac{\det(C_n)}{\det A}$$

를 갖는다. 여기서 C_j는 A의 j번째 열의 성분을 B의 성분으로 바꾼 행렬(확대행렬)이다.

예제 7.35

다음 연립방정식을 풀어라.

$$\begin{cases} x + y = 1 \\ x - 2y = 0 \end{cases}$$

풀이

계수행렬 $A = \begin{pmatrix} 1 & 1 \\ 1 & -2 \end{pmatrix}$의 행렬식의 값은 -3이므로 주어진 연립방정식은 유일한 해를 갖는다. 이때 $B = \begin{pmatrix} 1 \\ 0 \end{pmatrix}$이므로 $C_1 = \begin{pmatrix} 1 & 1 \\ 0 & -2 \end{pmatrix}$과 $C_2 = \begin{pmatrix} 1 & 1 \\ 1 & 0 \end{pmatrix}$을 얻고 $\det(C_1) = -2$이고 $\det(C_2) = -1$가 되어 $x = \frac{2}{3}$이고 $y = \frac{1}{3}$이다.

예제 7.36

포물선 $y = ax^2 + bx - 1$이 두 점$(-2,\ 5)$와 $(2,\ 9)$를 지날 때 a, b의 값을 정하여라. 주어진 포물선이 점 $(-2,\ 5)$를 지나므로 $5 = 4a - 2b - 1 \cdots (1)$이다. 또한 점 $(2,\ 9)$를 지나므로 $9 = 4a + 2b - 1 \cdots (2)$이다. 식 (1)과 (2)로 부터 연립방정식

$$\begin{cases} 2a - b \quad = 3 \\ 2a + b \quad = 5 \end{cases}$$

를 얻는다. 이 연립방정식을 풀기 위하여

$$A = \begin{pmatrix} 2 & -1 \\ 2 & 1 \end{pmatrix},\ X = \begin{pmatrix} a \\ b \end{pmatrix},\ B = \begin{pmatrix} 3 \\ 5 \end{pmatrix}$$

라 하면 $\det A = 4$이므로, **크래머**(Cramer)의 공식에 의하여

$$a = \frac{\begin{vmatrix} 3 & -1 \\ 5 & 1 \end{vmatrix}}{4} \text{ 이고 } b = \frac{\begin{vmatrix} 2 & 3 \\ 2 & 5 \end{vmatrix}}{4}$$

이다. 이것으로부터 $a = 2,\ b = 1$을 얻을 수 있다.

예제 7.37

다음 연립방정식을 풀어라.

$$\begin{cases} x + 2z = 6 \\ -3x + 4y + 6z = 30 \\ -x - 2y + 3z = 8 \end{cases}$$

풀이

계수행렬 $A = \begin{pmatrix} 1 & 0 & 2 \\ -3 & 4 & 6 \\ -1 & -2 & 3 \end{pmatrix}$의 행렬식의 값은 $|A| = 44$이다. 이때 각 확대행렬의 행렬식의 값을 구해 보면

$$|C_1| = \begin{vmatrix} 6 & 0 & 2 \\ 30 & 4 & 6 \\ 8 & -2 & 3 \end{vmatrix} = 40,\ |C_2| = \begin{vmatrix} 1 & 6 & 2 \\ -3 & 30 & 6 \\ -1 & 8 & 3 \end{vmatrix} = 72,\ |C_3| = \begin{vmatrix} 1 & 0 & 6 \\ -3 & 4 & 30 \\ -1 & -2 & 8 \end{vmatrix} = 38$$

이다. 따라서

$$x = -\frac{10}{11},\ y = \frac{18}{11},\ z = \frac{38}{11}$$

이다.

7.5 연습문제

1. 다음 연립방정식을 풀어라.

(a) $\begin{cases} x - 5y = -2 \\ 3x + 2y = 11 \end{cases}$

(b) $\begin{cases} x - 3y + z = 4 \\ 2x - y = -2 \\ 4x - 3z = 0 \end{cases}$

(c) $\begin{cases} 2x - 3y = 1 \\ 6x - 9y = 2 \end{cases}$

2. 포물선 $y = ax^2 + bx + c(a,\ b,\ c \neq 0)$이 점 $(-1,\ 3)$을 지나고 점 $(2,\ 9)$에서 수평인 접선을 갖고 있을 때 a, b, c의 값을 구하여라.

《등산로》

100원짜리 동전 2개 A와 B가 있다. 동전 A를 고정해 놓고, 다른 1개의 동전 B를 A에 붙여서 회전시키면서 A의 둘레를 한 바퀴 돌렸다고 하자. 이때 동전 B는 몇 회전 했을까?

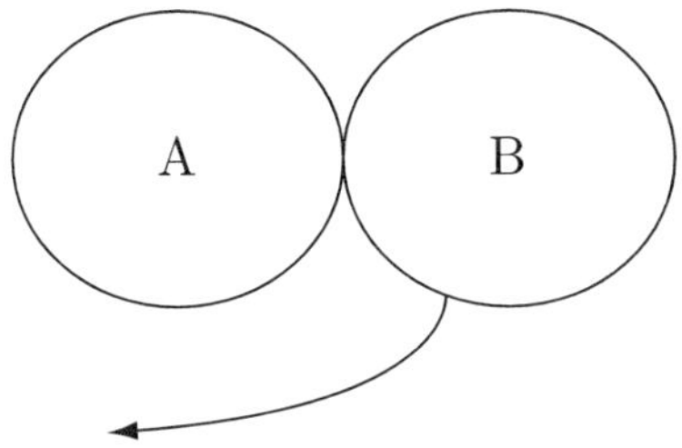

실제로 확인해보면 동전 B는 2회전 하는 것을 알 수 있을 것이다. 그러나 이것은 동전 A와 동전 B를 위에서 보았을 때의 경우이다. 동전 A에 대하여 말하면 동전 B는 1회전만 하는 것이 된다. 마찬가지로 과연 달이 지구의 둘레를 한 바퀴 돌았을 때, 달은 몇 회전을 한 것일까? 달은 스스로 자전하므로 항상 지구에게 한 면만 보이게 된다. 따라서 지구에 대하여 달은 회전하지 않는다. 그러나 지구와 달의 밖에서 보고 있노라면 지구가 정지해 있을 때 달은 1회전하고 있는 것이다.

어떤 사물이 기울어져 있다든지 또는 삐뚤어져 있다든지 하는 말에는 반드시 기준이 되는 '무엇에 대하여'라는 것이 필요하다. 상대방의 성품이나 행동을 보고 틀렸다거나 나쁘다고 말하려면 거기에 맞는 기준 '무엇에 대하여'를 정확히 말해야 한다. 아무 근거도 없이 자기 생각과 다르다 하여 남을 흉보는 일은 이제 그만하자.

IQ(**지능지수**: Intelligence quotient)와 EQ(**감성지수**: Emotional Intelligence quotient) 시대는 지나갔습니다. 이제 MQ(**도덕지수**: Moral Intelligence quotient)와 GQ(**세계화지수**: Global Intelligence quotient)의 시대입니다.

제 8 장
복소수

12세기 인도의 수학자인 바스카라는 “양수의 제곱은 물론이고 음수의 제곱도 양수이다. 음수는 제곱수가 아니므로 음수의 제곱근은 없다”라고 했다. 세월이 흐른 후 수학자들은 $\sqrt{-1}$과 같은 표현을 허수라 불렀는데, 적절한 표현은 아니지만 17세기 **데카르트**(Rene Descartes)가 처음으로 이렇게 불렀다. 복소수는 실수와 허수의 합으로 나타낸다. 봄벨리(Rafal Bombelli, 1526~1572)는 복소수를 삼차방정식의 근으로 생각하였고, 복소수의 사칙연산을 공식화하였다. **오일러**(Euler, 1707~1783)가 허수단위의 기호 i를 도입하였다.

$$e^{i\pi} + 1 = 0$$

8.1 복소수

제곱하여 음수 -1이 되는 새로운 수 하나를 문자 i로 나타내고 **허수단위**(imaginary unit)라 한다.

정의 8.1

두 실수 a, b와 허수단위 i에 대하여 $a+bi$의 꼴로 나타나는 수를 **복소수**(complex number)라 하고, a를 **실수부분**(real part), b를 **허수부분**(imaginary part)이라고 한다.

[참고]

$i^2 = -1$, 즉 $i = \sqrt{-1}$ 이어서 양수 a에 대하여 $\sqrt{-a} = \sqrt{a}i$이며, 음수 $-a$의 제곱근은 $\pm\sqrt{a}i$이다.

정의 8.2

복소수 $a + bi$에서 $b \neq 0$일 때의 실수가 아닌 복소수를 **허수**(imaginary number)라고 한다. 또 $b = 0$일 때 $0 \cdot i = 0$으로 정의하면 복소수 $a + bi$는 실수 a와 같다. 특히, 복소수 $a + bi$에서 $a = 0$이고, $b \neq 0$인 복소수를 **순허수**(pure imaginary)라고 한다.

복소수 $a + bi$의 분류

$$
\text{복소수 } (a+bi) \begin{cases} \text{실수 } (b=0) \\ \text{허수 } (b \neq 0) \begin{cases} \text{순허수 } (a=0) \\ \text{순허수가 아닌 허수 } (a \neq 0) \end{cases} \end{cases}
$$

[참고]

실수를 제곱하면 양수 또는 0이 되지만 허수는 제곱하면 음수 또는 허수가 된다. 또, 실수끼리는 대소 관계를 판정할 수 있으나 허수끼리는 대소 관계를 판정할 수 없다.

예제 8.1

다음을 계산하여라.

1. $(-2i)(-i)$ 2. $(-i)^3$ 3. i^5, i^6, i^7, i^8

풀이

1. $(-2i)(-i) = -5$
2. $(-i)^3 = -i^2 \cdot i = -(-1) \cdot i = i$
3. $i^5 = (i^2)^2 i = i, \quad i^6 = (i^2)^3 = -1,$
   $i^7 = (i^2)^3 i = (-1)^3 i = -i, \quad i^8 = (i^2)^4 = (-i)^4 = 1$

예제 8.2

다음 수의 제곱근을 구하여라.

1. -25
2. $-\dfrac{8}{5}$
3. -1

풀이

1. $\pm\sqrt{25}i = \pm 5i$
2. $\pm\sqrt{\dfrac{8}{5}}i = \pm\dfrac{2\sqrt{10}}{5}i$
3. $\pm\sqrt{-1} = \pm i$

실수를 수직선 위의 점에 일대일로 대응시키는 것처럼 복소수를 좌표평면 위의 점에 대응시켜보자. 임의의 복소수 $z = a + bi$를 좌표평면 위의 점 $P(a,\ b)$에 일대일로 대응시킬 수 있다. 역으로, 좌표평면 위에 있는 임의의 점 $P(a,\ b)$를 복소수 $z = a + bi$에 일대일로 대응시킬 수 있다. 따라서 복소수 전체의 집합과 좌표평면 위의 점 전체의 집합 사이에는 일대일 대응이 있다. 이때, 각 점이 복소수를 나타내는 좌표평면을 복소평면 또는 가우스평면이라 하고, 복소수 $z = a + bi$를 나타내는 점 P를 $P(z)$ 또는 $P(a + bi)$로 나타낸다.

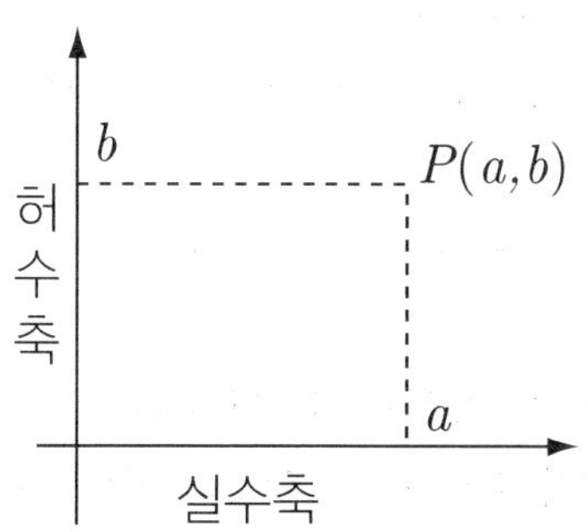

이때 x축을 실수축이라고 하고, y축을 허수축이라고 한다. 또

$$a = \mathrm{Re}z, \ b = \mathrm{Im}z$$

으로 쓰고 a를 **실수부**(real part), b를 **허수부**(imaginary part)라 한다.

예제 8.3

복소수 $2+3i$를 복소평면 위에 나타내어라.

풀이

복소수 $2+3i$의 실수부분은 2이고 허수부분은 3이므로 복소평면 위의 점 $P(2,\ 3)$에 대응시킬 수 있다.

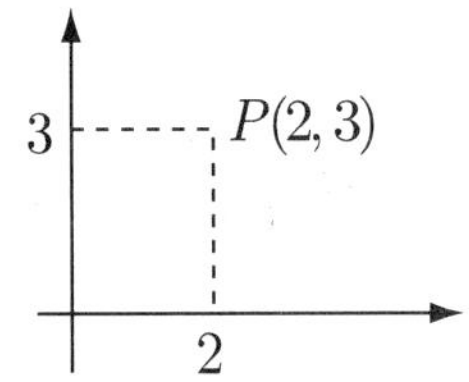

예제 8.4

복소평면 위에서 $2+3i$, $-1-3i$, $-3+2i$를 나타내는 점을 꼭지점으로 하는 삼각형을 실수축을 따라서 3만큼, 허수축을 따라서 -2만큼 평행 이동했을 때의 꼭지점을 각각 구하여라.

풀이

각각 $5+i$, $4-5i$, 0을 꼭지점으로 하는 삼각형이 된다.

정의 8.3

복소수 $z=a+bi$에 대하여, 복소수 $a-bi$를 z의 **켤레복소수**(conjugate complex number)라 하고, 이것을 $\bar{z}$ 또는 $\overline{a+bi}$ 로 나타낸다.

[참고]

서로 켤레인 두 복소수를 더하거나 곱하면 실수가 된다.

복소수 z와 $-z$는 원점에 대하여 대칭이고, z와 $\bar{z}$는 실수축에 대하여 대칭이다.

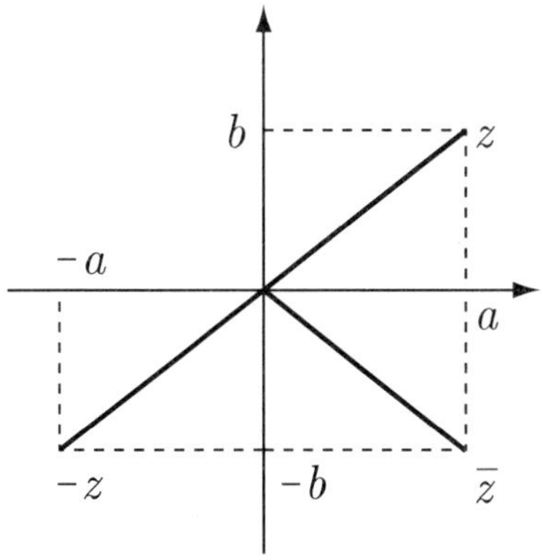

예제 8.5

복소수 $2+5i$에 대하여 다음을 구하여라.

1. y축 대칭인 점
2. x축 대칭인 점
3. 원점 대칭인 점

풀이

1. $-2+5i$
2. x축 대칭인 점은 켤레복소수이므로 $2-5i$이다.
3. 원점 대칭인 점은 $-2-5i$이다.

8.1 연습문제

1. i^{10}, i^{11}, i^{12}, i^{13}의 값을 구하여라.

2. 복소수 $3 - 2i$에 대하여 다음을 구하여라.

   (a) y축 대칭인 점 (b) x축 대칭인 점 (c) 원점 대칭인 점

3. 다음수를 허수단위를 이용하여 나타내어라.

   (a) $\sqrt{-5}$ (b) $-\sqrt{-25}$ (c) $\sqrt{-2}\sqrt{-3}\sqrt{-5}$

4. 다음 등식을 만족시키는 실수 x, y를 구하여라.

   (a) $2x - 9i = 4 + 3yi$ (b) $9x + (2x + y)i = 18 + 7i$

5. 다음 수의 제곱근을 구하여라.

   (a) -49 (b) $-\dfrac{9}{16}$ (c) $-\dfrac{10}{7}$

6. 다음 복소수에 대응하는 점과 각 켤레복소수를 복소평면 위에 나타내어라.

   (a) $1 + 3i$ (b) -4 (c) $2i$ (d) $1 - i$

《등산로》

지수함수와 복소수와는 밀접한 관계가 있으면 다음의 등식은 여러 가지 방법으로 증명할 수 있다.

$$e^{i\theta} = \cos\theta + i\sin\theta$$

$\theta = \pi$일 때, $e^{i\pi} = \cos\pi + i\sin\pi = -1$이므로 다음의 식이 얻어진다.

$$e^{i\pi} + 1 = 0$$

위 식을 오일러 식이라고 하며, 세상에서 가장 중요한 정수 $0, 1$과 무리수 π와 e, 허수 i로 만든 가장 아름다운 식 중의 하나이다.

8.2 복소수의 연산

두 복소수 $\alpha = a + bi$와 $\beta = c + di$의 사직 연산을 다음과 같이 정의한다.

1. 덧셈: $\alpha + \beta = (a + bi) + (c + di) = (a + c) + (b + d)i$
2. 뺄셈: $\alpha - \beta = (a + bi) - (c + di) = (a - c) + (b - d)i$
3. 곱셈: $\alpha\beta = (a + bi)(c + di) = (ac - bd) + (ad + bc)i$
4. 나눗셈: $\dfrac{\alpha}{\beta} = \dfrac{a + bi}{c + di} = \dfrac{ac + bd}{c^2 + d^2} + \dfrac{bc - ad}{c^2 + d^2}$ (단, $\beta \neq 0$)

두 복소수의 $\alpha = a + bi$와 $\beta = c + di$ 합 $\alpha + \beta$에 대하여 자세히 알아보자. 점 O를 원점으로 하는 복소 평면에서 세 복소수 α, β, $\alpha + \beta$를 나타내는 점을 각각 P_1, P_2, P_3라 할 때, 이 세 점의 좌표는 차례로 $(a,\ b)$, $(c,\ d)$, $(a + c,\ b + d)$이다. 이때, 두 복소수의 합을 나타내는 점 P_3은 OP_1과 OP_2를 이웃 두 변으로 하는 평행사변형의 한 꼭지점이다. (그림 1)

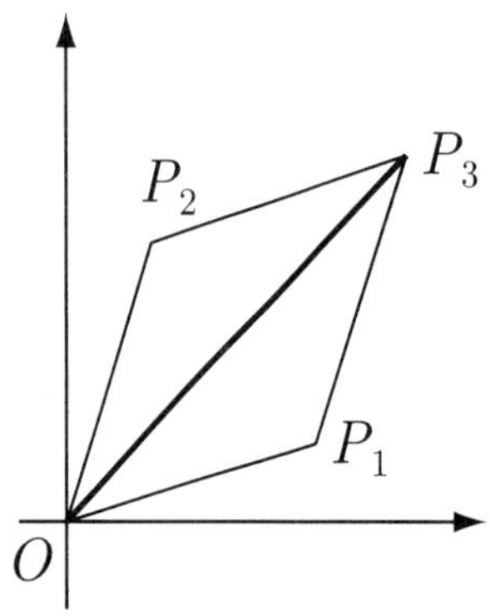

[그림 1]

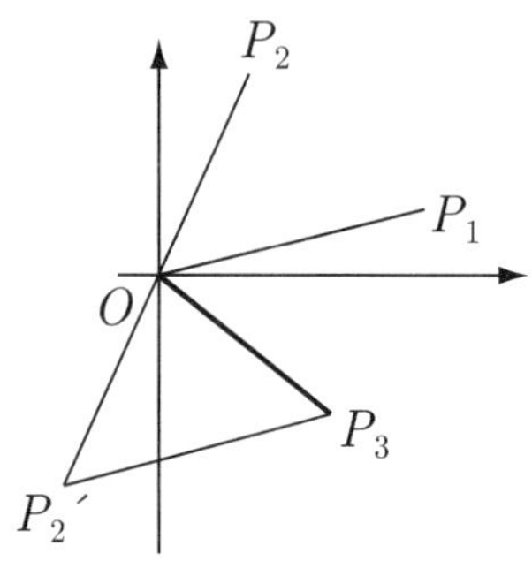

[그림 2]

이제 복소수 $\alpha = a + bi$에서 복소수 $\beta = c + di$를 뺀 값 $\alpha - \beta$에 대하여 알아보자. 복소평면에서 α와 β를 나타내는 점을 각각 P_1, P_2라고 하면 $-\beta$를 나타내는 점 P_2'은 점 P_2와 원점 O에 대하여 대칭이다. 이때, $\alpha - \beta = \alpha + (-\beta)$이므로 $\alpha - \beta$를 나타내는 점 P_3는 평행사변형 $OP_2'P_3P_1$의 한 꼭지점이다.(그림 2)

예제 8.6

1. $(2 - 3i) + (-3 + 5i) = (2 - 3) + (-3 + 5)i = -1 + 2i$
2. $(2 + 3i) + (3 + 5i) = (2 + 3) + (3 + 5)i = 5 + 8i$

예제 8.7

$\alpha = 1+2i$이고 $\beta = 3+2i$라고 할 때, $\alpha+\beta$를 나타내는 점을 복소평면 위에 나타내어라.

풀이

$\alpha = 2 + 2i$를 나타내는 점을 P_1으로 하고, $\beta = 3 + 2i$를 나타내는 점을 P_2로 할 때 $\alpha + \beta = 5 + 4i$를 나타내는 점 P는 선분 OP_1, OP_2를 이웃한 두 변으로 하는 평행사변형의 제4의 꼭지점이다.

예제 8.8

$\alpha = 4+2i$이고 $\beta = 3-5i$라고 할 때, $\alpha-\beta$를 나타내는 점을 복소평면 위에 나타내어라.

풀이

$\alpha = 4 + 2i$를 나타내는 점을 P_1으로 하고, $\beta = 3 - 5i$를 나타내는 점을 P_2로 할 때, $-\beta$를 나타내는 점은 P_2'이므로 $\alpha - \beta = 1 + 7i$를 나타내는 점 P는 선분 OP_1, OP_2'을 이웃한 두 변으로 하는 **평행사변형**의 제4의 꼭지점이다.

두 복소수 α, β에 대하여 다음이 성립한다.

1. $\overline{\alpha \pm \beta} = \overline{\alpha} \pm \overline{\beta}$
2. $\overline{\alpha \cdot \beta} = \overline{\alpha} \cdot \overline{\beta}$
3. $\overline{\left(\dfrac{\alpha}{\beta}\right)} = \dfrac{\overline{\alpha}}{\overline{\beta}}$
4. $\overline{\overline{\alpha}} = \alpha$

예제 8.9

$\alpha = 1 + 2i$이고 $\beta = 2 + 3i$일 때 다음을 구하여라.

1. $\overline{\alpha + \beta}$
2. $\overline{\alpha\beta}$
3. $\overline{\left(\dfrac{\alpha}{\beta}\right)}$

풀이

1. $\alpha + \beta = 3 + 5i$이므로 $\overline{\alpha + \beta} = 3 - 5i$이다.
2. $\alpha\beta = -4 + 7i$이므로 $\overline{\alpha\beta} = -4 - 7i$이다.
3. $\dfrac{\alpha}{\beta} = \dfrac{1 + 2i}{2 + 3i} = \dfrac{8 + i}{13}$이므로 $\overline{\left(\dfrac{\alpha}{\beta}\right)} = \dfrac{8 - i}{13}$

임의의 세 복소수 α, β, γ에 대하여 다음의 연산에 관한 성질이 성립한다.

	덧셈	곱셈
닫힘성	$\alpha+\beta\in\mathbb{C}$	$\alpha\beta\in\mathbb{C}$
교환법칙	$\alpha+\beta=\beta+\alpha$	$\alpha\beta=\beta\alpha$
결합법칙	$(\alpha+\beta)+\gamma=\alpha+(\beta+\gamma)$	$(\alpha\beta)\gamma=\alpha(\beta\gamma)$
배분법칙	$\alpha(\beta+\gamma)=\alpha\beta+\alpha\gamma$	$(\alpha+\beta)\gamma=\alpha\gamma+\beta\gamma$
항등원	$\alpha+0=0+\alpha=\alpha$	$\alpha\cdot 1=1\cdot\alpha=\alpha$
역원	$\alpha+(-\alpha)=(-\alpha)+\alpha=0$	$\alpha\left(\frac{1}{\alpha}\right)=\left(\frac{1}{\alpha}\right)\alpha=1(\alpha\neq 0)$

[참고]

복소수의 나눗셈에서 분모가 허수인 경우에는 그 켤레 복소수를 분모, 분자에 곱하여 분모를 실수화하여야 한다.

예제 8.10

다음 복소수의 덧셈, 곱셈에 대한 역원을 각각 구하여라.

1. $\dfrac{1}{2}+\dfrac{2}{3}i$
2. $\dfrac{2+3i}{2-3i}$

풀이

복소수 α의 덧셈과 곱셈에 대한 역원은 각각 $-\alpha$, $\dfrac{1}{\alpha}$이다. 따라서

1. 덧셈: $-\left(\dfrac{1}{2}+\dfrac{2}{3}i\right)=-\dfrac{1}{2}-\dfrac{3}{2}i$

   곱셈 : $\dfrac{1}{\frac{1}{2}+\frac{2}{3}i}=\dfrac{\frac{1}{2}-\frac{3}{2}i}{\left(\frac{1}{2}+\frac{2}{3}i\right)\left(\frac{1}{2}-\frac{2}{3}i\right)}=\dfrac{36}{25}\left(\dfrac{1}{2}-\dfrac{2}{3}i\right)=\dfrac{18}{25}-\dfrac{24}{25}i$

2. 덧셈: $-\left(\dfrac{2+3i}{2-3i}\right)=-\dfrac{(2+3i)^2}{(2-3i)(2+3i)}=\dfrac{5}{13}-\dfrac{12}{13}i$

   곱셈: $\dfrac{2-3i}{2+3i}=\dfrac{(2-3i)^2}{(2+3i)(2-3i)}=-\dfrac{5}{13}-\dfrac{12}{13}i$

[참고]

복소수 $z = a + bi$의 실수부분과 허수부분을 다음과 같이 나타낼 수 있다.

$$\mathrm{Re}z = a = \frac{1}{2}(z + \overline{z}),\ \mathrm{Im}z = b = \frac{1}{2i}(z - \overline{z})$$

8.2 연습문제

1. 다음에서 $z_1 + z_2$를 나타내는 점을 복소평면 위에 나타내어라.

   (a) $z_1 = 2 + 3i$, $z_2 = 1 - i$　　(b) $z_1 = 2 + 3i$, $z_2 = 3 - 2i$

2. 다음에서 $z_1 - z_2$를 나타내는 점을 복소평면 위에 나타내어라.

   (a) $z_1 = 3 + i$, $z_2 = 1 - 2i$　　(b) $z_1 = 1 + i$, $z_2 = -2 - 3i$

3. 그림과 같이 복소평면 위에 점 $A(z_1)$, $B(z_2)$가 주어져 있다. 다음 복소수를 나타내는 점을 도시하여라.

   (a) $\dfrac{z_1 + z_2}{2}$

   (b) $\dfrac{\overline{z_1} - z_2}{2}$

   (c) $\overline{z_1} + \overline{z_2}$

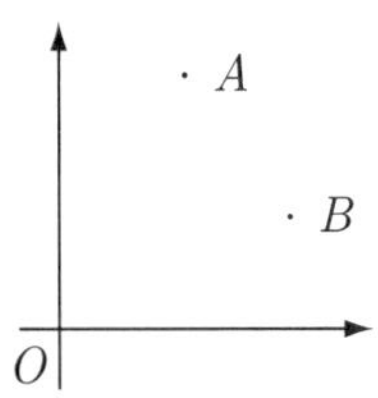

4. 다음 복소수의 덧셈, 곱셈에 대한 역원을 각각 구하여라.

   (a) $2 + \dfrac{1}{3}i$　　(b) $\dfrac{1 + 4i}{1 - 4i}$

5. $\alpha = 2 - 3i$이고 $\beta = 1 + 2i$일 때 다음을 구하여라.

   (a) $\alpha + \beta$　　(b) $\alpha\beta$　　(c) $\left(\dfrac{\alpha}{\beta}\right)$

6. 복소평면 위에서 다음 조건을 만족시키는 점 z의 자취를 구하여라.

   (a) $|z - 3| = 4$　　(b) $|z - 1| = |z + i|$　　(c) $(z + i)(\overline{z} - i) = 1$

《등산로》

다음 방정식을 풀어서 $2 = 0$이 성립함을 보여라.

$$\sqrt{5-x} = 1 - \sqrt{x}$$

풀이

양변을 제곱하면 $5 - x = 1 - \sqrt{2}x + x$이다. 이때 $2\sqrt{x} = 2x - 4$에서 $\sqrt{x} = x - 2$가 되어, 다시 한번 양변을 제곱하면

$$x = x^2 - 4x + 4x^2 - 5x + 4 = 0(x-1)(x-4) = 0$$

따라서 $x = 1,\ 4.$

1. $x = 1$일 때 주어진 방정식에 대입하면 $2 = 0$이다.
2. $x = 4$일 때 주어진 방정식에 대입하면 $1 = -1$이다. 이 식의 양변에 1을 더하면 또 $2 = 0$이 된다. 따라서 $2 = 0$이 성립한다.

거짓말을 증명한 증명 그 자체에 잘못이 있는지, 증명의 출발점이 잘못되었는지 확인하여야 합니다. 그러나 풀이 과정에서 잘못은 없으므로 그 출발점이 잘못 되었다고 생각하지 않을 수 없군요. 과연 어디가 잘못된 것일까? 정답은 주어진 방정식입니다.

$$\sqrt{5-x} = 1 - \sqrt{x}$$

을 만족하는 x가 없습니다. 결국 풀 수 없다는 것을 의미합니다.

처음 시작한 한 번의 거짓말은 계속해서 다른 거짓말을 만들어 냅니다. 아무리 하찮은 거짓이라도 남을 속이거나 주변을 당황하게 만드는 일은 자기 스스로를 이제 더 이상 헤어 나올 수 없는 엄청난 늪에 빠뜨리곤 합니다. 반드시~~

8.3 복소수의 극형식 I

복소수 $z = a + bi$를 나타내는 점 $P(z)$에 대하여 $OP = r$이고 선분 OP가 x축의 양의 방향과 이루는 각의 크기를 θ라고 할 때, z를 r와 θ의 삼각함수로 나타내어보면

$$\cos\theta = \frac{a}{r},\ \sin\theta = \frac{b}{r}$$

이므로 $a = r\cos\theta$, $b = r\sin\theta$이다. 따라서

$$z = a + bi = r(\cos\theta + i\sin\theta)$$

로 나타낼 수 있다.(그림 참조)

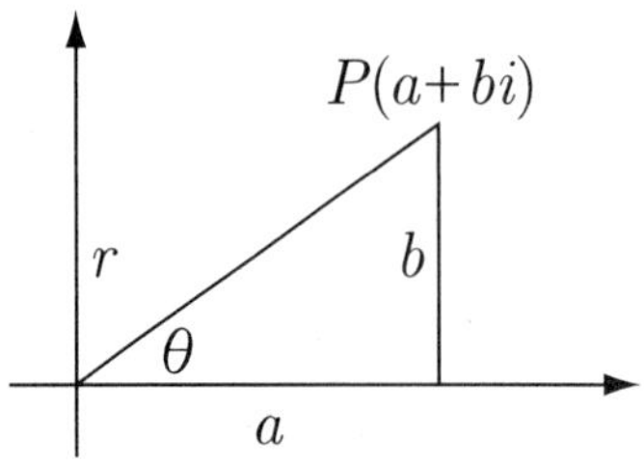

정의 8.4

복소수 $z = a + bi$의 절댓값을 $|z|$로 나타내고 복소수의 극형식 표현으로 r로 쓴다. 즉, $r = \sqrt{a^2 + b^2} = |z|$이다.

예제 8.11

다음 복소수의 절댓값을 구하여라.

1. $1 + i$ 2. $\sqrt{3} - i$ 3. 2

풀이

1. $a = 1$, $b = 1$인 경우이므로 $|1 + i| = \sqrt{1^2 + 1^2} = \sqrt{2}$
2. $a = \sqrt{3}$, $b = -1$인 경우 이므로

$$|\sqrt{3}i| = \sqrt{(\sqrt{3})^2 + (-1)^2} = 2$$

3. $a = 2$, $b = 0$인 경우이므로 $|2| = \sqrt{2^2 + 0^2} = 2$

복소수 z의 절댓값의 정의에 의하여 다음이 성립한다.

- $|z| = |\overline{z}|$
- $z\overline{z} = |z|^2 = |\overline{z}|^2$
- $|z_1 z_2| = |z_1|\,|z_2|$
- $\left|\dfrac{z_1}{z_2}\right| = \dfrac{|z_1|}{|z_2|}$

예제 8.12

복소수 z와 복소수 $\dfrac{1}{z}$이 서로 켤레복소수이면 $|z| = 1$임을 증명하여라.

풀이

z의 켤레복소수 $\overline{z}$가 $\dfrac{1}{z}$와 같다는 의미이므로, $\overline{z} = \dfrac{1}{z}$이고 따라서 $\dfrac{z}{\overline{z}} = 1$이다. 즉 $|z|^2 = 1$이므로 $|z| = 1$이다. $(|z| \geq 0)$.

예제 8.13

두 복소수 z_1과 z_2에 대하여 다음이 성립함을 보여라.

$$|z_1 + z_2|^2 + |z_1 - z_2|^2 = 2(|z_1|^2 + |z_2|^2)$$

풀이

$$\begin{aligned}
|z_1 + z_2|^2 + |z_1 - z_2|^2 &= (z_1 + z_2)(\overline{z_1 + z_2}) + (z_1 - z_2)(\overline{z_1 - z_2}) \\
&= (z_1 + z_2)(\overline{z_1} + \overline{z_2}) + (z_1 - z_2)(\overline{z_1} - \overline{z_2}) \\
&= |z_1|^2 + |z_2|^2 + z_1\overline{z_2} + \overline{z_1}z_2 + |z_1|^2 + |z_2|^2 - z_1\overline{z_2} - z_1\overline{z_2} \\
&= 2(|z_1|^2 + |z_2|^2)
\end{aligned}$$

정의 8.5

θ를 **편각**(argument, amplitude)의 크기라 하고

$$\theta = \arg z \text{ 또는 } \theta = \mathrm{amp}\, z$$

로 나타낸다. 이때 $\theta = \arctan\dfrac{b}{a}$로 한다.

[참고]

편각은 일반각이므로 그 값은 확정되지는 않으나 그들의 차는 2π의 정수배이다. 따라서 $-\pi < \theta \le \pi$의 범위에 있는 것으로 선택한다.

예제 8.14

복소수 $1+i$의 절댓값과 편각을 구하여라.

풀이

오른쪽 그림에서 점 P가 복소수 $1+i$를 나타내는 점이다. 따라서

$$r = |z| = \sqrt{1^2+1^2} = \sqrt{2} \text{ 이고 } \cos\theta = \frac{1}{\sqrt{2}},\ \sin\theta = \frac{1}{\sqrt{2}}$$

이다. 그러므로 복소수 $1+i$의 절댓값은 $\sqrt{2}$이고 편각은 $\theta = \dfrac{\pi}{4}$이다.

복소수를 극형식으로 나타내는 방법에 대하여 알아보자. $z = a+bi$ 꼴의 복소수를 극형식으로 나타내려면 다음과 같이 한다.

- **첫째**: 절댓값 $r = \sqrt{a^2+b^2}$을 구한다.
- **둘째**: 편각의 크기 θ를 구한다.
- **셋째**: 극형식 $r(\cos\theta + i\sin\theta)$에 대입한다.

예제 8.15

복소수 $z = 1-\sqrt{3}i$를 극형식으로 나타내어라.

풀이

먼저 주어진 복소수의 절댓값을 구하면

$$|z| = \sqrt{(1)^2 + (\sqrt{-3})^2} = 2$$

이고, 또 편각을 구하면

$$\tan\theta = -\frac{1}{\sqrt{3}} \text{으로 부터 } \theta = \frac{5\pi}{3}$$

이다. 따라서 구하는 복소수의 극형식은

$$z = 2\left(\cos\frac{5\pi}{3} + i\sin\frac{5\pi}{3}\right)$$

이다.

예제 8.16

절댓값이 2이고 편각이 $\frac{\pi}{6}$인 복소수 z를 $a+bi$ 꼴로 나타내어라.

풀이

$z = 2\left(\cos\frac{\pi}{6} + i\sin\frac{\pi}{6}\right) = 2\left(\frac{\sqrt{3}}{2} + \frac{1}{2}i\right) = \sqrt{3} + i$이다.

예제 8.17

다음 복소수를 극형식으로 나타내어라.

풀이

1. $\cos\theta - i\sin\theta$
2. $\sin\frac{\pi}{15} + i\cos\frac{\pi}{15}$

풀이

1. 삼각함수의 성질인 $\cos(-\theta) = \cos\theta$과 $\sin(-\theta) = -\sin\theta$를 이용하면

$$\cos(-\theta) + i\sin(-\theta)$$

이다.

2. 삼각함수의 성질인 $\cos\left(\frac{\pi}{2} - \theta\right) = \sin\theta$과 $\sin\left(\frac{\pi}{2} - \theta\right) = \cos\theta$를 이용하면

$$\sin\frac{\pi}{15} + i\cos\frac{\pi}{15} = \cos\left(\frac{\pi}{2} - \frac{\pi}{15}\right) + i\sin\left(\frac{\pi}{2} - \frac{\pi}{15}\right) = \cos\frac{14}{30}\pi + i\sin\frac{14}{30}\pi$$

이다.

예제 8.18

$z_1 = \cos 3\theta + i\sin 3\theta$, $z_2 = \cos\theta + i\sin\theta$일 때 $z_1 + z_2$의 절댓값과 편각의 크기를 구하여라. (단, $0 \le \theta < \frac{\pi}{2}$)

풀이

$\cos A + \cos B = 2\cos\frac{A+B}{2}\cos\frac{A-B}{2}$를 이용하면

$$\begin{aligned} z_1 + z_2 &= (\cos 3\theta + i\sin 3\theta) + (\cos\theta + i\sin\theta) \\ &= (\cos 3\theta + \cos\theta) + i(\sin 3\theta + \sin\theta) \\ &= 2\cos 2\theta\cos\theta + 2i\sin 2\theta\cos\theta \\ &= 2\cos\theta(\cos 2\theta + i\sin 2\theta) \end{aligned}$$

이다. 이때

$$0 \le \theta < \frac{\pi}{2} \text{ 이므로 } 2\cos\theta > 0$$

이다. 따라서

$$|z_1 + z_2| = 2\cos\theta \text{ 이고 } \arg(z_1 + z_2) = 2\theta$$

이다.

복소평면 위에서 점 z의 회전에 관한 성질은 다음과 같다.

1. 점 z를 원점을 중심으로 각 θ만큼 회전한 점:

$$z(\cos\theta + i\sin\theta)$$

2. 점 z를 점 α를 중심으로 각 θ 만큼 회전한 점:

$$(z-\alpha)(\cos\theta + i\sin\theta) + \alpha$$

[참고]
$e^{i\theta} = \cos\theta + i\sin\theta$이므로 $ze^{i\theta}$는 점 z를 θ만큼 회전시킨 점이다.

예제 8.19

점 $1+i$를 원점을 중심으로 $90°$만큼 회전한 점 z_1을 구하여라.

풀이

$$
\begin{aligned}
z_1 &= (1+i)\left(\cos\frac{\pi}{2} + i\sin\frac{\pi}{2}\right) \\
&= (1+i)(i) \\
&= -1+i
\end{aligned}
$$

예제 8.20

점 $1+i$를 점 $1-i$를 중심으로 90° 만큼 회전한 점 z_1을 구하여라.

풀이

$$
\begin{aligned}
z_1 &= ((1+i)-(1-i))\left(\cos\frac{\pi}{2} + i\sin\frac{\pi}{2}\right) + (1-i) \\
&= (2i)(i) + (1-i) \\
&= -2+1-i \\
&= -1-i
\end{aligned}
$$

8.3 연습문제

1. 다음 복소수의 절댓값과 편각을 구하여라.

   (a) -2 (b) $\dfrac{1-\sqrt{3}i}{2}$ (c) $1+i$ (d) $\sqrt{3}-i$

2. $z=1-i$일 때 $\left|z-\dfrac{1}{z}\right|$의 값을 구하여라.

3. $|z|=3$일 때, $\left|z+\dfrac{3}{z}-i\right|$의 최댓값을 구하여라.

4. 다음 복소수를 극형식으로 나타내어라.

   (a) $1+\sqrt{3}i$

   (b) $-1+i$

   (c) $-i$

   (d) $-\cos\dfrac{\pi}{4}-i\sin\dfrac{\pi}{4}$

   (e) $\sin\theta+i\cos\theta$

   (f) $-\sin\theta+i\cos\theta$

   (g) $\sin\dfrac{\pi}{5}+i\cos\dfrac{\pi}{5}$

   (h) $-3\left(\cos\dfrac{\pi}{3}+i\sin\dfrac{\pi}{3}\right)$

5. 복소평면 위에서 점 $2+i$를 원점을 중심으로 $\dfrac{\pi}{4}$만큼 회전한 점 z_1을 구하여라.

6. 복소평면 위에서 점 z를 점 α을 중심으로 $\dfrac{\pi}{4}$, $-\dfrac{\pi}{4}$, $\dfrac{\pi}{2}$, π만큼 회전한 점을 각각 $kz+m\alpha$ 꼴로 나타내어라.

《등산로》

잘못된 번역이 만든 명작

1. 낙타가 바늘귀를 통과하는 것이 부자가 하늘 나라에 가는 것보다 쉽다.

마태복음 19장 24절, 마가복음 10장 25절에 등장하는 이 말은 번역자가 아랍어인 **밧줄**(gamta)을 **낙타**(gamla)로 혼동하여 잘못 번역한 것이다. 이러한 오역 덕분(?)에 다음과 같은 말들도 생겨나게 되었다.

- 낙타만이 바늘귀를 통과한다.
- 부자가 지옥에 떨어지느니 차라리 낙타가 동물원으로 간다.
- 낙타가 바늘귀를 통과하는 것이 이번 강의에서 A+ 받는 것보다 쉽다.

2. 신데렐라는 유리 구두를 신었다.

월트 디즈니의 애니메이션에서는 앵글로색슨계에 따라 유리 구두로 되어 있으나 독일의 그림 형제의 동화에서는 황금 구두가 등장한다. 그러나 사실 이 동화의 최초 프랑스판에서는 신데렐라는 **털가죽**(vair)으로 된 슬리퍼를 신고 있었으나 이야기를 전하는 사람이 잘못하여 **유리**(verre)로 둔갑시켜버린 것이다.

《**상식의 오류사전**(Lexikon der popolaren Irrtumer)》중에서

8.4 복소수의 극형식 II

먼저 두 복소수 z_1, z_2의 극형식을 각각

$$z_1 = r_1(\cos\theta_1 + i\sin\theta_1) \text{ 과 } z_2 = r_2(\cos\theta_2 + i\sin\theta_2)$$

라고 하면 z_1과 z_2의 곱 z_1z_2는 다음과 같이 쓸 수 있다.

복소수의 곱셈

$$\begin{aligned} z_1z_2 &= r_1(\cos\theta_1 + i\sin\theta_1)r_2(\cos\theta_2 + i\sin\theta_2) \\ &= r_1r_2\{(\cos\theta_1\cos\theta_2 - \sin\theta_1\sin\theta_2) + i(\sin\theta_1\cos\theta_2 + \cos\theta_1\sin\theta_2)\} \\ &= r_1r_2\{(\cos(\theta_1+\theta_2) + i\sin(\theta_1+\theta_2)\} \end{aligned}$$

복소수 z_1z_2의 절댓값과 편각은 다음과 같다.

복소수 z_1z_2의 절댓값은 각각의 절댓값의 곱 r_1r_2이고, 편각은 각각의 편각의 합 $\theta_1+\theta_2$이다. 즉,

1. $|z_1z_2| = |z_1||z_2|$
2. $\arg(z_1z_2) = \arg z_1 + \arg z_2$

예제 8.21

$z_1 = \sqrt{3} - i$이고 $z_2 = 1 + i$일 때, z_1z_2를 극형식으로 나타내어라.

풀이

$$|z_1| = 2,\ \arg z_1 = -\frac{\pi}{6} \text{ 이고 } |z_2| = \sqrt{2},\ \arg z_2 = \frac{\pi}{4}$$

이므로 z_1z_2의 절댓값은

$$|z_1z_2| = |z_1||z_2| = 2\sqrt{2}$$

이고 편각은

$$\arg(z_1z_2) = \arg z_1 + \arg z_2 = \frac{\pi}{12}$$

이다. 따라서 $z_1z_2 = 2\sqrt{2}\left\{\cos\left(\frac{\pi}{12}\right) + i\sin\left(\frac{\pi}{12}\right)\right\}$이다.

예제 8.22

$z_1 = 4\left(\cos\frac{\pi}{2} + i\sin\frac{\pi}{2}\right)$이고 $z_2 = 2\left(\cos\frac{\pi}{3} + i\sin\frac{\pi}{3}\right)$일 때, z_1z_2를 나타내는 점 $P(z_1z_2)$을 복소평면 위에 나타내어라.

풀이

$$z_1 = 4\left(\cos\frac{\pi}{2} + i\sin\frac{\pi}{2}\right) \text{이고 } z_2 = 2\left(\cos\frac{\pi}{3} + i\sin\frac{\pi}{3}\right)$$

일 때,

$$z_1z_2 = 8\left(\cos\frac{5\pi}{6} + i\sin\frac{5\pi}{6}\right)$$

이므로 이 복소수를 나타내는 점 $P(z_1,\ z_2)$는 원점 O에서 z축의 양의 방향과 이루는 각이 $\frac{5\pi}{6}$이고 길이가 8인 선분의 끝점이다.

이제 z_1을 $z_2(\neq 0)$로 나눈 값 $\frac{z_1}{z_2}$을 계산해 보자. 앞에서 설명한 두 복소수의 곱셈의 계산에서와 마찬가지로 두 복소수 z_1, z_2의 극형식을 각각

$$z_1 = r_1(\cos\theta_1 + i\sin\theta_1) \text{과 } z_2 = r_2(\cos\theta_2 + i\sin\theta_2)$$

라고 할 때 z_1을 z_2로 나눈 값 $\frac{z_1}{z_2}$은 다음과 같다.

복소수의 나눗셈

$$\begin{aligned}\frac{z_1}{z_2} &= \frac{r_1(\cos\theta_1 + i\sin\theta_1)}{r_2(\cos\theta_2 + i\sin\theta_2)} = \frac{r_1(\cos\theta_1 + i\sin\theta_1)(\cos\theta_2 - i\sin\theta_2)}{r_2(\cos\theta_2 + i\sin\theta_2)(\cos\theta_2 - i\sin\theta_2)} \\ &= \frac{r_1}{r_2}\{\cos(\theta_1 - \theta_2) + i\sin(\theta_1 - \theta_2)\}\end{aligned}$$

복소수 $\frac{z_1}{z_2}$ 절댓값과 편각은 다음과 같다.

복소수 $\frac{z_1}{z_2}$의 절댓값은 각각의 절댓값을 나눈 $\frac{r_1}{r_2}$이고 편각은 각각의 편각의 차 $\theta_1 - \theta_2$이다. 즉,

1. $\left|\frac{z_1}{z_2}\right| = \frac{|z_1|}{|z_2|}$

2. $\arg\left(\frac{z_1}{z_2}\right) = \arg z_1 - \arg z_2$

예제 8.23

$z_1 = i$, $z_2 = 1 + \sqrt{3}i$일 때, $\frac{z_1}{z_2}$을 극형식으로 나타내어라.

풀이

$$|z_1| = 1,\ \arg z_1 = \frac{\pi}{2} \text{ 이고 } |z_2| = 2,\ \arg z_2 = \frac{\pi}{3}$$

이므로 $\frac{z_1}{z_2}$의 절댓값은

$$\left|\frac{z_1}{z_2}\right| = \frac{|z_1|}{|z_2|} = \frac{1}{2}$$

이고, 편각은

$$\arg\left(\frac{z_1}{z_2}\right) = \arg z_1 - \arg z_2 = \frac{\pi}{6}$$

이다. 따라서 $\frac{z_1}{z_2} = \frac{1}{2}\left(\cos\frac{\pi}{6} + i\sin\frac{\pi}{6}\right)$이다.

예제 8.24

복소수 $\frac{\sqrt{3}+i}{\sqrt{3}-i}$를 극형식으로 나타내어라.

풀이

$$z_1 = \sqrt{3} + i \text{ 이고 } z_2 = \sqrt{3} - i$$

라 놓으면

$$|z_1| = 2,\ \arg z_1 = \frac{\pi}{6} \text{ 이고 } |z_2| = 2,\ \arg z_2 = -\frac{\pi}{6}$$

가 된다. 이때 $\frac{z_1}{z_2}$의 절댓값은

$$\left|\frac{z_1}{z_2}\right| = \frac{|z_1|}{|z_2|} = 1$$

이고, 편각은

$$\arg\left(\frac{z_1}{z_2}\right) = \arg z_1 - \arg z_2 = \frac{\pi}{3}$$

이다. 따라서 $\frac{z_1}{z_2} = \left(\cos\frac{\pi}{3} + i\sin\frac{\pi}{3}\right)$이다.

풀이

분모를 유리화하면

$$\frac{(\sqrt{3}+i)(\sqrt{3}+i)}{(\sqrt{3}-i)(\sqrt{3}+i)} = \frac{2+2\sqrt{3}i}{4} = 1+\sqrt{3}i$$

이다. 이때

$$1+\sqrt{3}i = 2\left(\cos\frac{\pi}{3} + i\sin\frac{\pi}{3}\right)$$

이다.

예제 8.25

$z_1 = 4\left(\cos\frac{\pi}{2} + i\sin\frac{\pi}{2}\right)$ 이고 $z_2 = 2\left(\cos\frac{\pi}{3} + i\sin\frac{\pi}{3}\right)$ 일 때, $\frac{z_1}{z_2}$ 를 나타내는 점 $P\left(\frac{z_1}{z_2}\right)$ 을 복소평면 위에 나타내어라.

풀이

$$z_1 = 4\left(\cos\frac{\pi}{2} + i\sin\frac{\pi}{2}\right) \text{ 이고 } z_2 = 2\left(\cos\frac{\pi}{3} + i\sin\frac{\pi}{3}\right)$$

일 때,

$$\frac{z_1}{z_2} = \frac{4}{2}\left(\cos\left(\frac{\pi}{2}-\frac{\pi}{3}\right) + i\sin\left(\frac{\pi}{2}-\frac{\pi}{3}\right)\right) = 2\left(\cos\frac{\pi}{6} + i\sin\frac{\pi}{6}\right)$$

이므로 이 복소수를 나타내는 점 $P\left(\frac{z_1}{z_2}\right)$ 는 원점 O 에서 z 축의 양의 방향과 이루는 각이 $\frac{\pi}{6}$ 이고 길이가 2인 선분의 끝점이다.

8.4 연습문제

1. 다음에서 z_1z_2를 극형식으로 나타내어라.

   (a) $z_1 = 1 - i,\ z_2 = 1 + \sqrt{3}i$ (b) $z_1 = 1 - \sqrt{3}i,\ z_2 = 4i$

2. 두 복소수 $z_1 = \sqrt{3}(\cos 55° + i\sin 55°)$와 $z_2 = 2(\cos 80° + i\sin 80°)$에 대하여 z_1z_2를 나타내는 점을 복소평면 위에 나타내어라.

3. 복소 평면에서 편각이 $\frac{\pi}{4} \le \arg z \le \frac{\pi}{3}$이고 절댓값이 $0 \le |z| \le 1$인 복소수 z의 자취의 넓이를 구하여라.

4. 다음에서 $\frac{z_1}{z_2}$을 극형식으로 나타내어라.

   (a) $z_1 = \sqrt{3} - i,\ z_2 = 1 + i$ (b) $z_1 = 2 - 2i,\ z_2 = \sqrt{3} + i$

5. 두 복소수 $z_1 = \sqrt{3}(\cos 25° + i\sin 25°)$, $z_2 = 2(\cos 80° + i\sin 80°)$에 대하여 $\frac{z_1}{z_2}$을 나타내는 점을 복소평면 위에 나타내어라.

6. 두 복소수 $z_1 = -1 + i$, $z_2 = 1 + \sqrt{3}i$에 대하여 다음 복소수의 절댓값과 편각을 구하고 극형식으로 나타내어라.

   (a) z_1z_2 (b) z_1^2 (c) $\frac{z_1}{z_2}$

《등산로》

시어핀스키 삼각형이라 불리는 이 도형은 다음과 같은 작업을 반복 수행하여 얻은 것으로써, 실제로는 머릿속으로 이 과정이 한없이 반복된다고 할 수 있다.

이러한 도형을 자기 닮음 도형이라 한다. 즉 자기 닮음 도형이란 부분이 전체를 이루고 있는 도형을 말한다. 대표적이 자기 닮은 도형에는 코흐의 초눈송이를 들 수 있다. 삼각형의 세 변을 각각 삼 등분하여 가운데 부분을 제거하고 그 부분에 삼각형을 만드는 과정을 무한히 반복하여 얻은 도형이다.

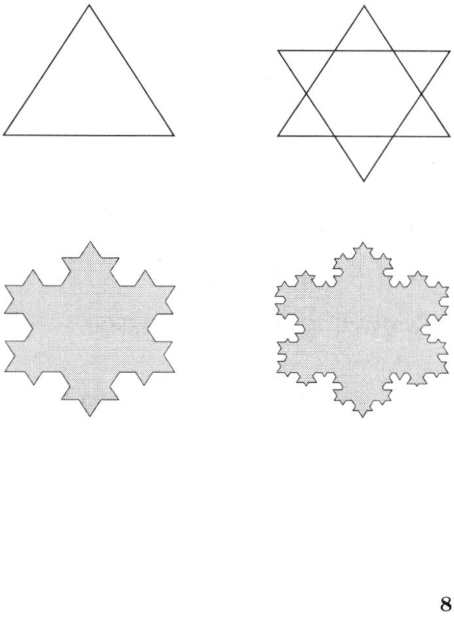

8.5 드 무아브르의 정리

성질

복소수 z의 극형식이 $z = r(\cos\theta + i\sin\theta)$일 때

$$z^n = r^n(\cos n\theta + i\sin n\theta) \ (n\text{은 정수})$$

이 성립한다.

예제 8.26

$z = r(\cos\theta + i\sin\theta)$일 때, z^2과 z^3을 극형식으로 나타내어라.

풀이

$z^2 = r^2(\cos 2\theta + i\sin 2\theta)$이고

$$\begin{aligned} z^3 = z^2 z &= r^2(\cos 2\theta + i\sin 2\theta)\cdot r(\cos\theta + i\sin\theta) \\ &= r^3(\cos 3\theta + i\sin 3\theta) \end{aligned}$$

이다.

정수 n에 대하여 다음 **정리**(formula of de moivre)가 성립한다.

드 무아브르의 정리

정수 n에 대하여 $(\cos\theta + i\sin\theta)^n = \cos n\theta + i\sin n\theta$이다.

증명 8.1

1. n이 양의 정수일 때:

   (a) $n = 1$일 때, (좌변)$= \cos\theta + i\sin\theta$이고 (우변)$= \cos\theta + i\sin\theta$ 으로 좌변과 우변이 같으므로 $n = 1$일 때, 성립한다.

   (b) $n = k$일 때, 이 정리가 성립한다고 가정하면

$$(\cos\theta + i\sin\theta)^k = \cos k\theta + i\sin k\theta$$

이므로

$$\begin{aligned}(\cos\theta + i\sin\theta)^{k+1} &= (\cos\theta + i\sin\theta)^k(\cos\theta + i\sin\theta)\\ &= (\cos k\theta + i\sin k\theta)(\cos\theta + i\sin\theta)\\ &= \cos(k+1)\theta + i\sin(k+1)\theta\end{aligned}$$

이다. 즉, $k+1$일 때도 이 정리는 성립한다. 따라서 모든 양의 정수 n에 대하여 이 정리는 성립한다.

2. $n = 0$일 때, (좌변)$= (\cos\theta + i\sin\theta)^0 = 1$, (우변)$= \cos 0 + i\sin 0 = 1$이므로 $n = 0$일 때 이 정리는 성립한다.

3. n이 음의 정수일 때, $n = -m$ (m은 양의 정수)으로 놓으면

$$\begin{aligned}(\cos\theta + i\sin\theta)^n &= (\cos\theta + i\sin\theta)^{-m}\\ &= \frac{1}{\cos m\theta + i\sin m\theta}^{\,m}\\ &= \frac{1}{\cos m\theta + i\sin m\theta}\cdot\frac{\cos m\theta - i\sin m\theta}{\cos m\theta - i\sin m\theta}\\ &= \frac{\cos(-m\theta) + i\sin(-m\theta)}{\cos^2 m\theta + \sin^2 m\theta}\\ &= \cos(-m\theta) + i\sin(-m\theta)\\ &= \cos n\theta + i\sin n\theta\end{aligned}$$

이다. 따라서 n이 음의 정수인 경우에도 이 정리는 성립한다. (a), (b), (c)에 의하여 모든 정수 n에 대하여 이 정리는 성립한다.

예제 8.27

다음 각 값을 간단히 하여라.

1. $(\cos 60^\circ + i\sin 60^\circ)^6$
2. $\left(\cos\frac{\pi}{12} + i\sin\frac{\pi}{12}\right)^6$
3. $(1+i)^8$
4. $\left(\frac{1-i}{\sqrt{3}+i}\right)^6$

풀이

1. $(\cos 60° + i\sin 60°)^6 = \cos 6\cdot 60° + i\sin 6\cdot 60°$
$= \cos 360° + i\sin 360° = 1$

2. $\left(\cos\frac{\pi}{12} + i\sin\frac{\pi}{12}\right)^6 = \cos\frac{\pi}{2} + i\sin\frac{\pi}{2} = i$

3. $(1+i)^8 = \left\{\sqrt{2}(\cos\frac{\pi}{4} + i\sin\frac{\pi}{4})\right\}^8 = 16\left(\cos\frac{8\pi}{4} + i\sin\frac{8\pi}{4}\right) = 16$

4. $$\begin{aligned}\frac{1-\sqrt{3}i}{\sqrt{3}+i} &= \left\{\cos\left(\frac{5\pi}{3} - \frac{\pi}{6}\right) + \sin\left(\frac{5\pi}{3} - \frac{\pi}{6}\right)\right\} \\ &= \frac{2\left(\cos\frac{5\pi}{3} + i\sin\frac{5\pi}{3}\right)}{2\left(\cos\frac{\pi}{6} + i\sin\frac{\pi}{6}\right)} \\ &= \left(\cos\frac{3\pi}{2} + i\sin\frac{3\pi}{2}\right)\end{aligned}$$

이다. 따라서

$$\begin{aligned}\left(\frac{1-\sqrt{3}i}{\sqrt{3}+i}\right)^6 &= \left(\cos\frac{3\pi}{2} + i\sin\frac{3\pi}{2}\right)^6 \\ &= (\cos 9\pi + i\sin 9\pi) \\ &= -1\end{aligned}$$

이다.

예제 8.28

다음 식을 $a+bi$ 꼴로 나타내여라.

$$\left(\frac{1+\cos 6° + i\sin 6°}{1+\cos 6° - i\sin 6°}\right)^{10}$$

풀이

$$\begin{aligned}\frac{1+\cos 6^\circ + i\sin 6^\circ}{1+\cos 6^\circ - i\sin 6^\circ} &= \frac{(1+\cos 6^\circ + i\sin 6^\circ)^2}{(1+\cos 6^\circ)^2-(i\sin 6^\circ)^2}\\ &= \frac{(1+\cos 6^\circ)^2+2i(1+\cos 6^\circ)\sin 6^\circ - \sin^2 6^\circ}{2(1+\cos 6^\circ)}\\ &= \frac{1+\cos 6^\circ + 2i\sin 6^\circ - (1-\cos 6^\circ)}{2}\\ &= \cos 6^\circ + i\sin 6^\circ\end{aligned}$$

이다. 따라서

$$\begin{aligned}\left(\frac{1+\cos 6^\circ + i\sin 6^\circ}{1+\cos 6^\circ - i\sin 6^\circ}\right)^{10} &= (\cos 6^\circ + i\sin 6^\circ)^{10}\\ &= \cos 60^\circ + i\sin 60^\circ\\ &= \frac{1}{2}+\frac{\sqrt{3}}{2}i\end{aligned}$$

예제 8.29

$z=\dfrac{1}{(1+i)^n}$ 이 양의 실수가 되도록 하는 최소의 자연수 n의 값을 구하여라.

풀이

$1+i=\sqrt{2}\left(\cos\frac{\pi}{4}+i\sin\frac{\pi}{4}\right)$ 이므로

$$\begin{aligned}z=(1+i)^{-n} &= \left\{\sqrt{2}\left(\cos\frac{\pi}{4}+i\sin\frac{\pi}{4}\right)\right\}^{-n}\\ &= 2^{-\frac{n}{2}}\left\{\cos\left(-\frac{n\pi}{4}\right)+i\sin\left(-\frac{n\pi}{4}\right)\right\}\end{aligned}$$

이다. 이때, z가 양의 실수가 되려면

$$\cos\left(-\frac{n\pi}{4}\right)>0 \text{ 이고 } \sin\left(-\frac{n\pi}{4}\right)=0$$

이어야 한다. 따라서 최소의 자연수 n의 값은 $n=8$이다.

8.5 연습문제

1. $z = r(\cos\theta + i\sin\theta)$일 때, z^4와 z^5을 극형식으로 나타내어라.

2. $z = 1 + \sqrt{3}i$일 때, z^6을 구하여라.

3. 다음 각 식을 $a + bi$꼴로 나타내어라.

   (a) $(\cos 120° + i\sin 120°)^6$

   (b) $\left(\cos\frac{\pi}{8} + i\sin\frac{\pi}{8}\right)^{24}$

   (c) $(\sqrt{3} - i)^{-10}$

   (d) $\left(\frac{1+i}{1-\sqrt{3}i}\right)^4$

   (e) $\left(\frac{1+\cos\theta + i\sin\theta}{1+\cos\theta - i\sin\theta}\right)^n$

   (f) $(1+i)^3(1-i)^2$

4. 두 복소수 $z = \cos\frac{\pi}{5} - i\sin\frac{\pi}{5}$와 $w = 1-i$에 대하여 $\frac{w}{z^2}$을 드 무아브르의 정리를 이용하여 극형식으로 나타내어라.

5. 드 무아브르의 정리를 써서 다음 3배각의 공식을 증명하여라.

$$\sin 3\theta = 3\sin\theta - 4\sin^3\theta,\ \cos 3\theta = 4\cos^3\theta - 3\cos\theta$$

6. $\left(\frac{1+i}{1-i}\right)^a = 1$을 만족시키는 최소의 자연수 a의 값을 구하여라.

7. $z^n = \left(\frac{\sqrt{3}+1}{2} + \frac{\sqrt{3}-1}{2}i\right)^n$이 실수가 되도록 하는 최소의 자연수 n의 값을 구하고, 이때 z^n을 구하여라.

《등산로》

카오스(chaos)란 **조화**(cosmos)의 반대 개념으로 혼돈 또는 무질서를 의미한다. 과거에는 무질서한 것처럼 보였던 밤 하늘의 별들의 모습이 사실은 엄격한 그리고 대단히 복잡한 질서에 의해 움직이고 있다는 사실이 점점 밝혀지고 있다. 그러므로 카오스 이론은 무정부주의 논문이나 초현실주의자의 성명을 다루는 분야가 아니고 임의의 **비선형계**(nonlinear system)의 **움직임**(behavior)을 연구하는 분야임을 인식하여야 한다. 비선형계란 쉽게 말해서 (수학적 정의를 사용하지 않고) 그 집합 속의 요소들이 선형적, 비례적 방식으로 연결되어 있지 않은 — 예를 들어, 한 부분의 크기를 2배 해도 다른 부분이 2배가 되지 않는 — 체계를 말한다. 약 48년 전인 1960년, 기상학자 **로렌츠**(E. Lorenz)는 매우 간단한 기상 시스템을 컴퓨터로 모의실험하던 중 자신의 기상 모형에 오차가 1,000분의 1밖에 나지 않는 숫자를 우연히 입력하게 되었다. 그러나 입력된 자료로부터 나온 기상 관측 결과는 조금씩 어긋나기 시작하더니 어느 시점에 이르러서는 순식간에 뒤바뀌버리는 현상을 목격하게 된다. 이것이 수리 과학적 카오스 이론의 출발점이었다. 당시 로렌츠는 다음과 같은 정확한 추정을 이끌어 냈다.

"그 같은 무질서 또는 혼돈은 시스템의 초기 조건의 작은 변화 때문에 일어났다. 즉, 비선형 규칙 또는 방정식을 따라 전개되는 시스템은 아주 미세한 변화에도 극도로 민감하다. 또한 미세한 변화에 따른 결과는 미리 예측할 수 없고 때로는 매우 혼돈적으로 나타난다."

따라서 아주 단순한 모형에서조차 날씨의 장기 예보는 불가능하다. (우리나라는 예외인 듯하다. 기상예보가 너무나 자주 틀린다. 카오스 때문인가? 뇌물 때문인가?)

로렌츠 발표 이후, **유체역학**(난류와 유체유동), **물리학**(비선형 진동차), **생물학**(심장근모화와 간질), **경제학**(주식의 등락) 등 여러 분야에서 비선형 체계가 발견되었고, 이와 같이 초기 조건에 매우 민감한 비선형 체계의 **나비효과**(butterfly effect)에 관한 수많은 연구들이 이루어지고 있다.

8.6 이항방정식 $z^n = A$의 해법

$z^n = 1$꼴의 이항방정식은 인수분해에 의한 해법으로 해결할 수 있다. 그러나 이것은 인수분해가 가능할 때이고, 일반적으로는 인수분해에 의한 방법으로 해결할 수 없는 경우가 있다. $z^n = 1$ 꼴의 일반적인 해법은 다음과 같다.

정리 8.1

복소수 z에 관한 n차 방정식 $z^n = 1$의 해는

$$z = \cos\frac{2k\pi}{n} + i\sin\frac{2k\pi}{n} \ (k = 0,\ 1,\ 2,\ \cdots,\ n-1)$$

이다.

[참고]

$z^n = A$ 꼴의 방정식을 이항방정식이라고 한다.

예제 8.30

이항방정식 $z^3 = 1$의 해를 구하여라.

풀이

$z = r(\cos\theta + i\sin\theta)\ (r > 0,\ 0 \le \theta < 2\pi)$라 하자. 이제 양변을 각각 극형식으로 나타내면

$$z^3 = r^3(\cos 3\theta + i\sin 3\theta) \text{ 이고 } 1 = \cos 2k\pi + i\sin 2k\pi$$

이므로

$$r^3(\cos 3\theta + i\sin 3\theta) = \cos 2k\pi + i\sin 2k\pi \ (k\text{는 음이 아닌 정수})$$

이 성립한다. 이때, $r^3 = 1$, $r > 0$에서 $r = 1$이고, $3\theta = 2k\pi$에서 $0 \le \theta < 2\pi$이므로

$$\theta = \frac{2k\pi}{3} \ (k = 0,\ 1,\ 2)$$

를 얻는다. 따라서

$$z = \cos\frac{2k\pi}{3} + i\sin\frac{2k\pi}{3} \ (k = 0,\ 1,\ 2)$$

임을 알 수 있다. 여기서 $k = 0$일 때,

$$z = \cos 0 + i\sin 0 = 1$$

$k=1$일 때,

$$z=\cos\frac{2k\pi}{3}+i\sin\frac{2k\pi}{3}=\frac{-1+\sqrt{3}i}{2}$$

$k=2$일 때,

$$z=\cos\frac{4k\pi}{3}+i\sin\frac{4k\pi}{3}=\frac{-1-\sqrt{3}i}{2}$$

이 되므로 구하는 해는 $z=1$ 과 $z=\dfrac{-1\pm\sqrt{3}i}{2}$ 이다.

$A=a(\cos t+i\sin t)$ $(a>0)$꼴의 복소수에 대하여 $z^n=A$의 일반적인 해법을 구하기 위해 $z=r(\cos\theta+i\sin\theta)$라 놓으면 드 무아브르의 정리에 의해 $z^n=r^n(\cos n\theta+i\sin n\theta)$이므로 주어진 식 $z^n=A$은

$$r^n(\cos n\theta+i\sin n\theta)=a(\cos t+i\sin t)$$

로 쓸 수 있다. 이때 $r^n=a$이고 $n\theta=t$이므로 $r=\sqrt[n]{a}$이고 $\theta=\dfrac{t+2k\pi}{n}$이다. 따라서 다음과 같은 결과를 얻는다.

정리 8.2

복소수 z에 관한 n차 방정식 $z^n=A$의 해는

$$z=\sqrt{n}a\left(\cos\frac{t+2k\pi}{n}+i\sin\frac{t+2k\pi}{n}\right)\ (k=0,\ 1,\ 2,\ \cdots,\ n-1)$$

이다.

[참고]
n개의 해는 복소평면에서 단위원에 내접하는 정n각형의 n개의 꼭지점으로 나타낸다.

예제 8.31

다음 이항 방정식을 풀어라.

1. $z^4=-1$ 2. $z^3=-1$ 3. $z^2=i$ 4. $z^3=2+2i$

풀이

$z=r(\cos\theta+i\sin\theta)$로 두면 $z^n=r^n(\cos n\theta+i\sin n\theta)$이다.

1. $-1 = \cos\pi + i\sin\pi$이므로 $a = 1$, $t = \pi$, $n = 4$인 경우이다. 그러므로

$$z = 1 \cdot \left(\cos\frac{2k+1}{4}\pi + i\sin\frac{2k+1}{4}\pi\right) \text{ (단 k=0, 1, 2, 3)}$$

을 얻는다. 여기서 $k = 0,\ 1,\ 2,\ 3$을 차례로 대입하면

$$z = \frac{1}{\sqrt{2}}(1+i),\ -\frac{1}{\sqrt{2}}(1-i),\ -\frac{1}{\sqrt{2}}(1+i),\ \frac{1}{\sqrt{2}}(1-i)$$

이 구하는 해이다.

2. $-1 = \cos\pi + i\sin\pi$이므로 $a = 1$, $t = \pi$, $n = 3$인 경우이다. 그러므로

$$z = 1 \cdot \left(\cos\frac{2k+1}{3}\pi + i\sin\frac{2k+1}{3}\pi\right) \text{ (단 k=0, 1, 2)}$$

을 얻는다. 여기서 $k = 0,\ 1,\ 2$을 차례로 대입하면

$$z = \frac{1}{2}(1+\sqrt{3}i),\ -1,\ \frac{1}{\sqrt{2}}(1-\sqrt{3}i)$$

이 구하는 해이다.

3. $i = \cos\left(2k\pi + \frac{\pi}{2}\right) + i\sin\left(2k\pi + \frac{\pi}{2}\right)$이므로

$$a = 1 \text{ 이고 } t = \frac{4k+1}{2}\pi$$

을 얻는다. 따라서

$$z = \left(\cos\frac{4k+1}{4}\pi + i\sin\frac{4k+1}{4}\pi\right) \text{ (단 k=0, 1)}$$

이다. 따라서 구하는 해는 $k = 0$일 때

$$z = \left(\cos\frac{\pi}{4} + i\sin\frac{\pi}{4}\right) = \frac{\sqrt{2}}{2} + \frac{\sqrt{2}}{2}i$$

이고 $k = 1$일 때

$$z = \left(\cos\frac{5}{4}\pi + i\sin\frac{5}{4}\pi\right) = -\frac{\sqrt{2}}{2} - \frac{\sqrt{2}}{2}i$$

이다.

4. $2 + 2i = 2\sqrt{2}\left(\cos(2k\pi + \frac{\pi}{4}) + i\sin(2k\pi + \frac{\pi}{4})\right)$이므로

$$a = 2^{\frac{3}{2}} \text{ 이고 } t = \frac{8k+1}{4}\pi$$

을 얻는다. 따라서

$$z=\sqrt{2}\left(\cos\frac{8k+1}{12}\pi+i\sin\frac{8k+1}{12}\pi\right)\ \text{(단 k=0, 1, 2)}$$

이다. 따라서 구하는 해는 차례로

$k=0$ 일 때 $z=\sqrt{2}\left(\cos\frac{\pi}{12}+i\sin\frac{\pi}{12}\right)=\frac{1}{2}((\sqrt{3}+1)+(\sqrt{3}-1)i)$

$k=1$ 일 때 $z=\sqrt{2}\left(\cos\frac{3}{4}\pi+i\sin\frac{3}{4}\pi\right)=-1+i$

$k=2$ 일 때 $z=\sqrt{2}\left(\cos\frac{17\pi}{12}+i\sin\frac{17\pi}{12}\right)=\frac{1}{2}((1-\sqrt{3})-(1+\sqrt{3})i)$

이다.

8.6 연습문제

1. 다음 방정식의 해를 구하여라.

   (a) $z^3 = i$ (b) $z^3 = -i$ (c) $z^2 = 1 + \sqrt{3}i$ (d) $z^4 = -1$

2. $a = \dfrac{\sqrt{3}}{2} + \dfrac{i}{2}$ 일 때 $z = 1 + a + a^2 + \cdots + a^{59}$ 를 구하여라.

3. 다음 조건을 만족하는 복소수 $a + bi$를 구하여라.

$$(a+bi)^{12} = 1,\ a > 0,\ b > 0$$

4. 복소평면에서 $z = \sqrt[3]{2+2i}$를 만족시키는 세 개의 복소수를 모두 구하여라.

《정상》

1주에 180m씩 오르던 등산로가 이제 끝을 보았습니다. 15주면 무려 2,700m 높은 산을 정복하셨군요. 우리나라에서는 백두산(2,744m) 다음으로 높은 산입니다. 정상에서 내려다 본 모습은 말 그대로 장관입니다. 저 아래 보이는 많은 문제들을 이제부터는 거침없이 해결할 수 있으리라 믿습니다. 그러나 저 위를 보면 아직도 너무나 높고 험한 산들이 펼쳐져 있습니다. 학문이란 끝이 없는 산맥입니다. 이제 수학이라는 벽을 뚫고 나갈 용기를 얻었으니 꾸준한 노력과 각오로 그 산맥들을 향해 거침없이 나가 보시기 바랍니다.

부록

1. 다음 공식에서 r는 반지름, h는 높이, l은 빗높이, b는 밑변, B는 밑변의 넓이, θ는 호도법으로 나타낸 중심각이다.

   (a) 삼각형의 넓이 $\frac{1}{2}bh$

   (b) 직사각형의 넓이 dh, 대각선의 길이 $\sqrt{b^2+h^2}$

   (c) 사다리꼴의 넓이 $\frac{1}{2}h(b_1+b_2)$

   (d) 원의 넓이 πr^2, 원의 둘레 $2\pi r$, 호의 길이 $r\theta$

   (e) 부채꼴의 넓이 $\frac{1}{2}r^2\theta$

   (f) 각기둥의 부피 Bh

   (g) 각뿔의 부피 $\frac{1}{3}Bh$

   (h) 각뿔대의 부피 $\frac{1}{3}h(B_1+B_2+\sqrt{B_1B_2})$

   (i) 직원기둥의 부피 πr^2h, 직원기둥의 옆넓이 $2\pi rh$

   (j) 직원뿔의 부피 $\frac{1}{3}\pi r^2h$, 직원뿔의 옆넓이 πrl

   (k) 직원뿔대의 부피 $\frac{1}{3}\pi h(r_1^2+r_2^2+r_1+r_2)$, 직원뿔대의 옆넓이 $\pi l(r_1+r_2)$

   (l) 구의 부피 $\frac{4}{3}\pi r^3$, 구의 겉넓이 $4\pi r^2$

   (m) 내접하는 세 입체의 부피의 비
   원뿔: 구: 원기둥 $= \frac{2}{3}\pi r^3 : \frac{4}{3}\pi r^3 : 2\pi r^3 = 1:2:3$

   (n) 세 모서리를 x, y, z라 할 때 직육면체의 부피 xyz, 대각선의 길이$\sqrt{x^2+y^2+z^2}$

2. 수열

   (a) **계승**(factorial): $n! = n\cdot(n-1)\cdot(n-2)\cdot\cdots\cdot 2\cdot 1$, $0! = 1$

   (b) **순열**(permutation): ${}_nP_r = n\times(n-1)\times(n-2)\times\cdots\times(n-r+1) = \frac{n!}{(n-r)!}$

(c) **조합**(combination): ${}_nC_r = \dfrac{n!}{r!(n-r)!} = \dfrac{{}_nP_r}{r!}$, ${}_nC_0 = 1$, ${}_nC_1 = n$

(d) **이항전개**: $(a+b)^n = a^n +_n C_1 a^{n-1}b + \cdots +_n C_r a^{n-r}b^r + \cdots + b^n$

(e) **등차급수**: 첫째항이 a, 공차가 d, 마지막 항이 l, 항의 개수가 n 이고, 총합이 S일 때,

$$l = a + (n-1)d,\ S = \frac{1}{2}n(a+l),\ S = \frac{1}{2}n[2a + (n-1)d]$$

(f) **등비급수**: 첫째항이 a, 공비가 r, 마지막 항이 l, 항의 개수가 n 이고, 총합이 S일 때,

$$l = ar^{n-1},\ S = a\frac{1-r^n}{1-r},\ S = \frac{a-rl}{1-r}$$

(g) **무한 등비급수**: $|r| < 1$ 이면 $S = \dfrac{a}{1-r}$

3. 삼각형의 세 변의 길이를 각각 a, b, c, 그 마주보는 대각을 차례로 A, B, C라 하고 $s = \dfrac{a+b+c}{2}$, 외접원의 반지름이 R라 할 때,

(a) **사인법칙**: $\dfrac{a}{\sin A} = \dfrac{b}{\sin B} = \dfrac{c}{\sin C} = 2R$

(b) **코사인법칙**: $a^2 = b^2 + c^2 - 2bc\cos A$

(c) **삼각형의 넓이**: $\dfrac{1}{2}ab\sin C = \sqrt{s(s-a)(s-b)(s-c)}$

4. 원추곡선

(a) 중심이 $(h,\ k)$이고 반지름이 r인 원의 방정식: $(x-h)^2 + (y-k)^2 = r^2$

(b) 중심이 $(h,\ k)$이고 반장축이 a, 반단축이 b인 타원의 방정식:

$$\frac{(x-h)^2}{a^2} + \frac{(y-k)^2}{b^2} = 1$$

타원의 넓이: πab

(c) 중심이 $(h,\ k)$이고 반관축이 a, 반공액축이 b인 쌍곡선의 방정식:

$$\frac{(x-h)^2}{a^2} - \frac{(y-k)^2}{b^2} = 1$$

(d) 꼭지점이 $(h,\ k)$이고 초점의 거리가 p인 포물선의 방정식:

$$(y-k)^2 = 4p(x-h)$$

5. 주요 곡선

(a) 반지름이 a인 커다란 원이 고정되어 있고 그 속에 반지름이 b인 작은 원이 미끄러짐 없이 굴러갈 때, 작은 원 둘레의 한 점 p가 그리는 곡선을 **하이포사이클로이드**(Hypocycloid of four cusps)라 하고(이때 $a > b$이다.) 매개변수 방정식은

$$x = (a-b)\cos t - b\cos\left(\frac{a-b}{b}t\right),\ y = (a-b)\sin t - b\sin\left(\frac{a-b}{b}t\right)$$

로 나타낸다.

(b) 반지름이 a인 커다란 원이 고정되어 있고 그 바깥에 반지름이 b인 작은 원이 미끄러짐 없이 굴러갈 때, 작은 원 둘레의 한 점 p가 그리는 곡선을 **에피사이클로이드**(Epicycloid of cusps)라 하고 매개변수 방정식은

$$x = (a+b)\cos t - b\cos\left(\frac{a+b}{b}t\right),\ y = (a+b)\sin t - b\sin\left(\frac{a+b}{b}t\right)$$

로 나타낸다.

연습문제 풀이

1.1 연습문제

1. (d) $-a^3 = (-a)^3$

2. (a) $A = \{a|a$는 양의 유리수$\}$ 덧셈, 곱셈, 나눗셈에 대해 닫혀 있다.
   (반례) $\frac{1}{3} - \frac{1}{2} = -\frac{1}{6} \notin A$
   (b) $B = \{b|b$는 음의 유리수$\}$ 덧셈에 대해 닫혀 있다.
   (c) $C = \{c|c$ 는 음의 실수$\}$ 덧셈에 대해 닫혀있다.
   (d) $D = \left\{ \frac{q}{p} | \frac{q}{p} \text{는기약분수} \right\}$ 사칙연산에 대해 닫혀 있지 않다.
   (반례) $\frac{3}{2} + \frac{5}{2} = 4 \notin D,\ \ \frac{3}{2} - \frac{5}{2} = -1 \notin D,\ \ \frac{3}{2} \times \frac{8}{3} = 4 \notin D,\ \ \frac{9}{2} \div \frac{3}{2} = 3 \notin D$

3. (a) $\mathbb{N}$: 곱셈에 대한 역원 1
   (b) $\mathbb{Z}$: 덧셈에 대한 역원 0 과 곱셈에 대한 역원 1
   (c) $\mathbb{Q}$: 덧셈에 대한 역원 0 과 곱셈에 대한 역원 1
   (d) 무리수: 덧셈에 대한 역원과 곱셈에 대한 역원이 존재하지 않는다.

4. (a), (b), (d)

5. $a + c = b + c$의 양변에 덧셈에 대한 c의 역원 $-c$를 더하면

$$(a + c) + (-c) = (b + c) + (-c)$$

   이다. 이때 $a + (c + (-c)) = b + (c + (-c))$에서 $a + 0 = b + 0$이므로 $a = b$이 성립한다.

6. (a) $a \geq 0$일 때 $-a \leq 0$이므로 $|-a| = -(-a) = a$이고 $|a| = a$여서 $|-a| = |a|$이다.
   (b) $a < 0$일 때 $-a > 0$이므로 $|-a| = -a$ 이고 $|a| = -a$여서 $|-a| = |a|$이다.

7. 어떤 수 T의 곱셈에 대한 역원 $\frac{1}{T}$이 존재하지 않으려면 $T = 0$일 때이다.

(a) $a+(-1)=0$에서 $a=1$

(b) $3a+1=0$에서 $a=-\frac{1}{3}$

(c) $\frac{a}{a+2}=0$에서 $a=0$

1.2 연습문제

1. (a) $\left(3x^2-2xy-\frac{1}{3}y^2\right)+\left(3y^2-\frac{1}{2}xy-x^2\right)+\left(\frac{2}{3}x^2-xy+4y^2\right)$
$=\frac{8}{3}x^2+\frac{20}{3}y^2-\frac{17}{2}xy$

   (b) $x^2y^3(-2xy^2)(6xy)^2=-72x^5y^7$

   (c) $(\sqrt{x}+1)(\sqrt{x}+2)=x+2+3\sqrt{x}$

   (d) $\left(x+\frac{1}{x}\right)\left(x-\frac{1}{x}\right)=x^2-\frac{1}{x^2}$

   (e) $(\sqrt{a+b}+1)(\sqrt{a+b}+2)=(a+b)+3\sqrt{a+b}+2$

   (f) $(x^n-x^{-n})^2=x^{2n}-2+x^{-2n}$

   (g) $(x^2-y^2)(x^4+x^2y^2+y^4)=x^6+2x^2y^4-y^6$

   (h) $x^3\times x^2\div x^3\times x^2=x^4$

   (i) $(x^3-1)\times(x^2-x)=x^6-x^4-x^2+x$

   (j) $101\times 99=(100+1)(100-1)=100^2-1=9999$

2. (a) $(x^3+x^2+5)\div(x^2+3)=x+1-\frac{3x-2}{x^2+3}$

   (b) $(x^4-3x^2-2x-7)\div(x^2-5)=x^2+2-\frac{2x-10}{x^2-5}$

3. (a) x^3-x^2+4x-8: 몫 x^2+x+6 나머지: 6

   (b) $3x^6+4x^3-3x-7$: 몫 $3x^5+6x4+12x^3+28x^2+56x+109$ 나머지: 225

   (c) 몫 x^2+x-3 나머지: 2

1.3 연습문제

1. $a=\frac{4}{3}$, $b=-\frac{4}{3}$

2. $P(-2)=-27$

3. $a=-5$

4. 최대 공약수: $x^2(x+2)(x+3)(x+4)(x+6)$, 최소 공배수: $x+2$

5. 두 다항식을 인수분해하면

$$\begin{aligned}2x^3+x^2-x-2 &= 2(x^3-1)+x(x-1)\\ &= (x-1)(2x^2+3x+2)\end{aligned}$$

$$\begin{aligned}3x^3-2x^2+x-2 &= 3x^3-3x^2+x^2+x-2\\ &= (x-1)(3x^2+x+2)\end{aligned}$$

에서 두 다항식을 동시에 0으로 하는 x의 값은 x^2-1이다.

1.4 연습문제

1. (a) $\dfrac{x^2-9}{x^2-3x}=\dfrac{(x-3)(x+3)}{x(x-3)}=\dfrac{x+3}{x}=1+\dfrac{3}{x}$

   (b) $\dfrac{b}{a^3}\div\dfrac{b}{a^2}=\dfrac{b}{a^3}\cdot\dfrac{a^2}{b}=\dfrac{1}{a}$

   (c) $\dfrac{1}{x+1}-\dfrac{1}{x+2}=\dfrac{(x+2)-(x-1)}{(x-1)(x+2)}=\dfrac{3}{(x-1)(x+2)}$

   (d) $\dfrac{1+\dfrac{2}{x}}{x-\dfrac{4}{x}}=\dfrac{\dfrac{x+2}{x}}{\dfrac{x^2-4}{x}}=\dfrac{x+2}{(x-2)(x+2)}=\dfrac{1}{x-2}$

2. (a) $\dfrac{x+1}{1+\sqrt{x+1}}+\dfrac{x-1}{1-\sqrt{x+1}}=\dfrac{2\sqrt{x+1}}{x}-2$

   (b) $\dfrac{1}{x+\sqrt{x^2-1}}+\dfrac{1}{x-\sqrt{x^2-1}}=2x$

3. (a) $3x=2y\neq 0$일 때, $y=\dfrac{3x}{2}$이므로 $\dfrac{3x^2+2xy}{x^2+xy}=\dfrac{3x^2+3x^2}{x^2+\dfrac{3}{2}x^2}=\dfrac{12}{5}$

   (b) $x=2+\sqrt{3}$, $y=2-\sqrt{3}$일 때, $x+y=4$이고, $xy=1$이다. 따라서

$$\frac{y^2}{x}+\frac{x^2}{y}=\frac{y^3+x^3}{xy}=\frac{(y+x)^3-3xy(x+y)}{xy}=\frac{4^3-3\cdot 1\cdot 4}{1}=52$$

4. (a) $\dfrac{x+1}{x^2-16}=\dfrac{\frac{5}{8}}{x-4}+\dfrac{\frac{3}{8}}{x+4}$

   (b) $\dfrac{2-x}{(2x-1)(x^2+x+1)}=\dfrac{\frac{6}{7}}{2x-1}+\dfrac{\frac{3}{7}x}{x^2+x+1}-\dfrac{\frac{8}{7}}{x^2+x+1}$

   (c) $\dfrac{4x+7}{(x+1)^2}=\dfrac{4}{x+1}+\dfrac{3}{(x+1)^2}$

   (d) $\dfrac{x^2+2}{(x-1)(x-3)^2}=\dfrac{-2}{x-1}+\dfrac{3}{x-3}+\dfrac{11}{(x-3)^2}$

(e) $\dfrac{x^3-5x+12}{x-4}=x^2+4x+11+\dfrac{56}{x-4}$

5. (a) $x-y=ab-a^2-b^2=-(a^2-ab+b^2)=-\left\{(a-\dfrac{b}{2})^2+\dfrac{3}{4}b^2\right\}\le 0$이고 $x+y=ab+a^2+b^2=(a+\dfrac{b}{2})^2+\dfrac{3}{4}b^2\ge 0$이므로

$$\sqrt{(x-y)^2}+\sqrt{(x+y)^2}=-(x-y)+(x+y)=2y=2(a^2+b^2)$$

(b) $0<x<1$일 때 $\dfrac{1}{x}+x>0,\ \dfrac{1}{x}-x>0$이므로,

$$\begin{aligned}\frac{\sqrt{(x-\frac{1}{x})^2+4}-\sqrt{(x+\frac{1}{x})^2-4}}{\sqrt{(x-\frac{1}{x})^2+4}+\sqrt{(x+\frac{1}{x})^2-4}}&=\frac{\sqrt{x^2+2+\frac{1}{x^2}}-\sqrt{x^2-2+\frac{1}{x^2}}}{\sqrt{x^2+2+\frac{1}{x^2}}+\sqrt{x^2-2+\frac{1}{x^2}}}\\&=\frac{\sqrt{(x+\frac{1}{x})^2}-\sqrt{(x-\frac{1}{x})^2}}{\sqrt{(x+\frac{1}{x})^2}+\sqrt{(x-\frac{1}{x})^2}}\\&=\frac{(x+\frac{1}{x})-(x-\frac{1}{x})}{(x+\frac{1}{x})+(x-\frac{1}{x})}\\&=\frac{2x}{\frac{2}{x}}=x^2\end{aligned}$$

2.1 연습문제

1. (a) $x-4\ge 0$일 때 $x-4=7$에서 $x=11$ 또, $x-4<0$일 때 $-(x-4)=7$에서 $x=-3$

(b) $x-1<0$일 때 $-(x-1)-(x-2)=5$에서 $x=-1$ $1\le x<2$일 때 $(x-1)-(x-2)=5$이므로 만족하는 해는 없다. $x\ge 2$일 때 $(x-1)+(x-2)=5$에서 $x=4$

(c) $x\ge 0$일 때 존재하지 않는다. $x<0$일 때 $x=-\dfrac{20}{17}$

2. $x=-1$

3. (a) $t=\dfrac{3-2a}{3a-1}$

(b) $t=\pm\sqrt{\dfrac{1-a^3}{1+a^3}}$

(a) $(a-b)t=(a-b)(a+b)$가 되어

i. $a\ne b$이면 $x=a+b$이고, ii. $a=b$ 이면 부정이다.

4. $(a^2-5a+4)t=a-2t-2$에서 $(a^2-5a+6)t=a-2,\ (a-3)(a-2)t=a-2$가 되어

(a) $a \neq 2,\ a \neq 3$이면 $x = \dfrac{1}{a-3}$,

(b) $a = 2,\ a = 3$이면 부정,

(c) $a = 3$이면 불능

5. $r = 100\left(\sqrt{\dfrac{m}{a}} - 1\right)$, $r = 0.1 = 10\%$

2.2 연습문제

1. (a) $(x-13)(x+11) = 0$에서 $x = -11,\ x = 13$

   (b) $0 = x^2 - 10x + 25 = (x-5)^2$에서 $x = 5$

   (c) $D = 36 - 48 = -8 < 0$이므로 구하는 실근은 없다.

   (d) $x \geq 0,\ 0 = x^2 - 7x + 10 = (x-2)(x-5)$에서 $x = 2,\ x = 5$ $x < 0,\ x^2 + 7x + 10 = 0$에서 $D = 49 - 100 < 0$이므로 구하는 실근은 없다.

   (e) $x = \dfrac{-2\sqrt{2} \pm \sqrt{8-4}}{2} = \dfrac{-2\sqrt{2} \pm 2}{2} = -\sqrt{2} \pm 1$

   (f) $2(x^2 - 9) = (x+5)^2$에서 양변 전개하면 $2x^2 - 18 = x^2 + 10x + 25$이다. 이때

   $$x^2 - 10x - 43 = 0 \text{ 에서 } x = \frac{10 \pm \sqrt{100+172}}{2} = \frac{10 \pm 4\sqrt{17}}{2} = 5 \pm 2\sqrt{17}$$

   (g) $x = \dfrac{-5 \pm \sqrt{5^2 4 \cdot 2 \cdot 1}}{2 \cdot 2} = \dfrac{-5 \pm \sqrt{17i}}{4}$

   (h) 준식$= (\sqrt{2}x + \sqrt{3})(x+1) = 0$이므로 $x = -\dfrac{\sqrt{3}}{\sqrt{2}} = -\dfrac{\sqrt{6}}{-2}$과 $x = -1$이다.

   (i) i. $x \geq 2$일 때 $x^2 + 5(x-2) - 4 = 0,\ x^2 + 5x - 14 = 0,\ (x+7)(x-2) = 0$에서 $x = -7$과 $x = 2$이다. 그런데 조건에서 $x = 2$이다.

   ii. $x < 2$일 때 $x^2 - 5(x-2) - 4 = 0,\ x^2 - 5x + 6 = 0,\ (x-3)(x-2) = 0$에서 $x = 3$과 $x = 2$이다. 그런데 조건에 $x = 2$이다.

   (j) $x = \dfrac{-(2i-1) \pm \sqrt{(2i-1)^2 + 4(1+i)}}{2} = \dfrac{-2i+1 \pm 1}{2}$에서 $x = 1 - i$와 $x = -i$이다.

2. $4x^2 - 3x - 2 = 0$에서 $\alpha + \beta = \dfrac{3}{4},\ \alpha\beta = -\dfrac{1}{2}$이다.

   (a) $\dfrac{1}{\alpha^2} + \dfrac{1}{\beta^2} = \dfrac{\alpha^2 + \beta^2}{\alpha^2\beta^2} = \dfrac{(\alpha+\beta)^2 - 2\alpha\beta}{(\alpha\beta)^2} = \dfrac{25}{4}$

   (b) $\dfrac{1}{\alpha^3} + \dfrac{1}{\beta^3} = \dfrac{\alpha^3 + \beta^3}{\alpha^3\beta^3} = \dfrac{(\alpha+\beta)^3 - 3\alpha\beta(\alpha+\beta)}{(\alpha\beta)^2} = -\dfrac{99}{8}$

3. $a = k+3,\ b = 2(3k+1),\ c = k+3$로 두고 판별식을 이용하면 $D = 4(3k+1)^2 - 4(k+3)^2 = 0$에서 $8k^2 - 8 = 0$이므로 $k = \pm 1$이다. 이때 실제로 중근을 구하면 $k = 1$일 때 $x = -1$이고 $k = -1$일 때 $x = 1$이다.

4. 두 수 $a+3$, $b-5$를 두 근으로 하는 이차방정식을 구하여라.

5. $x^2 - mx + n = 0$이고 $m = 10$, $n = 20$이므로 구하는 두 수는 $x = 5 \pm \sqrt{5}$이다.

6. 조건에서 $x^2 = 2x + 24$, $x^2 - 2x - 24 = 0$를 얻는다. $(x+4)(x-6) = 0$에서 $x = -4$와 $x = 6$인데 양수 이므로 $x = 6$이다.

7. $ax^2 + bx + c = 0$ $(a \neq 0)$의 양변을 a로 나누면

$$x^2 + \frac{b}{a}x + \frac{c}{a} = 0$$

이다. 완전제곱식을 만글기 위해 $(\frac{b}{2a})^2$을 사용하면

$$x^2 + \frac{b}{a}x + (\frac{d}{2a})^2 - (\frac{b}{2a})^2 + \frac{c}{a}$$

이 되고

$$x^2 + \frac{b}{a}x + \left(\frac{b}{2a}\right)^2 = \left(\frac{b}{2a}\right)^2 - \frac{c}{a} \text{ 로부터 } \left(x + \frac{b}{2a}\right)^2 = \frac{b^2 - 4ac}{2a}$$

가 된다. 따라서 $x + \dfrac{b}{2a} = \pm\sqrt{\dfrac{b^2-4ac}{2a}}$ 이므로

$$x = -\frac{b}{2a} \pm \sqrt{\frac{b^2-4ac}{2a}} = \frac{-b \pm \sqrt{b^2-4ac}}{2a}$$

이다.

2.3 연습문제

1. (a) $X^2 - 5X + 6 = 0$으로 놓고 풀면 $X = 2 = x^2$과 $X = 3 = x^2$을 얻는다. 따라서 구하는 근은 $x = \pm\sqrt{2}$, $\pm\sqrt{3}$이다.

   (b) $x + 3 = X$로 두면 주어진 식은 $3X^2 - 7X + 2 = 0$이 되어 $X = \frac{1}{3}$, $X = 2$이다. 따라서 $x + 3 = \frac{1}{3}$로부터 $x = -\frac{8}{3}$, $x + 3 = 2$로부터 $x = -1$을 얻는다.

   (c) $x = -1,\ 2,\ 3$

   (d) $\sqrt[6]{x} = X$로 두면 $X^2 - X - 6 = 0$에서 $X = 3$, $X = -2$이다. 이때 $\sqrt[6]{x} = 3$에서 $x = 3^6$이다. 그러나 $\sqrt[6]{x} = -2$인 x는 없다.

2. $x = -1,\ \frac{3}{2}$

3. (a) $x = 4$, $y = -1$

   (b) $x = -10$, $y = 4$

   (c) $2x + y = x - 2$에서 $x + y = -2$와 $x - 2 = y - 1$에서 $x - y = 1$을 얻는다. 따라서 구하는 $x = -\frac{1}{2}$, $y = -\frac{3}{2}$이다.

(d) $x = 2,\ y = 2$

4. (a) 해가 없다.(불능) (b) $x = 14,\ y = 75,\ z = 29$

5. $a = b$일 때: 부정, $a \neq b$일 때: $x = -ab,\ y = a + b$

2.4 연습문제

1. (a) 근은 없다.

   (b) $x = \dfrac{10}{7}$

   (c) $x = -\dfrac{3}{2},\ x = \dfrac{-3 \pm \sqrt{5}}{2}$

   (d) 양변에 $(x-a)(x+a)$를 곱하면

$$(x+a) + (x-a) = (x^2 - a^2 - 2a),\ x^2 - 2x - a(a+2) = 0$$

$(x+a)(x-(a+2)) = 0$이므로 $x = -a,\ x = a+2$이다. 이때 $x = -a$는 무년근이다. 또 $x = a+2$에서 $a+2 \neq \pm a$일 때 분모가 0이 아니지만 $a+2 \neq a$는 자명하므로 $a+2 \neq -a$일 때, 즉 $a \neq -1$일 때만 성립한다. 따라서 구하는 근은 $a \neq 1$일 때 $x = a+2$이다.

2. 분모의 최소공배수 $x(x+1)$을 양변에 곱하면 $1 - ax = x(x+1)$, 즉 $x^2 + (a+1)x - 1 = 0$ 이 단 하나의 실근을 가지려면 $D = 0$이어야 한다. 그러나 $D = (a+1)^2 + 4 > 0$이므로 $x^2 + (a+1)x - 1 = 0$의 근 중에 무연근이 있어야 한다. $f(x) = x^2 + (a+1)x - 1$라 하면 $f(0) = -1 \neq 0,\ f(-1) = 1 - (a+1) - 1 = 0$에서 $a = -1$이다. 이때 주어진 식은 $x^2 - 1 = 0$ 이므로 무연근이 아닌 근은 $x = 1$이다.

3. (a) $x = 4 \pm 2\sqrt{2}$

   (b) $x^2 - x - \sqrt{x^2 - x - 2} = 4$

   (c) $\dfrac{\sqrt{x-1} - \sqrt{x+1}}{\sqrt{x-1} + \sqrt{x+1}} = x - 3$

4. $x^2 - 3 = \sqrt{x^2 - 1}$으로부터 $x = \pm\sqrt{2},\ x = \pm\sqrt{5}$를 얻는다. 이때 $x^2 - 3 \geq 0$이므로 따라서 구하는 해는 $\alpha = -\sqrt{5},\ \beta = \sqrt{5}$이다. $\alpha^2 + \alpha\beta + \beta^2 = 5 - \sqrt{25} + 5 = 5$.

5. 양변을 제곱하면 $x - 1 = (5x-1)^2$에서 $4x^2 - 21x + 26 = 0$이 되어 $x = 2,\ \dfrac{13}{4}$를 얻는다. 따라서 구하는 2차 방정식은 $(x-2)(x - \dfrac{13}{4}) = 0$에서 $4x^2 - 21x + 26 = 0$.

2.5 연습문제

1. (a) $-3 < x < 2$

(b) $0 < x < \sqrt{2}$

(c) $(x-1)^2(x^2+x+1) > 0$인데 $x^2+x+1 = (x+\frac{1}{2})^2 + \frac{3}{4} > 0$이므로 $(x-1)^2 > 0$이 되어 구하는 해는 $x \neq -1$인 모든 실수이다.

(d) $x > 1$

(e) i. $x-1 \geq 0,\ x \geq 1$일 때 $\begin{cases} x-1 < 2x-5 \\ 4 < x \end{cases}$

ii. $x-1 < 0,\ x < -1$일 때 $\begin{cases} -x+1 < 2x-5 \\ 6 < 3x \\ 2 < x \end{cases}$

(i), (ii)는 $x > 4$이다.

(f) i. $x-1 \geq 0 \quad x+2 \geq 0$일 때 $x-1+x2 < 5$에서 $x < 2$

ii. $x-1 < 0 \quad x+2 < 0$일 때 $-x+1-x-2 < 5$에서 $x > -3$에서.

따라서 $-3 < x < 2$이다.

2. (a) $-\frac{1}{2} < x < 2$ (b) $0 \leq x < 1$

3. $(x-\frac{1}{2})(x-\frac{1}{5}) < 0$으로부터 $a = 10, = 1$. 따라서 $ab = 10$

4. (a) $(\sqrt{a}+\sqrt{b})^2-(\sqrt{a+b})^2 = a+b+2\sqrt{a}\sqrt{b}-(a+b) = 2\sqrt{a}\sqrt{b} > 0$ 따라서 $\sqrt{a}+\sqrt{b} > \sqrt{a+b}$

(b) $(\sqrt{a-b})^2 - (\sqrt{a}-\sqrt{b})^2 = a-b-(a-2\sqrt{a}\sqrt{b}+b) = 2\sqrt{b}(\sqrt{a}-\sqrt{b}) > 0$ 따라서 $\sqrt{a}-\sqrt{b} < \sqrt{a-b}$

5. $D = (a+2)^2 - 4(ac-3) \geq 0$에서 $-1 \leq c \leq 3$이다.

3.1 연습문제

1. ②, ④

2. $f(4x+2) = 4x+2-4 = 4x-2$

3. (a) 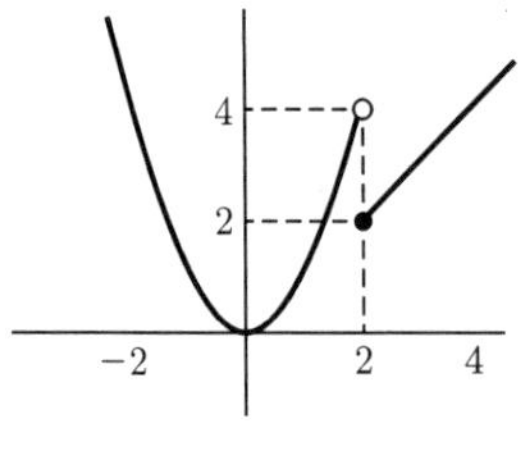

(b) 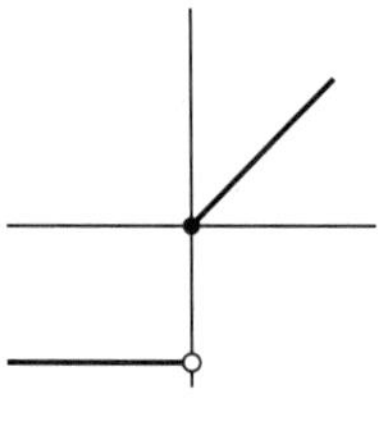

4. $x = -1,\ 3$

5. ②

3.2 연습문제

1. $x = \frac{1}{3}$
2. $(f \circ g)(2) = 17$
3. $x \neq 0$인 모든 실수
4. $(f \circ g)(2) = -4$
5. $(f \circ g \circ h)(x) = 18x^2 - 60x + 52$
6. $(f \circ g \circ h)(2) = 60$

3.3 연습문제

1. $f^{-1}(x) = \frac{4}{x-2}$
2. $y^{-1} = \frac{1}{2}(x+1)$, 정의역 $1 \leq x \leq 11$, 치역 $0 \leq y \leq 5$
3. (a) $f^{-1}(x) = \frac{3}{2} - \frac{x}{2}$ 이므로 $(f^{-1} \circ f)(x) = (f \circ f^{-1})(x) = x$
   (b) $(f^{-1})^{-1}(x) = f(x) = -2x + 3$
4. $y = \frac{ax+3}{x+b}$ 라 두고 역함수를 구해보면 $x = \frac{ay+3}{y+b}$ 에서 $y = \frac{-bx-3}{x-3}$ 따라서

$$a = 3,\ b = -4$$

   이다.

5. (a) 참
   (b) 참
   (c) 거짓 $y = x^2$ 우함수이지만 일대일함수는 아니다.
   (d) 거짓 :$y = \sin x$ 는 기함수이지만 일대일이 아니다.
   (e) 참
   (f) 참
   (g) 거짓: $f(x) = 1 - x$, $g(x) = -\sqrt{x}$ 일 때 $g(f(x)) = -\sqrt{1-x}$ 는 증가 함수이다.

3.4 연습문제

1. $a = 0$, $b = 0$ 또는 $a = -4$, $b = 4$
2. $\frac{b}{c} = 2$이고 $x = -c$, $y = a$가 점근선이므로 $a = 1$, $b = -2$, $c = -1$
3. $x = \frac{1+\sqrt{5}}{2}$
4.

(a) 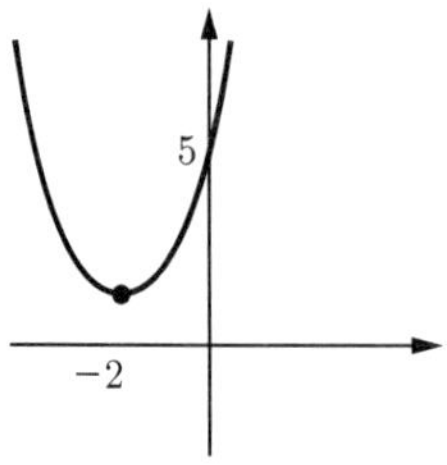

(b) 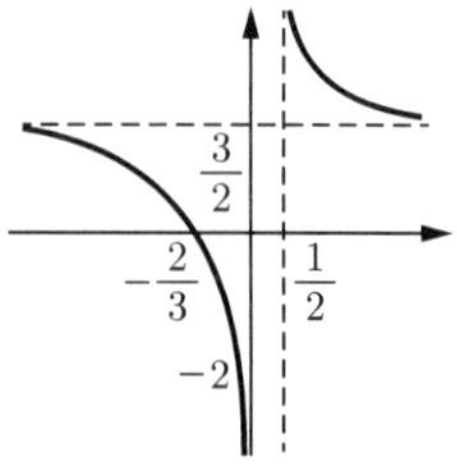

(c) 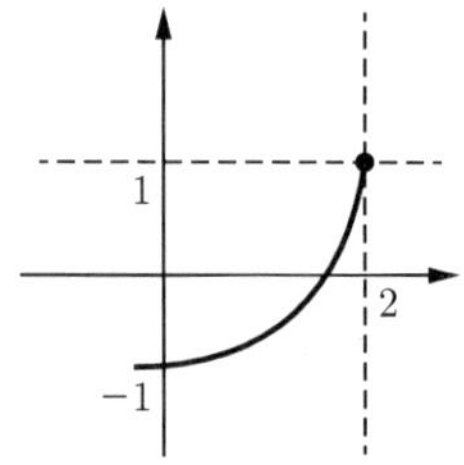

5. $f(x) = x^2 - ax + 4$로 두면 $f(1) = 1 - a - 4 > 0$에서 $a > 5$, 또 $D = a^2 - 16 \geq 0$에서$a \geq 4$ 이다. 따라서 $4 \leq a < 5$

6. (a) 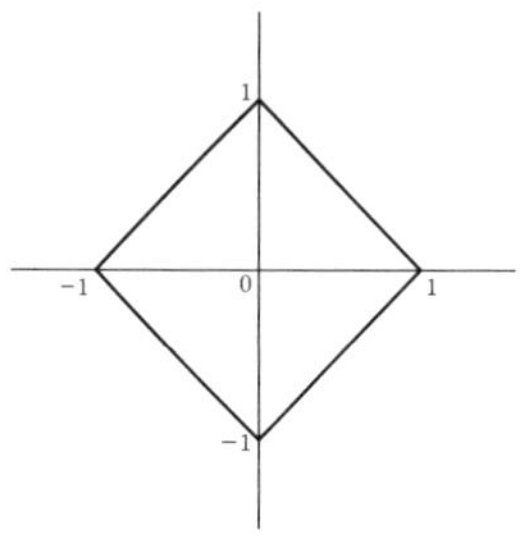

(b) 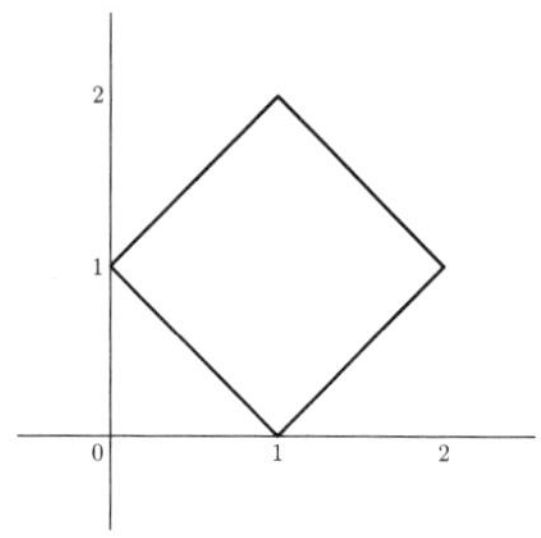

(c) 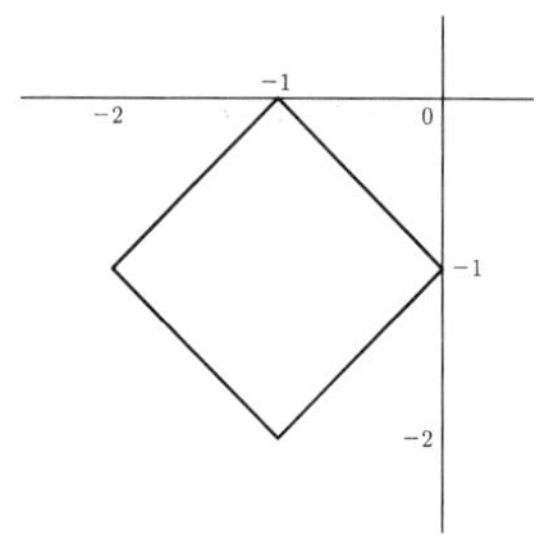

4.1 연습문제

1. (a) 90° 어느 사분면도 아니다.
   (b) 240° 어느 사분면도 아니다.
   (c) 200° 3사분면
   (d) 150° 2사분면

2. (a) $\frac{\pi}{5}$
   (b) $\frac{\pi}{12}$
   (c) $-\frac{\pi}{3}$
   (d) 1320°
   (e) −1320°
   (f) 315°

3. $l = r\theta$에서 $l = 10 \times \frac{2}{3}\pi = \frac{10}{3}\pi$, $S = \frac{1}{2}rl = \frac{1}{2} \times 10 \times \frac{10}{3}\pi = \frac{50}{3}\pi$

4. 부채꼴의 호의 길이는 $l = \frac{6}{5}\pi r$이고 직원뿔의 밑면의 반지름 $R = \frac{3}{5}r$이다. 직원뿔의 높이 $h = \sqrt{r^2 - R^2} = \sqrt{r^2 - (\frac{3}{5}r)^2} = \frac{4}{5}r$이다. 따라서 부피 $V = \frac{12}{125}\pi r^3$

4.2 연습문제

1. (a) $\sin\theta = -\frac{\sqrt{7}}{4}$, $\tan\theta = \frac{\sqrt{7}}{3}$
   (b) $\cos\theta = -\frac{\sqrt{21}}{5}$, $\tan\theta = \frac{2\sqrt{21}}{21}$
   (c) $\cos\theta = \frac{12}{13}$, $\sin\theta = -\frac{5}{13}$

2. $\tan\theta - \cos\theta$

3. (a) $\dfrac{1}{2}$ (b) $\dfrac{1}{2}$ (c) -1 (d) -1

4.3 연습문제

1. 0

2. $\sin x \cos\dfrac{\pi}{3} + \cos x \sin\dfrac{\pi}{3} + \cos x \cos\dfrac{\pi}{6} - \sin x \sin\dfrac{\pi}{6}$
$= \dfrac{1}{2}\sin x + \dfrac{\sqrt{3}}{2}\cos x + \dfrac{\sqrt{3}}{2}\cos x - \dfrac{1}{2}\sin x = \sqrt{3}\cos x$

3. $\sin x = \sqrt{\sqrt{3}-1}$에서 $\sin^2 x = \sqrt{3}-1$이고 $\cos^2 x = 2-\sqrt{3}$이므로

   (a) $\sin^4 x + \cos^4 x = 11 - 6\sqrt{3}$ (b) $5 - 4\sqrt{3}$

4. (a) $(\cos^2 x - \sin^2 x)(\cos^2 x + \sin^2 x) = \cos^2 x - \sin^2 x = 1 - \sin^2 x - \sin^2 x = 1 - 2\sin^2 x$

   (b) $\sec^2 x \cdot \cos^2 x = 1$

5. (a) $\cos\theta + \sin\theta$

   (b) $\tan(90^\circ - (45^\circ - \theta)) \cdot \tan(45^\circ - \theta) = \cot(45^\circ - \theta) \cdot \tan(45^\circ - \theta) = 1$

6. (a) π (b) 4π (c) $\dfrac{\pi}{2}$

7. (a) 0 (b) 0

4.4 연습문제

1. $\dfrac{\pi}{6}$
2. $\dfrac{\pi}{3}$
3. $\dfrac{\pi}{3}$
4. $\dfrac{2}{3}\pi$
5. 1
6. $\sqrt{3}$
7. $\dfrac{5\pi}{4}$
8. $\dfrac{\pi}{6}$
9. $-\dfrac{\pi}{2}$
10. $\tan^{-1} x = t$로 둔다.
11. $\cos^{-1} x = t$로 둔다.
12. $\sin^{-1} x = t$로 둔다.
13. $\sin^{-1} x = t$로 두면
    $\cos 2t = 2\cos^2 t - 1$이다.
14. $\tan^{-1} x = t$로 둔다.
15. $\sin^{-1} x = t$로 둔다.
16. $\sec^{-1} x = t$로 둔다.
17. $\cos^{-1} x = t$로 두면

$\sec 2t = \dfrac{1}{\cos 2t} = \dfrac{1}{2\cos^2 t - 1}$ 이다.

18. $\tan^{-1} x = t$ 로 둔다.

19. $\tan^{-1} x = t$ 로 두면
$\tan 2t = \dfrac{2\tan t}{1 - \tan^2 t}$ 이다.

5.1 연습문제

1. (a) 3
   (b) a
   (c) -3
   (d) 존재하지 않는다.
   (e) 존재하지 않는다.
   (f) -2
   (g) -7
   (h) 3
   (i) -1
   (j) $-\dfrac{\pi}{2}$
   (k) 0.1
   (l) 0.1
   (m) 9^3
   (n) $\dfrac{1}{9^3}$

2. (a) $a^{\frac{3}{4}}$ (b) $a^{\frac{11}{15}}$ (c) $\dfrac{b^2}{\sqrt{a}}$ (d) $a + a^{-1} + 2$

3. 2^6 개

5.2 연습문제

1. (a) 3
   (b) $\dfrac{1}{4}$
   (c) $6^{\frac{1}{4}}$
   (d) $5^{\frac{7}{6}} - 4^{\frac{1}{2}}$
   (e) $2^{-6} + 2^{-4}$
   (f) $a^{-\frac{1}{3}}$
   (g) $a^{-2}b^8$

2. $x^3 = (\sqrt[3]{4} - \sqrt[3]{2})^3 = 2 - 6x$ 에서 $x^3 + 6x = 2$ 이다.

3. (a) 5^{-8}
   (b) $\dfrac{5 + 5^{-1}}{5^2 + 5^{-2}} = \dfrac{\dfrac{5^2+1}{5}}{\dfrac{5^4+1}{5^2}} = \dfrac{5(5^2+1)}{5^4+1}$

4. (a)

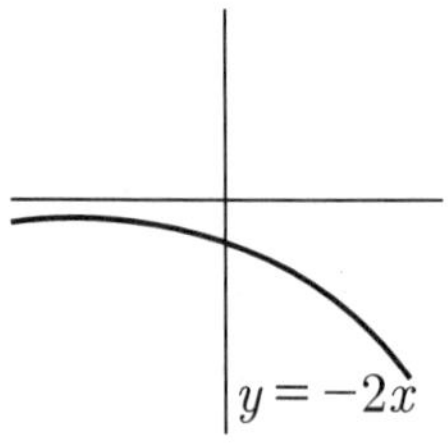

(b)

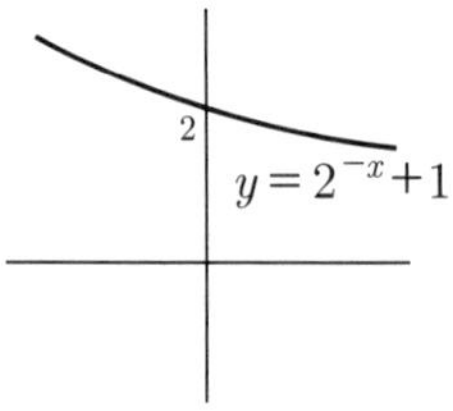

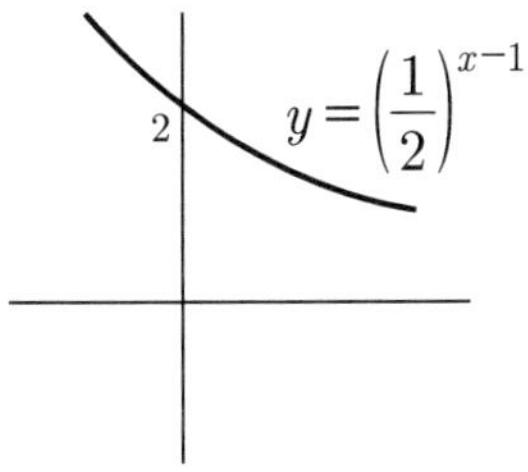

(c)

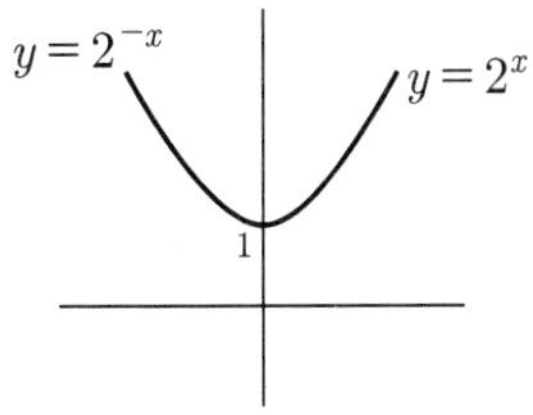

(d)

5.3 연습문제

1. (a) -3 (b) 4 (c) $\frac{4}{3}$

2. (a) 11 (b) $\frac{-1}{2}\log 2 - \frac{3}{2}\log 3$

3. $-2\log 2 + 2\log 3 = -2p + 2q = 2(q-p)$

4. $\log_2 xyz = 1$이므로 $xyz = 2$이다. 따라서 $((2^x)^y)^z = 4$

5. $b > a > c$

5.4 연습문제

1. $0 < a \leq 1$일 때: 해가 없다. $a > 1$일 때: $x = \frac{a}{a-1}$

2. $g(f(x)) = g(\ln x) = e^{\ln x} = x$이고 $f(g(x)) = f(e^x) = \ln e^x = x$

3. $g(x) = 9^x$

4. (a) $y = \log_3 x$와 x축 대칭 (c) $y = \log_3 x$와 $y = x$축 대칭

   (b) $y = \log_3 x$와 x축 대칭

5.5 연습문제

1. (a) $x = 0$ (b) $x = 2$ (c) $x = 1,\ x = 0$ (d) $x = -\frac{10}{9}$

2. $2^m = x$로 놓으면 $x + x^{-1} = t,\ A = t^2 - 2,\ B = t^3 - 3t$이므로 $At - B = t$이다.

3. $x = 1,\ y = 2$ 또는 $x = 2,\ y = 1$

4.

(a) $x < 2$

(b) $x > -2$

(c) $(0.1)^x \leq (0.1)^3$ 에서 $x \geq 3$

5. $x = 2$일 때 $a = 0.5$
6. $x^x = a$를 $x^a = a^x$ 에 대입하면 $x^x = x^2$ 이다. 따라서 $\{x|x = 2\}$
7. $3 - x = \log_3 14$ $x = 3 - \log_3 14 = 3 - \dfrac{\ln 14}{\ln 3}$.

5.6 연습문제

1. (a) $x = 5$

   (b) $x = \frac{1}{4}$, 2

   (c) $x = 49$

   (d) $x = 2\sqrt{2\log x} - \sqrt{2 + \log x} = 4$

   (e) $x = 11$

   (f) $x = 7$

2. (a) $0 < x < 0.1$

   (b) $\frac{1}{2} < x < \frac{3}{4}$

   (c) $6 < x < 2 - \sqrt{2},\ 1 < x < 2,\ 3 < x < 2 + \sqrt{2}$

   (d) $x > 3$

3. (a) $-1 < \log_{\frac{1}{2}} x < 0$

   (b) $\log_{\frac{1}{2}} x < 0$

   (c) $-(n+1) \leq \log_{\frac{1}{2}} x < -n$

5.7 연습문제

1. (a) $\sinh 0 = 0$

   (b) $\cosh 0 = 1$

   (c) $\sinh(\ln 2) = \dfrac{e^{\ln 2} - e^{-\ln 2}}{2} = \dfrac{2 - \frac{1}{2}}{2} = \dfrac{3}{4}$

2. $\tanh x = \frac{4}{5}$일 때 $\coth x = \frac{5}{4}$이다. 한편 $\text{sech}^2 x + \tanh^2 x = 1$에서

$$\text{sech}x = \sqrt{1 - (\frac{3}{5})^2} = \frac{3}{5}$$

이고 따라서

$$\cosh x = \frac{1}{\text{sech}x} = \frac{5}{3}$$

이다. 또한 $\sinh x = \cosh x \tanh x = \frac{4}{3}$ 이므로

$$\text{sech}x = \frac{3}{4}$$

이 된다.

3. (a) $y = \sinh^{-1}\left(\frac{1}{x}\right)$ 라 하면 $\sinh y = \frac{1}{x}$ 이다. 이때 $\frac{1}{\sinh y} = x$ 이므로 $\text{sech}y = x$ 를 얻는다. 따라서 $y = \text{sech}^{-1}x$ 이다.
   (b) $y = \cosh^{-1}\left(\frac{1}{x}\right)$ 라 하면 $\cosh y = \frac{1}{x}$ 이다. 이때 $\frac{1}{\cosh y} = x$ 이므로 $\text{sech}y = x$ 를 얻는다. 따라서 $y = \text{sech}^{-1}x$ 이다.
   (c) $y = \tanh^{-1}\left(\frac{1}{x}\right)$ 라 하면 $\tanh y = \frac{1}{x}$ 이다. 이때 $\frac{1}{\tanh y} = x$ 이므로 $\text{coth}y = x$ 를 얻는다. 따라서 $y = \text{coth}^{-1}x$ 이다.

6.1 연습 문제

1. (a) $\sqrt{(2-3)^2 + \left(-2+\frac{1}{4}\right)^2} = \sqrt{1+\frac{49}{16}} = \frac{\sqrt{65}}{4}$
   (b) $\sqrt{(1-3)^2+(5+1)^2} = \sqrt{4+36} = \sqrt{40}$
   (c) $\sqrt{(\sin\theta-\cos\theta)^2+(\cos\theta+\sin\theta)^2} = \sqrt{1-2\sin\theta\cos\theta+1+2\sin\theta\cos\theta} = \sqrt{2}$
   (d) $\sqrt{(a^2-1)^2+(-a-a)^2} = \sqrt{a^4-2a^2+1+4a^2} = \sqrt{(a^2-1)^2} = a^2-1$
2. $\frac{5}{2}$
3. $x = \pm\frac{5}{\sqrt{2}}$
4. $(\sqrt{40},\ 0)$
5. 내분점 $P = \frac{mx_2+nx_1}{m+n}$, 외분점 $Q = \frac{mx_2-nx_1}{m-n}$
6. 내분점 $P = \left(\frac{mx_2+nx_1}{m+n},\ \frac{my_2+ny_1}{m+n}\right)$
7. 외분점 $Q = \left(\frac{mx_2-nx_1}{m-n},\ \frac{my_2-ny_1}{m-n}\right)$

6.2 연습문제

1. (a) $\vec{a} =< 2,\ 1,\ -3 >$
   (b) $\vec{\text{a}} =< 5-3,\ -1-2,\ -2+1 >=< 2,\ -3,\ -1 >$
2. (a) $a+3b =< 6,\ 16,\ 13 >$
   (b) $2a-b =< 5,\ -3,\ 5 >$

(c) $|-a+2b| = |<-1,\ 9,\ 2>| = \sqrt{1+81+4} = \sqrt{86}$

3. (a) $|<-1,\ -2,\ 3>| = \sqrt{1+4+9} = \sqrt{13}$

(b) $|<-3,\ 4,\ 5>| = \sqrt{9+16+25} = \sqrt{50}$

(c) $|4j-2k| = \sqrt{0+14+4} = \sqrt{18}$

(d) $|3i+4j-2k| = \sqrt{9+16+4} = \sqrt{29}$

6.3 연습문제

1. (a) $|a| = \sqrt{3},\ |b| = \sqrt{29},\ a\cdot b = -3$이므로 $\cos\theta = \dfrac{-3}{\sqrt{3}\cdot\sqrt{29}}$

(b) $|a| = \sqrt{21},\ |b| = \sqrt{9} = 3\ a\cdot b = -2-2\sqrt{3}$이므로 $\cos\theta = \dfrac{-2-2\sqrt{3}}{3\sqrt{21}}$

2. $a+tb =< 1+2t,\ -2+2t,\ 3-t >$이므로 $a =< 1,\ -2,\ 3 >$와 내적하면

$$(a+tb)\cdot a =< 1+2t, 2+2t,\ 3-t > \cdot < 1,\ -2,\ 3 >= 14-5t$$

이다, 내적이 0이 되어야하므로 구하는 $t = \dfrac{14}{5}$

3. (a) $a\cdot b = 12,\ a\cdot a = 9$ 따라서 $proj_a b = \dfrac{4}{3} < 1,\ 2,\ 4 >$

(b) $a\cdot b = 3,\ a\cdot b = 2$ 따라서 $proj_a b = \dfrac{3}{2} < 1,\ 2,\ 4 >$

4. $a\times b =< 0,\ -6,\ 3 >$

5. $|a\times b| = \sqrt{0+36+9} = \sqrt{45}$

6. 벡터 $a\times b$의 방향은 $\dfrac{a\times b}{|a\times b|} = \left\langle 0,\ -\dfrac{6}{\sqrt{45}},\ \dfrac{3}{\sqrt{45}} \right\rangle$

7. $\overrightarrow{PQ} = a = (-1,\ -2,\ 4),\ \overrightarrow{PR} = b = (-1,\ 1,\ 3)$이므로 이 두 벡터의 외적을 구하면

$$a\times b = \begin{vmatrix} i & j & k \\ -1 & -2 & 4 \\ -1 & 1 & 3 \end{vmatrix} = \begin{vmatrix} -2 & 4 \\ 1 & 3 \end{vmatrix} i - \begin{vmatrix} -1 & 4 \\ 4 & 3 \end{vmatrix} i + k \begin{vmatrix} -1 & -2 \\ -1 & 1 \end{vmatrix} k = -10i - j - 3k$$

이다. 이때 $|a\times b| = \sqrt{100+1+9} = \sqrt{110}$이므로 구하는 삼각형의 넓이는 $\dfrac{\sqrt{110}}{2}$이다.

8. $|a\cdot(b\times c)| = |<-1,\ 1,\ 1>\cdot<-2,\ 7,\ -5>| = 4$

6.4 연습문제

1. (a) $\dfrac{\pi}{6}$

(b) $\dfrac{\pi}{3}$

2. $\dfrac{2+\sqrt{6}}{3\sqrt{3}}$

3. $a(x-3)+b(y-1)+c(z-4)=0$과 직선의 관계에서 $a+2b+3c=0$이다. 또 직선 위의 점이 $(2,\ 3,\ 4)$이므로 $-a+2b=0$이다. 따라서 $a:b:c=2:4:-3$ 구하는 직선은

$$2(x-3)+4(y-1)-3(z-4)=0 \text{ 또는 } 2x+4y-3z+2=0$$

4. $D=\dfrac{|2+10+3-3|}{\sqrt{4+4+1}}=4$

7.1 연습문제

1. 3

2. 2

3. $\begin{pmatrix} 1 & 5 & 4 \\ 3 & 2 & 1 \\ 0 & 2 & 3 \end{pmatrix}$

4. 대칭행렬: $\left(\dfrac{1}{2}(A+A^T)\right)^T=\dfrac{1}{2}(A+A^T)^T=\dfrac{1}{2}(A+A^T)$

반대칭행렬: $\left(\dfrac{1}{2}(A-A^T)\right)^T=\dfrac{1}{2}((-A^T)+A^T)=\dfrac{1}{2}(-A+A^T)=-\dfrac{1}{2}(A-A^T)$

$$A=\frac{1}{2}\begin{pmatrix} 4 & 4 & 15 \\ 4 & 6 & 3 \\ 15 & 3 & 10 \end{pmatrix}+\frac{1}{2}\begin{pmatrix} 0 & -4 & -1 \\ 4 & 0 & -1 \\ 1 & 1 & 0 \end{pmatrix}$$

7.2 연습문제

1. (a) $\begin{pmatrix} 8 & 1 \\ -6 & 11 \end{pmatrix}$ (b) $\begin{pmatrix} 7 & 1 \\ -34 & 20 \end{pmatrix}$ (c) $\begin{pmatrix} 21 & -6 \\ -81 & 48 \end{pmatrix}$

2. (a) $AB=\begin{pmatrix} 4 & 2 \\ 7 & 21 \end{pmatrix},\quad BA=\begin{pmatrix} 5 & 5 \\ 6 & 20 \end{pmatrix}$

(b) $(AB)^T=\begin{pmatrix} 4 & 7 \\ 2 & 21 \end{pmatrix},\quad A^TB^T=\begin{pmatrix} 5 & 6 \\ 5 & 21 \end{pmatrix},\quad B^TA^T=\begin{pmatrix} 4 & 7 \\ 2 & 21 \end{pmatrix}$

(c) $\begin{pmatrix} 4 & 2 \\ 1 & 9 \end{pmatrix}$

3. $a = 7, = 4$ 에서 $a + b = 11$

4. (a) $\frac{1}{26}\begin{pmatrix} -5 & 3 \\ 2 & 4 \end{pmatrix}$

   (b) $\frac{1}{14}\begin{pmatrix} -2 & 1 \\ 4 & 5 \end{pmatrix}$

   (c) 역행렬이 존재하지 않는다.

   (d) 역행렬이 존재하지 않는다.

5. $\begin{pmatrix} \cos\theta & -\sin\theta \\ \sin\theta & \cos\theta \end{pmatrix}$

7.3 연습문제

1. $\begin{pmatrix} 0 & 1 & -4 & 8 \\ 2 & -3 & 2 & 3 \\ 5 & -8 & 7 & 1 \end{pmatrix}$

2. $x = 2,\ y = 1,\ z = 3$

3. 행사다리꼴은 (c)

4. $\begin{pmatrix} 1 & 0 & 0 \\ 0 & 1 & 0 \\ 0 & 0 & 1 \\ 0 & 0 & 0 \end{pmatrix}$

7.4 연습문제

1. (a) -13　(b) 0　(c) 72

2. (a) 1　(b) $3 \cdot 2 \cdot 3 = 18$

3. (a) $\begin{pmatrix} 3 & 3 & -1 \\ -2 & -2 & 1 \\ -4 & -5 & 2 \end{pmatrix}$　(b) $\begin{pmatrix} 3 & 3 & -1 \\ -2 & -2 & 1 \\ -4 & -5 & 2 \end{pmatrix}$

4. $\begin{pmatrix} -11 & 2 & 2 \\ -4 & 0 & 1 \\ 6 & -1 & -1 \end{pmatrix}$

5. $x = 8,\ y = -4,\ z = -9$

7.5 연습문제

1. (a) $x = 3,\ y = 1$
   (b) $x = -\dfrac{30}{11},\ y = -\dfrac{38}{11},\ z = -\dfrac{40}{11}$
   (c) 해가 없다.

2. $a = -\dfrac{2}{3},\ b = \dfrac{8}{3},\ c = \dfrac{19}{3}$

8.1 연습문제

1. $i^{10} = -1,\ i^{11} = -i,\ i^{12} = 1,\ i^{13} = i$

2. (a) $-3 - 2i$ (b) $3 + 2i$ (c) $-3 + 2i$

3. (a) $\sqrt{5}i$ (b) $-5i$ (c) $\sqrt{30}i$

4. (a) $x = 2,\ y = -3$ (b) $x = 2,\ y = 3$

5. (a) $\pm 7i$ (b) $\pm\dfrac{3}{4}i$ (c) $\pm\sqrt{\dfrac{10}{7}}i$

6. (a)

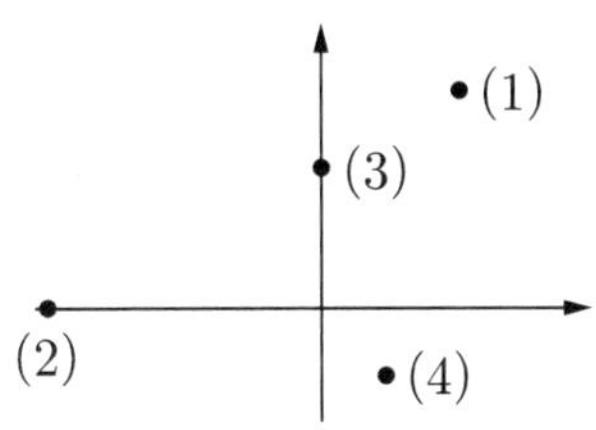

(b)

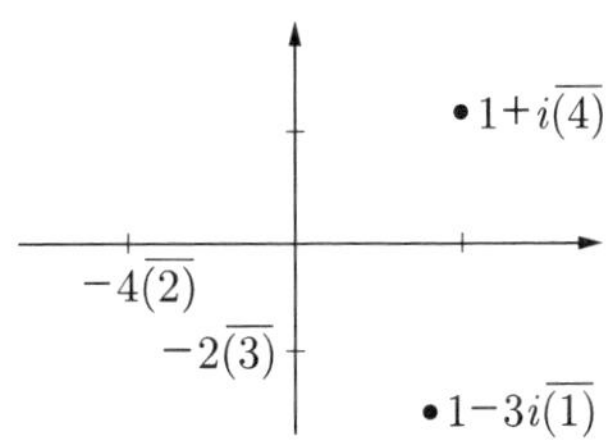

8.2 연습문제

1. (a)

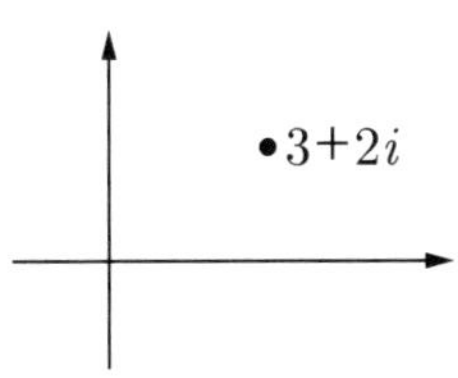

(b)

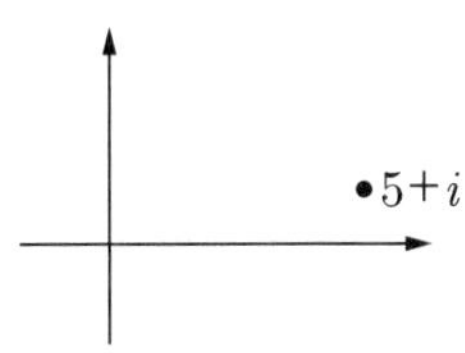

2. (a)

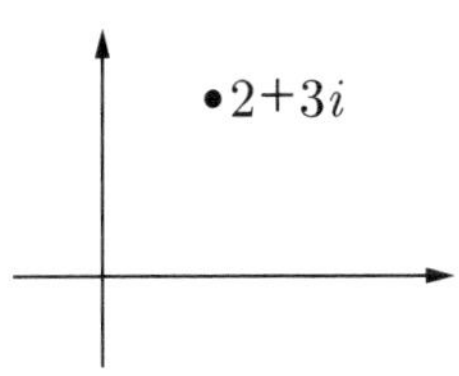

(b)

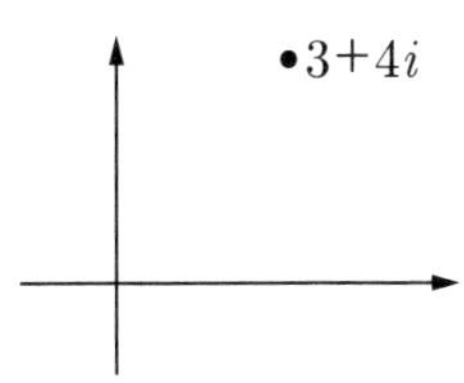

3. (a) 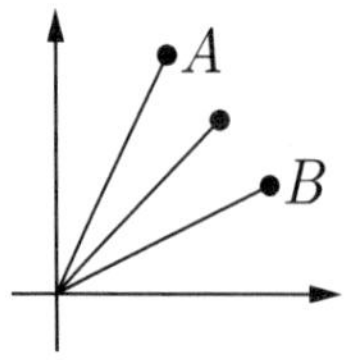

(b) 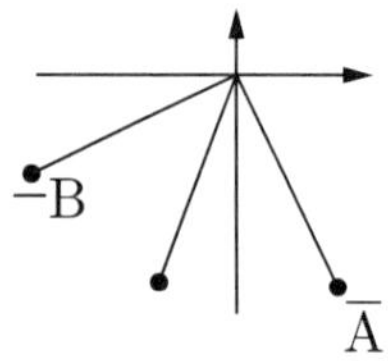

(c) 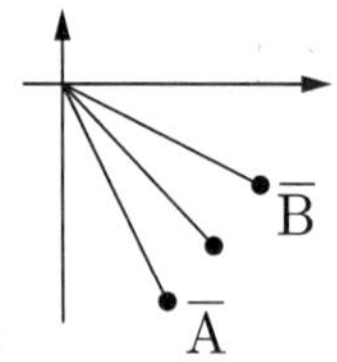

4. (a) 덧셈의 역원: $-2-\dfrac{i}{3}$ 곱셈의 역원: $\dfrac{18}{37}-\dfrac{2}{37}i$

   (b) 덧셈의 역원: $\dfrac{15}{17}-\dfrac{18}{17}i$ 곱셈의 역원: $-\dfrac{15}{17}-\dfrac{18}{17}i$

5. (a) $3+i$ (b) $8-i$ (c) $-\dfrac{4}{5}+\dfrac{7}{5}i$

6. (a) 점 3을 중심으로 하고 반지름이 4인 원

   (b) 점 1과 $-i$를 잇는 선분의 수직 이등분선

   (c) 점 $-i$를 중심으로 하고 반지름이 1인 원

8.3 연습문제

1. (a) $r=2,\ \theta=\pi$ (c) $r=\sqrt{2},\ \theta=\dfrac{\pi}{4}$

   (b) $r=1,\ \theta=-\dfrac{\pi}{3}$ (d) $r=2,\ \theta=-\dfrac{\pi}{6}$

2. $\dfrac{1}{2}-\dfrac{3}{2}i$

3. $\sqrt{\dfrac{55}{3}}$

4. (a) $2\left(\cos\dfrac{\pi}{3}+i\sin\dfrac{\pi}{3}\right)$ (e) $\cos\left(\dfrac{\pi}{2}-\theta\right)+i\sin\left(\dfrac{\pi}{2}-\theta\right)$

   (b) $\sqrt{2}\left(\cos\dfrac{3}{4}\pi+i\sin\dfrac{3}{4}\pi\right)$ (f) $\cos\left(\dfrac{\pi}{2}+\theta\right)+i\sin\left(\dfrac{\pi}{2}+\theta\right)$

   (c) $\cos\left(-\dfrac{\pi}{2}\right)+i\sin\left(\dfrac{\pi}{2}\right)$ (g) $\cos\dfrac{3}{10}\pi+i\sin\dfrac{3}{10}\pi$

   (d) $\cos\dfrac{5}{4}\pi+i\sin\dfrac{5}{4}\pi$ (h) $3\left(\cos\dfrac{4\pi}{3}+i\sin\dfrac{4\pi}{3}\right)$

5. $z_1=\dfrac{1}{\sqrt{2}}(1+3i)$

6. $\dfrac{\pi}{4}$: $\left(\dfrac{1}{\sqrt{2}}+\dfrac{1}{\sqrt{2}}i\right)z+\left(1-\dfrac{1}{\sqrt{2}}-\dfrac{1}{\sqrt{2}}i\right)\alpha$

   $-\dfrac{\pi}{4}$: $\left(\dfrac{1}{\sqrt{2}}-\dfrac{1}{\sqrt{2}}i\right)z+\left(1-\dfrac{1}{\sqrt{2}}+\dfrac{1}{\sqrt{2}}i\right)\alpha$

   $\dfrac{\pi}{2}$: $iz+(1-i)\alpha$

   π: $-z+2\alpha$

8.4 연습문제

1. (a) $2\sqrt{2}\left(\cos\frac{\pi}{12}+i\sin\frac{\pi}{12}\right)$ (b) $8\left(\cos\frac{\pi}{6}+i\sin\frac{\pi}{6}\right)$

2. $z_1z_2=2\sqrt{3}(\cos 135^\circ+i\sin 135^\circ)$

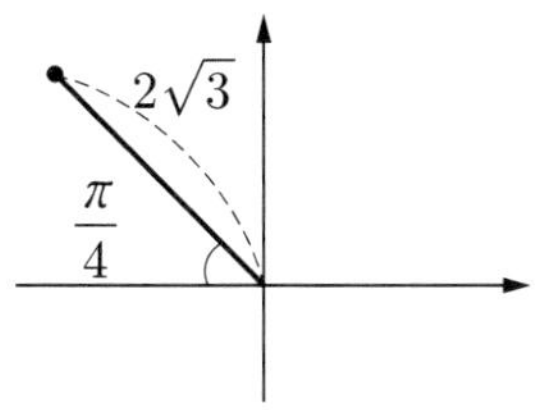

3. $S=\frac{1}{2}r^2\theta=\frac{\pi}{54}$

4. (a) $\sqrt{2}\left(\cos\left(-\frac{5}{12}\right)\pi+i\sin\left(-\frac{5}{12}\right)\pi\right)$ (b) $\sqrt{2}\left(\cos\left(-\frac{7}{12}\right)\pi+i\sin\left(-\frac{7}{12}\right)\pi\right)$

5. 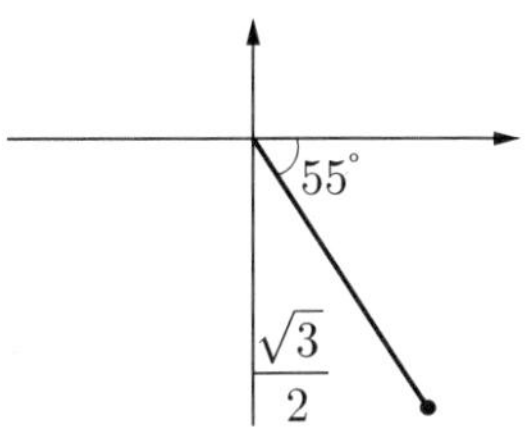

6. (a) $2\sqrt{2}\left(\cos\frac{13\pi}{12}+i\sin\frac{13\pi}{12}\right)$ (c) $\frac{\sqrt{2}}{2}\left(\cos\frac{5\pi}{12}+i\sin\frac{5\pi}{12}\right)$
   (b) $2\left(\cos\frac{3}{2}\pi+i\sin\frac{3}{2}\pi\right)$

8.5 연습문제

1. $z^4=r^4(\cos 4\theta+i\sin 4\theta),\ z^5=r^5(\cos 5\theta+i\sin 5\theta)$

2. $z^6=2^6$

3. (a) 1 (d) $\frac{1}{8}(1+\sqrt{3}i)$ (f) 8
   (b) -1
   (c) $\frac{1}{2^{11}}(1-\sqrt{3}i)$ (e) $\cos n\theta+i\sin n\theta$

4. $\sqrt{2}\left(\cos\left(-\frac{13}{12}\right)\pi+i\sin\left(-\frac{13}{12}\right)\pi\right)$

5. $(\cos\theta + i\sin\theta)^3 = \cos 3\theta + i\sin 3\theta$ 또
$(\cos\theta + i\sin\theta)^3 = (\cos^3\theta - 3\cos\theta\sin^2\theta) + i(3\cos^2\theta\sin\theta - \sin^3\theta)$이다.

6. $a = 4$

7. $n = 12,\ z^{12} = \dfrac{1}{2^{12}}$

8.6 연습문제

1. (a) $\dfrac{\sqrt{3}}{2} + \dfrac{1}{2}i,\ -\dfrac{\sqrt{3}}{2} + \dfrac{1}{2}i,\ -i$
   (b) $\dfrac{\sqrt{3}}{2} - \dfrac{1}{2}i,\ -\dfrac{\sqrt{3}}{2} - \dfrac{1}{2}i,\ i$
   (c) $\dfrac{\sqrt{6}}{2} + \dfrac{\sqrt{2}}{2}i,\ -\dfrac{\sqrt{6}}{2} - \dfrac{\sqrt{2}}{2}i$
   (d) $\dfrac{1}{\sqrt{2}} + \dfrac{1}{\sqrt{2}}i,\ -\dfrac{1}{\sqrt{2}} + \dfrac{1}{\sqrt{2}}i,\ -\dfrac{1}{\sqrt{2}} - \dfrac{1}{\sqrt{2}}i,\ \dfrac{1}{\sqrt{2}} - \dfrac{1}{\sqrt{2}}i$
2. $a = \cos\dfrac{\pi}{6} + i\sin\dfrac{\pi}{6}$일 때 $a^{60} = 1$이므로 $z = \dfrac{a^{60}-1}{a-1} = 0$이다.
3. $(a+bi) = r(\cos\theta + i\sin\theta)$라 놓으면

$$r^{12}(\cos 12\theta + i\sin 12\theta) = \cos(2k\pi + i\sin 2k\pi)$$

이므로 $r = 1,\ \theta = \dfrac{k}{6}\pi$를 얻는다. 주어진 구간에서 $\theta = \dfrac{\pi}{6},\ \dfrac{\pi}{3}$이 되어 구하는 복소수는

$$\frac{1}{2} + \frac{\sqrt{3}}{2}i \text{ 와 } \frac{\sqrt{3}}{2} + \frac{1}{2}i$$

이다.

4. 예제 2의 (4)와 동일하게 푼다. $z^3 = 2 + 2i$로 두면

$$z = \sqrt{2}\left(\cos\frac{8k+1}{12}\pi + i\sin\frac{8k+1}{12}\pi\right)\ (k = 0,\ 1,\ 2)$$

찾아보기

• 본 연구는 한성대학교 학술연구비 지원 과제임.

대학수학의 이해

지은이 민경진
펴낸이 조경희
펴낸곳 경문사
펴낸날 2025년 3월 3일 1판 1쇄
등 록 1979년 11월 9일 제313-1979-23호
주 소 121-818, 서울특별시 마포구 와우산로 174
전 화 (02)332-2004 팩스 (02)336-5193
이메일 kyungmoon@kyungmoon.com

값 26,000원

ISBN 979-11-6073-757-8